电梯职业技术教学与实操培训

电梯结构与原理

主 编○陈润联 黄赫余
审 校○白崇哲 陈启洪 宋志军

人民邮电出版社
北 京

图书在版编目（CIP）数据

电梯结构与原理 / 陈润联，黄赫余主编. -- 北京：
人民邮电出版社，2023.6
ISBN 978-7-115-61167-3

Ⅰ. ①电… Ⅱ. ①陈… ②黄… Ⅲ. ①电梯－基本知
识 Ⅳ. ①TU857

中国国家版本馆CIP数据核字(2023)第026482号

内 容 提 要

本书从电梯的四大空间和八大系统等几个方面较为系统地介绍电梯的基本结构和工作原理，由浅入深、条理清晰、图文并茂，具有较强的实用性和可读性。

本书共 12 章，前 10 章以垂直电梯的结构和原理介绍为主，最后两章则分别介绍自动扶梯和自动人行道、液压电梯与杂物电梯的基本结构和工作原理，力求使读者能对常见的各种电梯有较为全面的了解。在每一章的后面还附有针对本章的任务总结与梳理，并设置有思考与练习，以方便读者对本章学习的归纳总结与练习掌握。

本书不仅可以作为中等职业技术学校、高等职业技术学院电梯相关专业的教材，也可以作为电梯从业人员岗前岗后培训的学习参考教材。

◆ 主　　编　陈润联　黄赫余
　　审　　校　白崇哲　陈启洪　宋志军
　　责任编辑　李永涛
　　责任印制　王　郁　胡　南

◆ 人民邮电出版社出版发行　　北京市丰台区成寿寺路 11 号
　　邮编　100164　　电子邮件　315@ptpress.com.cn
　　网址　https://www.ptpress.com.cn
　　北京市艺辉印刷有限公司印刷

◆ 开本：787×1092　1/16
　　印张：14.75　　　　　　　　2023 年 6 月第 1 版
　　字数：372 千字　　　　　　2023 年 6 月北京第 1 次印刷

定价：79.90 元

读者服务热线：(010)81055410　印装质量热线：(010)81055316
反盗版热线：(010)81055315
广告经营许可证：京东市监广登字 20170147 号

前言

我国是全球电梯产量最大、保有量最多的国家。多年以来，我国的电梯产量保持着高速增长的态势。根据前瞻产业研究院的统计数据，2011 年，我国的电梯产量为 45.9 万台，电梯保有量为 201.1 万台；2015 年，我国的电梯产量为 75.8 万台，电梯保有量为 426 万台；到了 2018 年，我国的电梯产量更是达到了 80.7 万台，电梯保有量达到了 582.7 万台。时至今日，随着我国城市建设和经济的快速发展，我国已成为全球最大的电梯市场和制造中心。

随着电梯产量和保有量的不断增加，电梯行业对专业人才的需求也急剧增加。2016 年 3 月，《中华人民共和国国民经济和社会发展第十三个五年规划纲要》颁布实施，明确深入实施《中国制造 2025》，以增强制造业创新能力和基础能力为重点，推进信息技术与制造技术深度融合，鼓励和促进制造业朝高端方向发展，并发展高端装备创新工程，创造我国制造业的竞争新优势。因此，制造业的产业发展促进了电梯人才需求的提升。

为了加强电梯行业专业人才的培训，为电梯行业培养更多的后备人才，佛山市电梯行业协会、广东富莱机电装备有限公司、广东马上到网络科技有限公司等机构共同组建了佛山富莱电梯学校，以"工匠、功夫"的专业精神，积极落实国务院关于《国家职业教育改革实施方案》的有关内容，与多家职业技术学校、高级技工学校、技师学院进行校企合作，合办电梯技术专业班，培养电梯行业的复合型职业技能人才。

国务院在 2019 年发布的《国家职业教育改革实施方案》中明确指出，要把职业教育摆在教育改革创新和经济社会发展中更加突出的位置，完善职业教育和培训体系，优化学校、专业布局，鼓励和支持社会特别是企业积极支持职业教育，以促进就业和适应产业发展的需求，培育和传承好工匠精神，着力培养高素质劳动者和技术技能人才。

在进行电梯相关专业教学的这些年，我们参考、实践和使用了多种电梯相关专业的教材和其他教学资料，积累了一定的教学经验和实操实训方法。现针对电梯相关专业教学的实际要求，结合职业院校学生技能培训、实操实训的要求和特点，总结、分析和研究电梯职业技术培训的教学特点与教学方法，组织电梯行业专业人员，包括一线教学讲师、企业资深工程师、职业培训讲师、电梯行业协会专家、电梯厂家的设计工程师、维保企业的维护工程师等共同编写"电梯职业技术教学与实操培训"丛书，作为电梯相关专业培训的教学教材。本丛书可供电梯学校及中职、高职、技师学院的教学使用，也可供中专、大专院校电梯相关专业及机电相关专业的教学使用。当然，本丛书也有可能存在疏漏和不足之处，但希望能尽量完善，贴近实际应用，理论联系实际，让读者学以致用，尽快将学到的知识与技能应用到实际工作当中。

本丛书主要面对中职、高职教育，也可以作为电梯和机电相关专业培训、考证培训、电梯特种设备的上岗培训等的参考用书。

本书作为丛书之一，共 12 章，全面、系统地介绍电梯的基本结构与工作原理，各章内容简要介绍如下。

第 1 章　电梯基础：介绍电梯的起源与发展、电梯的定义与分类、电梯的主要性能要求与电梯的主要参数等。

第 2 章　电梯的结构：主要介绍电梯的四大空间、电梯的整体结构与八大系统、电梯的性能指标要求和产品特点等，并整理了电梯行业基本标准列表（相关国家标准对接）。

第 3 章　曳引系统：主要介绍曳引系统的组成，曳引机的基本技术要求，制动器、减速器、联轴器、曳引轮、导向轮、曳引钢丝绳及曳引钢带等基本部件的结构与性能指标，以及钢丝绳曳引应满足的条件、曳引比与曳引绳绕法等。

第 4 章　轿厢系统：主要介绍电梯轿厢的结构与组成，轿内、轿顶设备装置，轿厢的超载保护装置，电梯超载的危害，电梯超载及发生故障被困电梯时的正确处理方法等。

第 5 章　门系统：主要介绍门系统的组成和作用，电梯门的分类、结构，电梯轿门和层门的结构组件，开关门机构，门锁装置，门入口保护装置，层门安全保护装置，紧急开锁装置等内容。

第 6 章　重量平衡系统：主要介绍电梯的对重装置、电梯的重量补偿装置、重量补偿装置的平衡分析和布置方法等。

第 7 章　导向系统：主要介绍电梯导向系统的组成和作用，导轨的分类、导轨的连接、导轨的固定、导靴的类型和导靴的使用要求等。

第 8 章　电力拖动系统：主要介绍电力拖动系统的组成和作用、电力拖动系统的分类、电梯速度曲线的构成及特点等。

第 9 章　电气控制系统：主要介绍电梯运行过程分析、电梯电气控制系统的组成、电梯电气控制系统的分类、目的楼层选层控制群控系统的应用特点等。

第 10 章　安全保护系统：主要介绍安全保护系统的组成，限速器、安全钳、张紧轮、轿厢上行超速保护装置、行程终端限位保护开关、缓冲器等电梯安全保护装置，同时介绍轿厢意外移动保护（UCMP）装置的组成和要求、电梯安全保护电路、检修及紧急电动运行装置，电梯安全保护系统的动作关系等。

第 11 章　自动扶梯和自动人行道：主要介绍自动扶梯与自动人行道的分类、参数，自动扶梯和自动人行道的整体结构，自动扶梯的布置形式、安全保护系统等。

第 12 章　液压电梯与杂物电梯：主要介绍液压电梯的特点与应用场合、液压电梯的结构与工作原理等。最后还介绍杂物电梯的基本结构等，以便于读者能对常见的电梯有较为全面的认识和了解。

本书穿插介绍国家标准的相关规定，方便读者查阅和对接。在每章的末尾，还有任务总结与梳理、思考与练习等内容，方便读者查看与练习，有利于读者对知识的理解和巩固。

为了方便和丰富教师的教学活动，本书还配有思考练习题答案、期末考试题和试题答案，以及电子教案和辅助教学的 PPT 课件，以方便教师参考。有需要的教师可以联系编者免费索取（编者邮箱：jnet321@163.com）。

本书由电气高级工程师陈润联执笔主编，佛山市电梯行业协会会长、高级工程师黄赫余统筹主编，由白崇哲、陈启洪、宋志军审校。在编写本书的过程中，编者得到了劳国强工程师、黄展文工程师的大力支持和帮助；佛山科学技术学院的余智豪教授提供了具体的指导和宝贵的意见；佛山市电梯行业协会钟文平、广东富莱机电装备有限公司梁惠敏帮助整理和核对了有关资料。在此一起表示衷心的感谢！

最后，感谢家人的理解和支持，正是因为他们的鼓励与背后的默默付出，才使本书得以顺利完成。

由于编者的水平有限，疏漏和不足在所难免，希望读者对本书提出意见和建议，联系邮箱：liyongtao@ptpress.com.cn。

陈润联

2023 年 3 月

目录

第*1*章

电梯基础

【学习任务与目标】

- 了解电梯的起源与发展。
- 掌握电梯的定义和分类。
- 掌握电梯的产品品种和控制方式代号及主要参数。

【导论】

电梯是现代社会多层建筑中不可或缺的交通工具。随着社会城镇化的发展、高层建筑的不断增加，电梯在现代生活中的作用越来越大，已成为现代文明和社会发展的重要标志之一，在社会现代化的发展进程中占有重要的地位。

电梯的发展和普及，为我们的工作和生活提供了很多便利，也使我们的工作效率大大提高。同时，电梯又是高度综合的机电一体化产品。严格来讲，工厂生产出来的电梯还只是半成品，需要经过现场安装、调试、检验才能投入使用，而且产品种类繁多、结构严密、使用频繁。因此，了解电梯的基础知识，掌握电梯的结构与原理，对电梯维保人员、电梯操作人员和普通使用者来说，都是非常必要和有益的。下面就让我们一起来探讨电梯的秘密吧！

1.1 电梯的起源与发展

1.1.1 电梯的起源

电梯是一种以电动机为动力的垂直升降设备，通过箱体吊舱的上升和下降，可实现多层建筑的载人或载物。电梯的起源最早可以追溯到公元前 1100 多年，我国周朝时期出现的提水辘轳。这是一种用木制的支架、卷筒、曲柄和绳索组成的手摇式简易人力卷扬机。公元前 236 年，古希腊著名的科学家阿基米德制成了一台由人力驱动的卷筒式卷扬机，这些都是电梯的雏形。

英国的阿姆斯特朗制作了第一台水压式升降机，这是现代液压电梯的雏形。

由于早期的升降机大都采用卷筒提升，牵引绳、吊索断裂引发的坠落事故时有发生，因而电梯的发展受到了安全性的考验。

1852 年，41 岁的美国人奥的斯发明了一种弹簧卡式安全钳，在吊索断裂时，它能将升降机锁在导轨上，防止下坠。从此，老式升降机发生了一次重大变革。1853 年 9 月 20 日，在纽约扬克斯，奥的斯在一家破产的公司的部分场地上办起了自己的车间，奥的斯电梯公司由此诞生。

1854 年，在纽约"水晶宫"展览会上，奥的斯亲自展示了安全钳的性能，他站在高高的升降机平台上，然后把吊索割断，在观众的一片惊呼声中，平台被安全钳稳稳地咬住，"一切安全，先生们！一切安全。"奥的斯安然无恙地走下了升降机平台。这就是历史上第一台安全升降机。由此开始，电梯的防坠安全性能有了可靠的保障，奥的斯也被人们称为"电梯之父"。

奥的斯的发明彻底改写了人类使用升降机的历史。从那以后，乘搭升降机不再是"勇敢者的游戏"，升降机在世界范围内得到了广泛的应用。

1857 年 3 月 23 日，奥的斯公司在纽约为霍沃特公司的一家专营法国瓷器和玻璃器皿的商店安装了世界上第一台客运升降机。该商店共有 5 层，升降机的动力是由建筑物内的蒸汽动力站来提供的，通过一系列轴和皮带进行驱动，可载重 500kg，速度约为 0.2m/s。

现代电梯兴盛的根本在于采用电力作为动力的来源。1880 年德国出现了用电力拖动的升降机，从此一种被称为"电梯"的通用垂直运输机械诞生了。尽管这台电梯从当今的角度来看是相当粗糙和简单的，但它是电梯发展史上的一个里程碑。

1889 年 12 月，奥的斯电梯公司在纽约的"戴纳斯特"大厅内安装了世界上第一台电梯（见图 1-1），它由直流电动机与蜗杆传动直接连接，通过蜗杆减速器带动卷筒升降电梯轿厢，速度约为 0.5m/s。这是世界上第一台由电动机作为驱动装置的电力升降机，也是世界上第一台名副其实的电梯，其拥有现代电梯的基本传动结构（见图 1-2）。

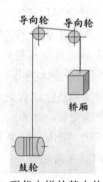

图 1-1　世界上第一台电梯　　　　图 1-2　现代电梯的基本传动结构

从此，电梯作为一种重要的垂直交通工具走上了历史舞台，得到了迅速的发展。

1.1.2　电梯的发展

电梯是随着工业技术的发展逐步发展起来的，其间出现了多次技术革新和改良。工业革命和科技的发展，使电梯工业发生了翻天覆地的变化。

电力的发明和应用催生了各种新技术、新发明，促进了经济的进一步发展。第二次工业革命的蓬勃兴起，使人类进入了电气时代，电梯也进入了技术创新和快速发展的新时期。

1900 年，交流感应电动机开始用于电梯动力驱动。

1903 年，奥的斯电梯公司推出了曳引式电梯。它由交流电动机提供动力，带动曳引轮转动，钢丝绳通过曳引轮绳槽一端固定在轿厢上，另一端固定在对重上，利用钢丝绳与曳引轮之间产生的摩擦力，带动轿厢运动（见图 1-3）。

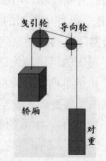

轿厢与对重做相对运动，轿厢上升时对重下降，轿厢下降时　图 1-3　曳引式电梯传动示意

对重上升。由于曳引式电梯克服了卷筒升降驱动耗用功率大、行程短、安全性差等缺点，突破了提升高度、载重量等方面的限制，弥补了安全运行方面的缺陷，因而得到了广泛的应用，为今天的长行程电梯奠定了基础。从此在电梯的驱动方式上，曳引驱动占据了主导地位，曳引驱动使传动结构体积大大减小，而且使电梯曳引机在结构设计上有效地提高了通用性和安全性。

从 20 世纪初开始，交流电动机进一步得到完善和发展，开始应用于电梯拖动系统，使电梯拖动系统简化，同时促进了电梯的普及。直至今日，世界上绝大多数速度在 2.5m/s 以下的电梯均采用交流电动机来拖动。

20 世纪 30 年代，奥的斯电梯公司采用直流发电机—电动机方式在纽约的 102 层摩天大楼内安装了 74 台超高速电梯，其最高额定运行速度达到了 6m/s。

1937 年，西屋电器公司在纽约 70 层的"洛克菲勒"中心安装了 75 台电梯，其最高额定运行速度已达到 7m/s。

1946 年，奥的斯电梯公司设计了群控电梯，首批 4～6 台群控电梯于 1949 年在纽约联合国大厦安装使用。

1955 年，出现了小型计算机（采用真空管）控制的电梯。

1962 年，运行速度达到 8m/s 的超高速电梯投入市场。

1963 年，半导体技术的发展带来了无触点半导体逻辑控制电梯。

1967 年，半导体晶闸管应用于电梯，使电梯拖动系统结构更加简化、性能提高，并出现了交流变压（Alternating Current Variable Voltage，ACVV）调速电梯。

1971 年，集成电路（Integrated Circuit，IC）被应用于电梯。

1972 年，出现了数控电梯。

1976 年，微型计算机（微机）开始应用于电梯，使电梯的电气控制进入了一个新的发展时期。

1979 年，奥的斯电梯公司开发了第一台基于微处理器的电梯控制系统 Elevonic 101，从而使电梯的电气控制进入一个崭新的发展时期。

20 世纪 80 年代初，出现了交流调频、调压电梯，开拓了电梯电力拖动的新领域，打破了直流电梯独占高速电梯领域的局面。

1980 年，出现了交流变频变压调速系统，奥的斯电梯公司发布了 Otis Plan 计算机程序，帮助建筑师为新建或改造建筑物确定电梯的最佳形式、速度以及数量等配置方案。

1984 年，日本三菱电机公司推出了用于交流电动机的变压变频（Varible Voltage Varible Frequency，VVVF）调速拖动系统，将变压变频调速拖动系统应用于速度为 2m/s 以上的电梯。

1989 年，奥的斯电梯公司发布了第一台直线电动机电梯。它取消了电梯的机房，对电梯的传统技术做了巨大的革新，使电梯技术进入了新的发展阶段。

1996 年，芬兰通力电梯公司发布了革新设计的小机房电梯 MiniSpace 和无机房电梯，采用 Eco-Disk 碟式永磁同步电动机，由扁平的永久磁铁电机驱动，电机固定在井道顶部侧面的导轨上，由钢丝绳传动牵引轿厢。同年，三菱电机公司开发出采用永磁同步无齿轮曳引机和双盘式制动系统的双层轿厢高速电梯。迅达电梯公司推出 Miconic10 目的楼层厅站登记系统。奥的斯电梯公司提出了 Odyssey 电梯系统概念，一种新的、革命性的电梯概念诞生——垂直与水平交通自由换乘。

1997 年，迅达电梯公司在德国慕尼黑展示了 Mobile 无机房电梯，无须曳引绳和承载井道，自驱动轿厢在自支撑的铝制导轨上垂直运行。

2000年，奥的斯电梯公司开发出Gen2无机房电梯，采用扁平的钢丝绳加固胶带牵引轿厢。

2000年5月，迅达电梯公司发布了Eurolift无机房电梯，采用高强度无钢丝绳芯的合成纤维曳引绳牵引轿厢，替代传统的曳引钢丝绳。

2016年，"上海中心"电梯以20.5m/s的速度被吉尼斯世界纪录认定为当时全球正在运行的最快电梯。

电梯技术飞速发展，在智能化与个性化等方面不断获得新的突破，尤其是物联网技术在电梯全生命周期上的应用，为智能预警、远程监控提供了大数据平台解决方案。同时，电梯群控技术的发展使电梯控制系统更加智能化、人性化，各种监控与故障自诊断、语音引导、信息提示、基站随机设置等特殊功能的模块化配置使电梯控制的各个方面更加先进和完善。

被称为广州"小蛮腰"的广州塔，建立于广州市海珠区赤岗塔附近，距离珠江南岸约125m，与珠江新城、花城广场、海心沙岛隔江相望。广州塔塔身主体高约454m，天线桅杆高约146m，总高度约600m，是我国第一高塔，世界第二高塔，是国家AAAA级旅游景区。

广州塔一共112层，第112层是顶层，在顶层可乘摩天轮，第108层、第107层是E区观光层；乘客可从塔下乘坐电梯直达第107层。广州塔装有6台高速电梯，提升高度为433.2m；其中两台消防电梯速度约为10m/s，两台观光电梯速度约为5m/s，两台乘客电梯速度约为6m/s，从第107层（距地面约428m）直达塔下只需要约95s。

1.1.3 国外电梯的发展现状

纵观世界电梯的发展过程，是人们为适应自然环境、提高劳动生产效率，以及对电梯的安全、可靠、快速、舒适等方面不断追求的过程，这些追求推动人们对电梯进行不断的深入研究和改进，使电梯技术不断发展、进步。

目前世界上主要的电梯生产厂商均为跨国公司，其中以美国的奥的斯电梯公司和瑞士的迅达电梯公司历史最长，它们都有着近百年甚至更长的电梯生产历史，技术和经济实力都是一流的。近20年来，日本的电梯工业发展很快，尤其是自日本三菱电机公司推出变压变频调速的新型交流调速拖动系统以来，世界交流调速拖动控制技术的水平大大提高。在此推动下，各大电梯生产厂商纷纷行动，在这一技术领域展开了激烈的竞争，高性能的电子元件不断出现、价格不断下降。电梯的控制系统广泛采用可编程逻辑控制器（Programmable Logic Controller，PLC）→微机→一体机控制的过渡，使电梯的整体性能有了很大的改进和提高，提高了可靠性和安全性，减少了故障的发生，舒适性不断提高，能耗不断降低。

目前世界上电梯技术的发展主要体现在以下几个方面。

（1）微机→一体机电梯控制系统被广泛应用，取代了传统的继电器和PLC控制方式，大大缩小了控制柜的体积并减少了功耗，提高了控制系统的可靠性，提高了电梯的整体性能和运行效率，减少了机房的占地面积，使无机房和小机房电梯成为可能。

（2）交流变压变频调速拖动系统的应用技术日趋成熟，简化了电梯驱动控制系统的设计，提高了电梯的运行性能，使电梯运行可靠，而且节能省电、舒适性强。

（3）曳引机结构、性能不断改善。随着交流永磁同步主机的逐步完善，结构更加紧凑，曳引机的体积更小，减速比也在不断提高。高效盘式和碟式制动器的应用，使电梯实现了多点独立制动；同时，制动器也具备了磨损监控、故障报警控制等功能，大大增加了制动机构的安全性和可靠性。

（4）观光旅游电梯的应用，使电梯轿厢的形状多样化，不仅限于方形的箱体结构，装饰时尚、豪华的圆筒太空舱、双层轿厢等不断出现。同时，一些高速电梯为了缓解高速提升时对人体耳膜的巨大压力，还安装了气压调整、导流、消音装置和避振装置等，进一步提高了舒适性。轿厢内安装的多媒体影音设备播放着各种信息，从而使乘客感受到乘坐电梯也是一种享受。

（5）现代建筑结构独特的多样性和复杂性，对电梯的结构和性能也提出了新的要求。为了满足不同建筑物的使用要求，各电梯生产厂商对电梯部件和结构进行不断的改善，以适应一些低楼层高度、低底坑深度、低顶层结构的大楼建筑。一些厂家推出了下置式曳引机、新式缓冲器等以满足这些要求。

1.1.4　我国电梯的发展阶段

我国电梯的发展虽然起步较晚，但也基本上与世界同步，经历了以下 3 个阶段。

（1）第一阶段：1900 年—1949 年，进口电梯在我国销售、安装、维保的阶段。这一阶段，我国电梯的拥有量为 1000 多台。

1900 年，美国奥的斯电梯公司通过代理商在我国获得了第一份电梯安装合同，为上海提供两台电梯。从此，世界电梯历史上展开了我国的一页。

1907 年，奥的斯电梯公司在上海汇中饭店（今和平饭店南楼）安装了两台电梯并投入运行，这两台电梯被认为是我国最早使用的电梯。

1924 年，天津利顺德饭店安装了一台奥的斯电梯（见图 1-4），在楼梯的回旋空间，采用金属网栅半封闭构成井道，通过手动栅栏门和按钮操作。木质轿厢，除操作人员外，还能容纳 2～3 人，采用交流 220V 电源供电，额定载重量为 630kg，额定速度为 1m/s，共 5 层 5 站，运行平稳，是我国现存最古老的电梯。

图 1-4　天津利顺德饭店的奥的斯电梯

（2）第二阶段：1950 年—1979 年，独立自主、艰苦研制、自主生产和使用阶段。这一阶段，我国生产、安装的电梯有 1 万多台。

中华人民共和国成立后，在上海、天津、沈阳等地相继建立了电梯制造厂。

1952 年初，天津从庆陞电机厂生产了第一台由我国工程技术人员自己设计的电梯，并安装在天安门城楼上。其额定载重量为 1000kg，额定速度为 0.7m/s，拖动系统为交流单速手动控制系统。

1959 年 9 月，上海电梯厂为北京人民大会堂等重大工程制造并安装了 81 台电梯和 4 台自动扶梯。其中，4 台 AC2-59 双人自动扶梯是我国自行设计和制造的第一批自动扶梯，由公私合营的上海电机厂与上海交通大学共同研制，成功安装在北京火车站。

（3）第三阶段：1980 年至今，电梯行业得到迅速发展。

1980 年 7 月，由中国建筑机械总公司、瑞士迅达股份有限公司、香港怡和迅达股份有限公司三方合资组建的中国迅达电梯有限公司，成为我国改革开放以来机械行业的第一家合资企业。

1982 年 4 月，由天津市电梯厂、天津直流电机厂、天津蜗轮减速器厂组建成立天津市电梯公司。同年 9 月，该公司电梯试验塔竣工。这是我国最早建立的电梯试验塔。塔高约 114.7m，具有 5 个试验井道。

　　1984 年 12 月，由天津市电梯公司、中国国际信托投资公司与美国奥的斯电梯公司合资组建的天津奥的斯电梯有限公司正式成立。此后，电梯行业掀起了引进外资的热潮，我国的电梯生产快速步入国际化的行列。

　　1987 年 GB 7588—1987《电梯制造与安装安全规范》发布，其等同采用欧洲标准的 EN 81-1《电梯制造与安装安全规范》（1985 年 12 月修订版），对保障电梯的制造与安装质量有着十分重要的意义。

　　2003 年 6 月，由国务院颁发的《特种设备安全监察条例》正式实行，加强了电梯、起重机等特种设备生产制造、安装调试、维护保养、使用管理及从业人员资格等方面的控制和管理。

　　2004 年 1 月，GB 7588—2003《电梯制造与安装安全规范》开始实施。

　　2014 年 1 月，《中华人民共和国特种设备安全法》实施，标志着我国对电梯等特种设备的安全管理工作向法治化方向又迈出了一大步，具有十分重要的意义。至此，我国电梯行业在技术研制、科学教育、行业管理和政府监督等方面均有了长足的发展。

　　2020 年 12 月，GB/T 7588.1—2020《电梯制造与安装安全规范　第 1 部分：乘客电梯和载货电梯》及 GB/T 7588.2—2020《电梯制造与安装安全规范　第 2 部分：电梯部件的设计原则、计算和检验》发布，2022 年 7 月 1 日开始实施。

1.1.5　电梯技术的发展趋势

1. 超提升高度考验技术实力

　　随着建筑物高度的不断增加，电梯提升高度也越发受到重视。如果电梯提升高度无法满足建筑物的高度要求，设计者将不得不考虑让电梯分节使用，这不但影响使用效果且浪费空间。

　　为满足该项需求，各大电梯公司不断探索并采用尖端技术和先进装备，如上海三菱电梯有限公司采用了耐冲击、耐磨耗的双向安全钳，独创了可保持高摩擦特性的陶瓷制动靴，从而提高了限速器基座结构的刚性。同时，上海三菱电梯有限公司还大量运用了"轿内气压调节装置""超流线型轿厢整风罩"等新装置，自动调整轿内气压，避免电梯高速上下运行引起轿厢内气压的大幅波动，有效降低电梯升降导致的乘客耳膜压迫感，最大提升高度超过 550m。

2. 超高速技术顺应快节奏要求

　　随着建筑高层化、大规模化的需求日盛，建筑物越来越高，随之而来的问题是电梯速度能否跟上建筑物发展的步伐。电梯厂家努力开发出高输出功率、外形更薄的永磁电机，在提高主钢丝绳强度的同时实现曳引机的小型化，配备大容量的电梯专用变频器，不断创造"速度传奇"。日立电梯（中国）有限公司将为距地面高度约 530m 的广州超高层综合建筑"广州周大福金融中心"提供速度达到 20m/s 的高速电梯，从第 1 层到第 95 层共 440m 的距离仅需约 43s 即可到达。

3. 采用物联网技术提高监管水平

　　随着互联网信息服务市场的推进，智能化成为电梯企业转型的方向。智能控制技术和物联网技术实现了电梯安全监管智能化，通过电梯安全监管物联网技术，为电梯安装传感器，并与互联网和手机相连，可以 24h 不间断地向上一级平台传输信息。随着物联网技术日益成熟，监管部门、制造厂家以及用户等对电梯安全的不断重视，越来越多的厂商将物联网技术引入电梯安全监控体系当中（见图 1-5）。

4. 采用节能新技术支持可持续发展

电梯是耗能大户，为了节能降耗，绿色环保技术不断出现，节能环保性能不断提升。改进机械传动和电力拖动系统、采用 IPC-PF 系列电能回馈器将制动电能再生利用、更新电梯轿厢照明系统和采用先进的电梯控制技术等方法都能有效节约能源。采用能源再生解决方案，可节省 20%～35% 的电能。永大创新设计的发光二极管（Light Emitting Diode，LED）导光板专利技术，能耗仅为白炽灯的 10%、荧光灯的 50%，可有效减少电力的消耗。

5. 智能群控技术、人工智能技术的发展

智能群控技术、人工智能（Artificial Intelligence，AI）技术的发展，使电梯运行更加智能化、人性化。目前，人脸识别等智能应用日趋成熟，可为电梯的安全运行和监控管理提供技术支持。

同时，强大的计算机软硬件资源支持和神经网络、遗传算法、专家系统、模糊控制、视觉识别等数学模型，在电梯控制的应用中不断优化，将使电梯智能群控系统向人工智能化方向不断迈进。电梯自学习能力不断增强，能够自动适应交通繁忙和空闲状态，智能调度，并对不确定控制目标的多样化、非线性表现等动态特性进行判断，提供最佳的运行方案。

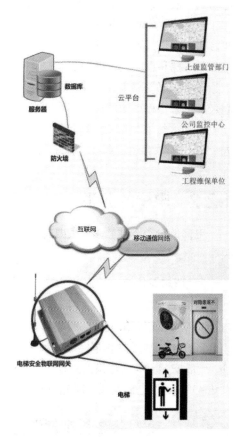

图 1-5　引入物联网技术实现电梯安全监控体系

1.2　认识电梯

1.2.1　电梯的定义

GB/T 7024—2008《电梯、自动扶梯、自动人行道术语》中对电梯的定义为：电梯是"服务于建筑物内若干特定的楼层，其轿厢运行在至少两列垂直于水平面或与铅垂线倾斜角小于 15°的刚性导轨运动的永久运输设备。"这是狭义的电梯概念。

根据国务院颁布的《特种设备安全监察条例》，作为一种特种设备的电梯的定义为："电梯，是指动力驱动，利用沿刚性导轨运行的箱体或者沿固定线路运行的梯级（踏步），进行升降或者平行运送人、货物的机电设备，包括载人（货）电梯、自动电梯、自动人行道等。"这是广义的电梯概念。

GB/T 7588.1—2020《电梯制造与安装安全规范 第 1 部分：乘客电梯和载货电梯》定义的电梯如下。

（1）曳引驱动电梯：通过悬挂钢丝绳与驱动主机曳引轮槽的摩擦力驱动的电梯。

（2）强制驱动电梯：通过卷筒和绳或链轮和链条直接驱动（不依赖摩擦力）的电梯。

（3）液压驱动电梯：提升动力来自电力驱动的液压泵输送液压油到液压缸（可使用多个

电动机、液压泵和/或液压缸），直接或间接作用于轿厢的电梯。

按照定义，电梯应是一种按垂直方向运行的运输设备，而在许多公共场所使用的自动扶梯和自动人行道则是在水平方向上（或有一定倾斜度）运行的运输设备。但目前多数国家都习惯将自动扶梯和自动人行道归类于广义的电梯中。

自动扶梯是带有循环运动的梯级、用于倾斜向上或向下连续输送乘客的运输设备。直观看起来，它就像移动的楼梯，同时伴有同步移动的扶手带。

自动人行道是自动循环运行的走道，就像放平了的自动扶梯一般，用于水平或倾斜角度不大于 12°的乘客运送和乘客携带物品运输。

1.2.2　电梯的分类

电梯的分类方式繁多，主要有按用途分类、按速度分类、按驱动方式分类、按控制方式分类等。

1. 按用途分类

（1）乘客电梯（简称客梯）：为运送乘客而设计的电梯。乘客电梯对安全、舒适性和轿厢内环境等方面都要求较高，用于宾馆、酒店、写字楼和住宅等，如图 1-6 所示。

观光电梯属于乘客电梯的一种，其井道和轿厢壁至少有一侧透明，乘客可观看轿厢外的景物。一般安装于高层建筑的外墙、大厅或旅游景点（见图 1-7）。如前面介绍的广州塔上运行高度达 433.2m 的电梯就属于观光电梯。

图 1-6　乘客电梯

图 1-7　观光电梯

（2）载货电梯（简称货梯）：是一种主要用于运送货物的电梯，同时允许有人员伴随。载货电梯要求轿厢的面积大、载重量大，可用于工厂车间、仓库等（见图 1-8）。

（3）客货两用电梯：是以运送乘客为主，可同时兼顾运送非集中载荷货物的电梯。客货两用电梯具有客梯与货梯的特点（如一些住宅、写字楼的电梯）。

（4）杂物电梯：是一种服务于规定层站的固定式提升装置。其一般具有一个轿厢，由于结构型式和尺寸的关系，轿厢内不允许人员进入。如饭店用于运送饭菜、图书馆用于运书的小型电梯，其轿厢面积与载重量都较小，高度较低，只能运货而不能载人（见图 1-9）。

图 1-8 载货电梯

图 1-9 杂物电梯

（5）病床（医用）电梯：运送病床（病人）及相关医疗设备的电梯。轿厢一般窄而长，根据使用要求，有的要双面对开门、有开门时间延长功能等，要求运行平稳（见图 1-10）。

（6）自动扶梯和自动人行道：自动扶梯是带有循环运行梯级，用于向上或者向下与地面成 27.3°～35° 倾斜角的输送乘客的固定电力驱动设备，如图 1-11 所示；而自动人行道是带有循环运行（板式或带式）走道，用于水平或倾斜角不大于 12° 的输送乘客和乘客携带物品的固定电力驱动设备，如图 1-12 所示。自动扶梯和自动人行道通常用于大型的商场和机场、车站、地铁等公共场所。

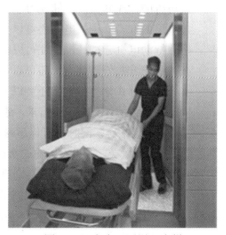

图 1-10 病床（医用）电梯

图 1-11 自动扶梯

图 1-12 自动人行道

此外，还有各种用途的专用电梯，如船用电梯、防爆电梯、汽车电梯等。

2. 按速度分类

（1）低速电梯：额定速度在 1m/s 以下的电梯，常用于 10 层以下的建筑物。

（2）快速电梯：额定速度≥1m/s，但不到 2m/s 的电梯，常用于 10 层以上的建筑物。

（3）高速电梯：额定速度≥2m/s，且≤5m/s 的电梯，常用于 16 层以上的建筑物。

（4）超高速电梯：额定速度超过 5m/s 的电梯，常用于超过 100m 的建筑物。

需要说明的是，随着电梯速度的不断提升，按速度对电梯进行分类的标准也会相应改变。

3. 按驱动方式分类

根据驱动方式的不同，电梯可以分为曳引驱动、齿轮齿条驱动、鼓轮（卷筒）驱动、液压驱动等几个大类。其中曳引驱动方式具有安全可靠、提升高度基本不受限制等优点，已成为电梯驱动方式的主流。

4. 按控制方式分类

根据控制方式不同，电梯可分为手柄控制、按钮控制（又分为轿内按钮控制和轿外按钮控制）、信号控制、集选控制、并联控制和梯群控制电梯等。

5. 其他的分类方式

按司机的方式分类：电梯还可以分为有司机操作与无司机操作电梯。

按机房的方式分类：电梯还可以分为有机房电梯与无机房电梯。

按照拖动电机分类：电梯还可以分为交流电梯、直流电梯和直线电动机拖动的电梯等。

按载荷的方式分类：电梯还可以分为轻载电梯和重载电梯。

按开门的方式分类：电梯还可以分为中分门电梯、旁开门电梯、贯通门电梯等。

同时，为满足分级监管的需求，通常还将电梯分为：Ⅰ类，为运送乘客而设计的电梯；Ⅱ类，主要为运送乘客，同时也可以运送货物的电梯；Ⅲ类，为运送病床，以及病人和医疗设备而设计的电梯；Ⅳ类，主要为运输通常由人伴随的货物而设计的电梯；Ⅴ类，杂物电梯；Ⅵ类，为适应大交通流量和频繁使用而特别设计的电梯，如速度为 2.5m/s 以及更高速度的电梯。

为方便对照，下面列出了电梯产品品种和控制方式代号（见表 1-1）。

表 1-1　电梯产品品种和控制方式代号一览表

电梯产品品种代号			电梯控制方式代号		
产品品种	代表汉字	采用代号	控制方式	代表汉字	采用代号
乘客电梯	客	K	手柄开关控制、自动门	手、自	SZ
载货电梯	货	H	手柄开关控制、手动门	手、手	SS
客货两用电梯	两	L	按钮控制、自动门	按、自	AZ
病床电梯	病	B	按钮控制、手动门	按、手	AS
住宅电梯	住	Z	信号控制	信号	XH
杂物电梯	物	W	集选控制	集选	JX
船用电梯	船	C	并联控制	并联	BL
观光电梯	观	G	梯群控制	群控	QK
非商用汽车电梯	汽	Q	微机控制	微机	**W

1.2.3　电梯的主要性能要求

电梯是现代高层建筑物中必不可少的交通运输设备，必须满足基本的功能要求，同时要满足安全、可靠、快速、舒适的性能要求，以及操作方便、噪声低、故障率低、平层准确等主要使用性能要求。

安全、可靠是贯穿于电梯总体设计、生产制造、安装维护、操作使用等各个环节的综合性能要求，电梯的舒适性又通常与速度特性、工作噪声、平层准确度等指标密切相关。

在众多的电梯性能要求中，主要性能要求包括安全性、可靠性、舒适性 3 个方面。

1. 安全性

电梯的使用要求决定了电梯的安全性是电梯运行必须保证的首要条件，是在电梯整个制造、安装、调试、维护、保养及使用管理过程中，必须绝对保证的重要指标。为确保安全，对涉及电梯运行安全的重要部件和系统，在设计制造时选取较大的安全系数，并设置多重安全保护检测功能，以保障电梯运行使用的安全性。

2. 可靠性

可靠性也是与电梯制造、安装、维护、保养及使用情况密切相关的一项重要指标。一台电梯在运行使用中的可靠性如何，主要受电梯的整体设计、制造质量、安装水平和维护质量等因素的影响，同时还与电梯的日常使用管理有极大的关系。即使是使用一台技术先进、制造精良的电梯，但在安装及维护保养方面马马虎虎、留有隐患，同样也会导致电梯的故障频出。所以，要提高电梯的可靠性，必须在制造、安装、维护、保养和日常使用管理等几个方面严抓严管。

3. 舒适性

舒适性（comfort）是 2016 年公布的管理科学技术名词，其定义为在满足了功能性、经济性、安全性和响应性等方面需求的情况下，被服务者期望服务过程舒适的质量特性。

在心理学中："感觉舒适就是当你进入一个环境之后，心里面具有一个比较好的感受。让你自己感觉到舒适，就像你想象自己喜欢的或者向往的画面的时候，全身都是放松的感觉。"

人们在乘坐电梯的时候的舒适性，与电梯的启动、运行、制动阶段的速度、加速度、加加速度（加速度变化率）、运行平稳性、噪声，甚至轿厢装饰、背景音乐等方面都有密切的关系，特别是电梯的实际运行速度曲线，对乘客的乘坐舒适性有很大的影响。现代都市的超高层建筑中，在高速电梯的加速段和减速段，如果设置不好，会给乘客带来上浮、下沉、重压、浮游、不平衡等强烈感觉。电梯的加速度、加加速度过大时，舒适性变差；加速度越小，舒适性越好。但考虑到电梯输送效率，应选择尽可能大的加速度和加加速度的值，并做适当的控制，使之既能兼顾电梯的运行效率，同时又可以得到更好的舒适性。

研究和实验证明，如果将加加速度限制在 $1.3\mathrm{m/s^3}$ 以下，即使加速度达到 $2\sim2.5\mathrm{m/s^2}$，也不会使人感到过分的不适。因此，加加速度在电梯技术中被称为"生理系数"。

舒适性是考核电梯使用性能的最为敏感的一项指标，也是电梯多项性能指标的综合反映，多用来评价乘客电梯。

要达到电梯的基本性能要求，不仅体现在电梯设计、制造过程中，同样也必须在电梯的安装、维护、保养、使用中得到保证。

1.2.4 电梯的主要参数

电梯的主要参数有 16 个之多，代表一台电梯的基本特征。通过这些参数，可以确定电梯的服务对象、运载能力和工作特性。这些参数也是用户采购电梯及厂家设计、制造电梯的重要依据。

1. 额定载重量

额定载重量是电梯的主参数之一，指保证电梯安全、正常运行的允许载重量，是电梯设计所规定的轿厢载重量，单位为 kg。对电梯制造厂和安装单位来说，额定载重量是设计、制造及安装电梯的主要依据；对用户而言，则是选择和使用电梯的主要依据，尤其是安全使用电梯的重要依据。

电梯额定载重量主要有 630kg、800kg、1000kg、1250kg、1600kg、2000kg、2600kg 等。对于乘客电梯，也常用乘客人数或限载人数来表示额定载重量，其人数值等于额定载重量除以 75kg 后取整，常用乘客人数为 8 人、10 人、13 人、16 人、21 人等。

2. 额定速度

额定速度也是电梯的主参数之一，是指保证电梯安全、正常运行及舒适性的允许轿厢运行速度，是电梯设计所规定的轿厢运行速度，单位为 m/s。对电梯制造厂和安装单位来说，额定速度也是设计、制造及安装电梯的主要依据；对用户而言，则是检测电梯速度特性的主要依据。

常见额定速度有 0.63m/s、1.06m/s、1.60m/s、2.0m/s、2.50m/s、4.00m/s 等。

3. 电梯的用途

电梯按不同的用途分为客梯、货梯、病床电梯等，它确定了电梯的服务对象。

4. 拖动方式

拖动方式是指电梯采用的动力驱动类型，可分为交流拖动、直流拖动和液压拖动等。

5. 控制方式

控制方式是指对电梯运行实行操纵的方式，可分为手柄控制、按钮控制、信号控制、集选控制、并联控制和梯群控制等。

6. 曳引方式

曳引方式常用的有 1∶1 半绕式、2∶1 半绕式、1∶1 全绕式等。

7. 轿厢尺寸

轿厢尺寸指轿厢内部尺寸和外廓尺寸，以宽×深×高表示，一般以 mm 为单位。

8. 轿厢形式

轿厢形式指轿顶形式、地板形式、轿壁材质等。

9. 开门形式

开门形式指厅门和轿门结构形式及开门方向，可分为中分门、旁开（侧开）门、直分（上下开启）门和双折门等几种。按材质和功能还有普通门和消防门等。按控制方式有手动开关门和自动开关门等。

10. 开门宽度

开门宽度指电梯轿门和层门完全开启时的净宽度，一般以 mm 为单位。

11. 层站数

层站数指建筑物中的楼层数和电梯所停靠的层站数。如 15 层/11 站等。

12. 井道尺寸

井道尺寸指井道的宽×深，一般以 mm 为单位。

13. 提升高度

提升高度指从底层端站地坎上表面至顶层端站地坎上表面的垂直距离，一般以 mm 为单位，如图 1-13 所示。

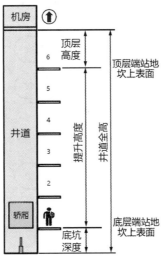

图 1-13　电梯提升高度示意

14. 顶层高度

顶层高度指由顶层端站地坎上表面到井道天花板的垂直距离，一般以 mm 为单位。

15. 底坑深度

底坑深度指由底层端站地坎上表面至井道底面的垂直距离，一般以 mm 为单位。

16. 井道高度

井道高度指由井道底面到井道天花板的垂直距离，单位为 mm。

在以上电梯的诸多参数中，额定载重量、额定速度是电梯的两个主参数。

1.2.5　电梯的型号组成

我国电梯的型号由类、组、型、改型代号，主参数和控制方式代号等 3 部分组成，用表征电梯基本参数的一些字母、数字和其他有关符号的组合，简单明了地表述出电梯的基本参数。

电梯型号的编制有如下规定。

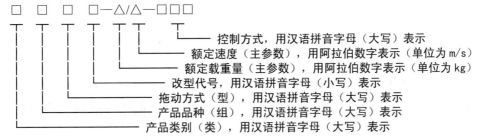

例如，TKJ1500/2.0-QKW 的含义为交流客梯，额定载重量 1500kg，额定速度为 2.0m/s，群控方式，采用微机控制。

【任务总结与梳理】

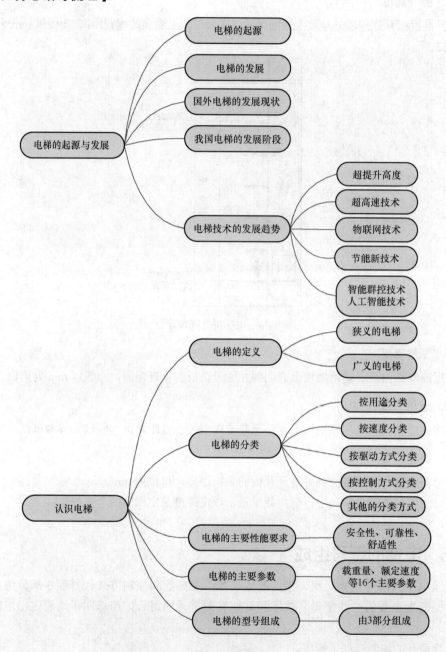

【思考与练习】

一、判断题（正确的填√，错误的填 X）

（1）（　　）1857 年，奥的斯公司在纽约安装了世界上第一台安全客运升降机。

（2）（　　）1987 年，我国就发布了电梯制造与安装安全规范的国家标准，对保障电梯的制造与安装质量有十分重要的意义。

（3）（　　）电梯是"服务于建筑物内若干特定的楼层，其轿厢运行在至少两列垂直于水平面或与铅垂线倾斜角小于15°的刚性导轨运动的永久运输设备"。

（4）（　　）在电梯的诸多参数中，额定载重量、额定速度是电梯的主参数。

二、填空题

（1）我国电梯的发展大概可分为以下3个阶段。第一阶段：（　　）年，进口电梯在我国销售、安装、维保的阶段；第二阶段：（　　）年，独立自主、艰苦研制、自主生产和使用阶段；第三阶段：（　　）年至今，改革开放，建立三资企业，电梯行业得到迅速发展。

（2）（　　）年（　　）月，由国务院颁发的《特种设备安全监察条例》正式实行，加强了电梯、起重机等特种设备生产制造、安装调试、维护保养、使用管理及（　　）资格等方面的控制和管理。

（3）（　　）年（　　）月，GB 7588—2003《电梯制造与安装安全规范》开始实施。

（4）（　　）年（　　）月，《中华人民共和国特种设备安全法》实施，标志着我国对电梯等特种设备的安全管理工作向法治化方向又迈出了一大步，具有十分重要的意义。

三、单选题

（1）电梯的起源最早可以追溯到（　　），我国周朝时期出现的提水辘轳。

A．公元前236年　　　B．1756年　　　　C．公元前1100多年　　D．1835年

（2）世界上第一台由电动机作为动力驱动的电力升降机，也是世界上第一台名副其实的电梯诞生于（　　）。

A．1852年　　　　　B．1853年　　　　C．1886年　　　　　D．1889年

（3）电梯进入我国已经有（　　）的历史。

A．100余年　　　　B．150多年　　　C．近200年　　　　D．200多年

（4）额定速度在（　　）的电梯称为高速电梯。

A．1～2m/s　　　　B．≥2m/s　　　　C．5m/s以上　　　　D．6m/s以上

（5）额定速度是指电梯（　　）所规定的轿厢运行速度。

A．重载　　　　　　B．检修　　　　　C．设计　　　　　　D．空载

四、简答题

（1）在电梯的性能要求中，主要性能要求包括哪几个方面？

（2）电梯的分类方式一般有哪些？

（3）电梯的主要参数有哪些？什么是电梯的主参数？

（4）试述电梯未来的发展趋势。

第2章

电梯的结构

【学习任务与目标】

- 了解电梯的结构与组成。
- 了解电梯的四大空间。
- 掌握电梯的八大系统。
- 理解电梯的性能指标要求和设备的正常使用条件。

【导论】

电梯是机电一体化高度融合的产品，并被广泛应用于商务办公、生活住宅、政府机关、车站、机场、综合商业体等多个领域。电梯在现代社会的交通出行中扮演着十分重要的角色，特别是在高层建筑中，更是不可或缺的交通运输工具。

作为一种特种设备的电梯，其作业人员必须要经过培训考核，取得电梯操作证，才能对电梯进行相关的操作和维护。因此，了解电梯的基本结构，才能进一步了解电梯的工作原理，从而掌握电梯各系统部件的功能和作用，为进行后续的电梯安装、维修和保养，打好坚实的基础。

2.1 电梯的结构与组成

2.1.1 电梯的四大空间

电梯的整体结构由机械与电气控制两大部分组成，其中从电梯运行的空间来讲，可分为机房、井道、轿厢和层站这四大空间（见图 2-1），即依附建筑物的机房与井道、运载乘客或货物的空间——轿厢、乘客或货物出入轿厢的地点——层站。

机房用于安装电梯曳引机、导向轮、限速器和控制柜、电源控制箱等。机房一般设置在井道顶端，也可以根据电梯整体结构设置在底部及其他位置，要求必须有足够的面积、高度、承重能力及良好的通风条件。需要说明的是，随着现代科技的发展，机房设备已逐步小型化、轻量化。特别是随着变频驱动技术和永磁同步无齿

图 2-1　电梯的四大空间

轮曳引机的不断发展，其体积小、重量轻，并具有变速过渡平稳、控制性能好、平层精度高、噪声低、环保节能等特点，在大部分的电梯驱动方案中被普遍采用，因此可以大幅减小机房尺寸。如将机房的横截面积减小到与井道截面积相同的小机房电梯（见图2-2），甚至不需要再设置单独的机房，形成无机房电梯（见图2-3），大大降低了建设成本。

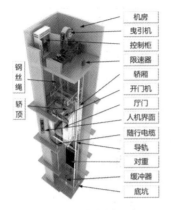
图2-2　小机房电梯示意

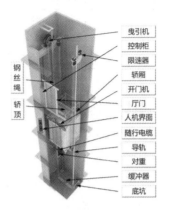
图2-3　无机房电梯示意

井道是保证电梯轿厢和对重安全运行的封闭空间，包括用于安装缓冲器、限速器张紧轮的底坑，为了让乘客或货物可出入轿厢，在每个层站开有出入口。

轿厢安装于井道内，用于运送乘客和货物，具有与额定载重量和额定载客量相适应的空间，其组成包括轿厢架、轿厢底、轿厢壁、轿厢顶、操纵箱、照明装置、通风装置等。

层站是各楼层中电梯停靠的地点，是乘客或货物出入轿厢的地方，某些楼层可以不设层站。层站的组成包括层门、呼梯盒、楼层显示装置、门锁装置、开关门装置等。

1. 小机房电梯的优点

（1）小机房电梯是采用永磁同步无齿轮曳引机的电梯，具有体积小、重量轻的优点。

（2）由于采用永磁同步无齿轮曳引机，电梯机房横截面积可缩小到等于电梯井道横截面积，机房高度可缩小到2300mm左右。

（3）使用、维修效果与有机房电梯相同，但没有无机房电梯的不足。

2. 无机房电梯的优点和缺点

（1）优点：去掉了电梯机房，节省了建设费用，且屋顶整齐、美观。对加装的电梯而言，由于旧有建筑物的限制通常也要求采用无机房电梯；还有，由于一些仿古建筑大楼整体设置的特殊性及对屋顶的要求，必须在有限的高度内安装电梯，同时不能破坏建筑物的外观。

（2）缺点：增加了维修作业的难度，发生电梯困人事故时解救麻烦。因此，无机房电梯的维修和管理不如有机房电梯方便。

2.1.2　电梯的四大空间与部件装置的安装关系

电梯的四大空间与部件装置的安装关系见表2-1。

表 2-1　电梯的四大空间与部件装置的安装关系

电梯的四大空间	部件装置
机房	曳引机、导向轮、限速器、控制柜、电源控制箱等
井道与底坑	导轨、对重、缓冲器、限速器张紧轮装置、终端保护开关、平层装置、曳引绳补偿装置等
轿厢	轿厢、导靴、安全钳、门机、门锁联动装置、轿顶设备、曳引绳、随行电缆、补偿装置
层站	层门、门套、层门地坎、门锁装置、楼层召唤及显示装置

2.1.3　电梯井道要求

井道是电梯运行的主要空间，大部分的电梯设备和部件都安装于井道当中，电梯轿厢也被限定于井道中运行。因此，国家标准对电梯的井道也做出了相关的要求。

（1）井道必须是封闭的（全封闭或者是符合要求的部分封闭）。

（2）电梯对重（或平衡重）应与轿厢在同一井道内（观光电梯可除外）。

（3）井道应有适当的通风，在没有相关的规范或标准的情况下，建议井道顶部的通风口面积至少为井道横截面积的 1%。

（4）对通往井道的检修门、井道安全门和检修活板门，除因使用人员的安全或检修需要外，一般不应采用。

（5）要求检修门的高度不得小于 1.40m，宽度不得小于 0.60m；井道安全门的高度不得小于 1.80m，宽度不得小于 0.35m；检修活板门的高度不得大于 0.50m，宽度不得大于 0.50m。

（6）当相邻两层门地坎间的距离大于 11m 时，其间应设置井道安全门，以确保相邻地坎间的距离不大于 11m。

（7）检修门、井道安全门和检修活板门均不应向井道内开启，均应装有用钥匙开启的锁。当上述门开启后，不用钥匙亦能将其关闭，检修门与井道安全门即使在锁住的情况下，也应能不用钥匙从井道内部将门打开。

（8）只有检修门、井道安全门和检修活板门均处于关闭状态时，电梯才能运行。为此，应采用符合规定的电气安全装置保证上述门的关闭状态。

2.1.4　电梯的整体结构与八大系统

电梯的整体结构和各部分装置的构成如图 2-4 所示。根据功能上的不同，可将电梯结构分为 8 个系统，包括曳引系统、导向系统、轿厢系统、门系统、重量平衡系统、电力拖动系统、电气控制系统和安全保护系统，称为电梯的八大系统。

1. 曳引系统

曳引系统的功能是输出与传递动力，驱动电梯运行。曳引系统由曳引机、曳引轮、曳引钢丝绳、导向轮和反绳轮等组成。曳引机可分为有齿轮曳引机和无齿轮曳引机。有齿轮曳引机由电动机、联轴器、制动器、减速器、机座和曳引轮等组成，无齿轮曳引机没有减速器和联轴器，体积大幅减小，重量也更轻。

曳引钢丝绳是电梯的专用钢丝绳，其两端分别连接轿厢和对重（或者两端固定在机房上），依靠钢丝绳与曳引轮绳槽之间的摩擦力来传递动力,驱动轿厢升降运行。导向轮安装在曳引机架或承重梁上,其作用是满足轿厢和对重的间距要求,将曳引钢丝绳引导连接到对重或轿厢。当曳引钢丝绳采用复绕方式时,还可以增强曳引能力。反绳轮是指设置在轿厢顶部和对重架顶部的动滑轮及设置在机房的定滑轮。根据需要,曳引钢丝绳绕过反绳轮可构成不同的曳引比,以减少曳引钢丝绳的根数。可根据不同曳引比的需要来设置反绳轮。

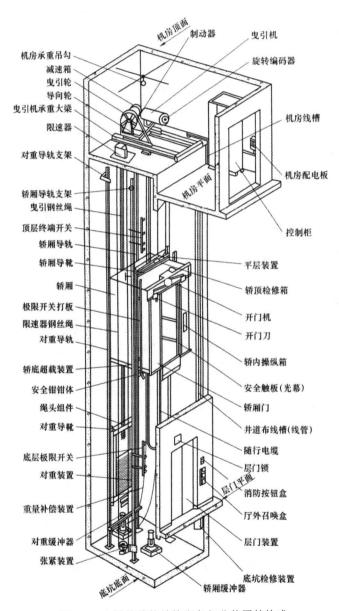

图 2-4 电梯的整体结构和各部分装置的构成

2. 导向系统

导向系统由导轨、导轨支架及导靴等组成,其作用是限制轿厢和对重的活动自由度,使轿厢和对重只能沿着导轨做升降运动。导轨一般采用 T 型导轨,并按照电梯提升高度需求,采用多根导轨用连接板连接,由安装在井道壁上的导轨架固定在井道中,确定轿厢与对重的相对位置,并对其运动进行导向。

轿厢和对重架都分别装有 4 个导靴，4 个导靴分别安装在轿厢和对重架的两边上，与导轨配合，使电梯轿厢和对重沿着导轨做上下往复运动。

3. 轿厢系统

轿厢系统是电梯的载重平台，是用以运送乘客或货物的电梯组件，它由轿厢架和轿厢体两部分组成。轿厢架是轿厢体的承重构架，由上梁、立柱、底梁和斜拉杆等组成。轿厢体是电梯的工作主体，具有与额定载重量或额定载客人数相适应的规定空间，既要满足舒适性需求，也要具有足够的机械强度，保障使用安全。

4. 门系统

门系统包括轿门和层门联动系统，其功能是封闭轿厢入口和层站入口，在电梯运行过程中保障人或货物的安全。门系统由轿门、层门、开关门机构和门锁装置等组成。轿门设在轿厢出入口，由门扇、门导轨架（门头）、地坎、门滑块和门刀等组成。层门设在层站出入口，由门扇、门导轨架、地坎、门滑块、门锁装置、自闭装置及应急开锁装置等组成。开关门机构是设在轿厢上使轿门和层门开启或关闭的装置。门锁装置设置在层门内侧，门关闭后，将层门锁紧，同时接通控制电路，使电梯按照控制指令运行。

为了防止夹人和确保安全，在轿门上面还装设有防撞装置，常见的如下。

- 安全触板防撞装置。
- 光电防撞装置。
- 红外线光幕防撞装置。

5. 重量平衡系统

重量平衡系统由对重装置和重量补偿装置两部分组成，其功能是平衡轿厢重量，使轿厢与对重的重量差保持在限额内，减少曳引机功率的消耗、节约能源。对重装置由对重架和对重块组成，用于平衡轿厢自重和部分的额定载重。重量补偿装置是高层电梯在运行过程中，为了减少由轿厢侧与对重侧的曳引钢丝绳长度相对变化带来两侧重量的变化的影响而进行平衡补偿的装置。

6. 电力拖动系统

电力拖动系统是电梯的动力来源，它由曳引电动机、供电系统、速度反馈装置和调速装置等组成。曳引电动机是电梯的动力源，按照曳引电动机是采用直流电动机还是交流电动机，可将电力拖动系统分为直流拖动系统和交流拖动系统。供电系统是为电梯提供及分配电源的装置。速度反馈装置为调速装置提供电梯运行速度信号，一般采用测速发电机或速度脉冲发生器（编码器），通常安装在曳引电动机轴或曳引轮轴上。调速装置是根据控制器指令对曳引电动机实行调速控制的装置，目前已普遍采用变频器来对电梯进行调速控制。

7. 电气控制系统

电气控制系统由操纵装置、显示装置、控制柜和井道电气控制装置等组成，对电梯运行进行操纵和实时控制。操纵装置是对电梯运行实行操纵的装置，包括轿厢内的操纵盘、层站召唤盒、轿顶和机房中的检修盒或应急操纵箱等。显示装置是指轿厢内和层站的运行显示装置，可显示电梯运行方向、轿厢所在层站等信息。控制柜安装在机房中，由各类电气控制元件组成，是电梯实行电气控制的集中组件。井道电气控制装置能起到指示和反馈轿厢位置、决定运行方向、发出加减速信号等作用。

8. 安全保护系统

安全保护系统是为保证电梯安全运行、预防可能发生的危险情况所装设的装置，以防止安全事故的发生。安全保护系统由机械保护装置和电气保护开关等各类保护装置组成。机械保护装置有限速器、安全钳、夹绳器、缓冲器、门锁和极限开关等。电气保护方面的保护装置由各机械保护装置的电气保护开关和安全回路的一系列串联开关等组成，是保障电梯安全运行必不可少的重要保护系统。

电梯八大系统的功能与部件装置的组成如表 2-2 所示。

表 2-2　电梯八大系统的功能与部件装置的组成

电梯的八大系统	功能	部件装置的组成
曳引系统	输出与传递动力，驱动电梯运行	曳引机、曳引轮、曳引钢丝绳、导向轮和反绳轮等
导向系统	限制轿厢和对重的活动自由度，使轿厢和对重只能沿着导轨做升降运动	导轨、导轨支架及导靴等
轿厢系统	运送乘客或货物	轿厢架和轿厢体
门系统	封闭轿厢入口和层站入口，在电梯运行过程中保障人或货物的安全	轿门、层门联动系统等
重量平衡系统	平衡轿厢重量，使轿厢与对重的重量差保持在限额内，减少曳引机功率的消耗、节约能源	对重装置和重量补偿装置
电力拖动系统	电梯的动力来源	曳引电动机、供电系统、速度反馈装置和调速装置等
电气控制系统	对电梯运行进行操纵和实时控制	操纵装置、显示装置、控制柜和井道电气控制装置等
安全保护系统	保证电梯安全运行、预防可能发生的危险情况，防止安全事故的发生	限速器、安全钳、夹绳器、缓冲器、门锁和极限开关等机械保护装置和电气保护开关等各类保护装置

2.2　电梯的性能指标要求

电梯的性能指标要求如下。

（1）当电源为额定频率和额定电压时，载有 50%额定载重量的轿厢向下运行至行程中段（除去加速和减速段）时的速度，不应大于额定速度的 105%，宜不小于额定速度的 92%。

（2）乘客电梯起动加速度和制动减速度最大值均不应大于 1.5m/s^2。

（3）当乘客电梯额定速度为 $1.0\text{m/s}<v\leqslant2.0\text{m/s}$ 时，按 GB/T 24474.1—2020《乘运质量测量第 1 部分：电梯》测量，A95（在定义的界限范围内，95%采样数据的加速度或振动值小于或等于的值）加、减速度不应小于 0.5m/s^2；当乘客电梯额定速度为 $2.0\text{m/s}<v\leqslant6.0\text{m/s}$ 时，A95加、减速度不应小于 0.7m/s^2。

（4）乘客电梯的中分自动门和旁开自动门的开关门时间宜不大于表 2-3 中规定的值。

（5）乘客电梯轿厢运行在恒定加速度区域内的垂直（z 轴）振动最大峰峰值不应大于 0.30m/s^2，A95 峰峰值不应大于 0.20m/s^2；运行期间水平（x 轴和 y 轴）振动的最大峰峰值不应大于 0.20m/s^2，A95 峰峰值不应大于 0.15m/s^2（按 GB/T 24474.1—2020 测量，用计权的时域记录振动曲线中的峰峰值)。

表 2-3 乘客电梯的中分自动门和旁开自动门的开关门时间的规定值

开门方式	开门宽度 B			
	B≤800mm	800mm<B≤1000mm	1000mm<B≤1100mm	1100mm<B≤1300mm
中分自动门/s	3.2	4.0	4.3	4.9
旁开自动门/s	3.7	4.3	4.9	5.9

(6) 电梯的各结构和电气设备在工作时不应有异常振动或撞击声响。乘客电梯在工作时的平均噪声值应符合表 2-4 中的规定。

表 2-4 乘客电梯在工作时的平均噪声值

额定速度 v/(m·s^{-1})	v≤2.5	2.5<v≤6.0
额定速度运行时机房内平均噪声值/dB	≤80	≤85
运行中轿厢内最大噪声值/dB	≤55	≤60
开关门过程最大噪声值/dB	≤65	

注: 无机房电梯的"机房内平均噪声值"是指距离曳引机 1m 处所测得的平均噪声值。

(7) 电梯轿厢的平层准确度宜在 ±10mm 范围内。平层保持精度宜在 ±20mm 范围内。

(8) 平层准确度:速度为 0.63~1.0 m/s 的交流双速电梯的平层准确度在 ±30mm 以内,其他各类型和速度的电梯的平层准确度均在 ±15mm 以内。曳引式电梯的平衡系数应在 0.4~0.5 范围内。

(9) 整机可靠性检验为起制动运行 60000 次中失效(故障)次数不应超过 5 次。每次失效(故障)修复时间不应超过 1h。由于电梯本身原因造成的停机或不符合本标准规定的整机性能要求的非正常运行,均被认为是失效(故障)。

(10) 控制柜可靠性检验为被其驱动与控制的电梯起制动运行 60000 次中,控制柜失效(故障)次数不应超过 2 次。由于控制柜本身原因造成的停机或不符合本标准规定的有关性能要求的非正常运行,均被认为是失效(故障)。

2.3 电梯设备的正常使用条件

电梯设备的正常使用条件是电梯正常运行的环境条件,不仅是保证电梯安全、稳定运行的基础,也是对使用在特殊地区、特殊环境下的电梯进行针对性设计或改进的依据。如果电梯的实际工作环境与标准的工作条件不符,电梯难以正常运行,或造成故障率增加、使用寿命缩短;在特殊环境下使用的电梯在订货时应根据使用环境提出具体要求,制造厂应据此进行设计制造。

电梯设备的正常使用条件有以下 5 条。

(1) 安装地点的海拔不超过 1000m;对于安装地点的海拔超过 1000m 的电梯,其曳引机应按 GB/T 24478—2009《电梯曳引机》的要求进行修正;对于安装地点的海拔超过 2000m 的电梯,其低压电器的选用应按 GB/T 20645—2021《特殊环境条件 高原用低压电器技术要求》的要求进行修正。

(2) 机房内的空气温度应保持在 5~40℃。电梯运行地点的空气相对湿度在最高温度为

40℃时不超过50%,在较低温度下可有较高的相对湿度,最湿月的月平均最低温度不超过25℃,该月的月平均最大相对湿度不超过90%。若可能在电气设备上产生凝露,应采取相应措施。

（3）供电电压相对于额定电压的波动应在±7%范围内。

（4）环境空气中不应含有腐蚀性和易燃性气体,污染等级不应大于 GB/T 14048.1—2012《低压开关设备和控制设备 第1部分:总则》中的3级。

（5）电梯整机和零部件应有良好的维护,使其保持正常的工作状态,需润滑的零部件应有良好的润滑。

2.4 电梯设备的产品特点

总结起来,电梯设备的产品特点主要有以下几个。

（1）设备特点:电梯是一种涉及人们生命安全的机电类特种设备。

依据2003年国务院颁布、2009年国务院又做补充修订的《特种设备安全监察条例》的规定,制造、安装、维修单位均隶属国家质量技术监督检验检疫总局管理,必须取得国家质量技术监督检验检疫总局颁发的许可资格证方能从事电梯制造、安装、改造、维修业务。

（2）生产特点 1:电梯是一种零散、复杂的机电综合产品,产品部件结构具有可组合性。

由于电梯产品部件结构具有可组合性,可单独采购部件进行整机组装,性能优良的整机必然由性能优良的部件组成,但性能优良的部件不一定能组装出性能优良的整机,不同型号、不同品牌、不同生产时期的产品部件具有一定的差异性。

（3）生产特点 2:电梯是一种以销定产的产品。

由于电梯是一种零散、复杂的机电类综合产品,每一台电梯有16个以上主要技术参数以及数量较多的标配功能和可选择功能。因此,电梯是一种必须根据用户不同要求而设计生产的产品,是一种必须先签订销售合同,才能进行设计生产的产品。

（4）现场装配的特点:电梯产品的总装配工作需在远离制造厂的使用现场进行。

工厂生产出来的电梯产品严格来讲是一种半成品,必须要完成最后的安装调试才能正常工作。产品只能以部件形式包装、发货、出厂,总装配工作在远离制造厂的使用现场进行,现场安装调试的质量直接影响到电梯的整体性能和运行质量。

（5）结构特点:电梯是由机械、电气两大部分构成的机电一体化产品。

电梯整体结构由八大系统组成,各系统部件分布在四大空间,各部件或元件分散安装于电梯机房、井道底坑、轿厢及井道墙壁四周、层门墙洞内外,而且井道中间还吊挂着电梯的轿厢和对重装置,结构复杂、分散。

（6）电气控制特点:规定了安全触点、安全回路、防粘连控制等电气控制电路,要求严格,防止失效故障影响,提高了可靠性。

（7）安全保护与故障防护特点:设计了完善的安全保护系统,有效防止事故的发生和故障的扩大。

"安全回路"环环相扣,多重防护,高安全系数设计,即使任何单一的电气设备故障,其本身不会成为电梯危险故障产生的原因。

GB 相关国家标准对接

◆ GB/T 7588.1—2020《电梯制造与安装安全规范 第1部分:乘客电梯和载货电梯》中有关电梯的标准术语和定义如下。

- 护脚板 apron

从层门地坎或轿厢地坎向下延伸的平滑垂直部分。

- 被授权人员 authorized person

经负责电梯运行和使用的自然人或法人许可，进入受限制的区域（机器空间、滑轮间或井道）进行维护、检查或救援操作的人员。

注：被授权人员应具有从事所授权工作的能力（国家法规可能要求具有资格证书）。

- 轿厢有效面积 available car area

电梯运行时可供乘客或货物使用的轿厢面积。

- 平衡重 balancing weight

用于强制驱动电梯或液压驱动电梯，为节能而设置的平衡全部或部分轿厢质量的部件。

- 缓冲器 buffer

在行程端部的弹性停止装置，包括使用流体或弹簧（或其他类似装置）的制动部件。

- 轿厢 car

用以运载乘客和（或）其他载荷的电梯部件。

- 胜任人员 competent person

经过适当的培训，通过知识和实践经验方面的认定，按照必要的说明，能够安全地完成所需的电梯检查或维护，或者救援使用者的人员。例如：电梯的维护和检查人员、救援人员等。

注：国家法规可能要求具有资格证书。

- 对重 counterweight

具有一定质量，用于保证曳引能力的部件。

- 直接作用式液压电梯 direct acting hydraulic lift

直接作用式液压驱动电梯。

柱塞或缸筒与轿厢或轿架直接连接的液压电梯。

- 下行方向阀 down direction valve

液压回路中用于控制轿厢下降的电控阀。

- 驱动控制系统 drive control system

控制和监测驱动主机运行的系统。

- 电气防沉降系统 electrical anti-creep system

防止液压电梯危险沉降的措施组合。

- 电气安全回路 electric safety chain

所有电气安全装置按下述方式连接形成的回路：其中任何一个电气安全装置的动作均能使电梯停止。

- 满载压力 full load pressure

当载有额定载重量的轿厢停靠在顶层端站位置时，施加到管路、液压缸和阀体等部件上的静压力。

- 载货电梯 goods passenger lift

主要用来运送货物的电梯，并且通常有人员伴随货物。

- 导轨 guide rails；guides

为轿厢、对重及平衡重提供导向的刚性组件。

- 顶层 headroom

轿厢服务的最高层站与井道顶之间的井道部分。

- 液压电梯 hydraulic lift

液压驱动电梯

提升动力来自电力驱动的液压泵输送液压油到液压缸［可使用多个电动机、液压泵和（或）液压缸］，直接或间接作用于轿厢的电梯。

- 间接作用式液压电梯 indirect acting hydraulic lift

间接作用式液压驱动电梯

柱塞或缸筒通过悬挂装置（绳或链条）与轿厢或轿架连接的液压电梯。

- 安装单位 installer

负责将电梯安装在建筑物最终位置的法人。

- 瞬时式安全钳 instantaneous safety gear

作用在导轨上制动减速，瞬间完成全部夹紧动作的安全钳。

- 液压缸 jack

组成液压执行装置的缸筒和柱塞的组合。

- 夹层玻璃 laminated glass

两层或更多层玻璃之间用塑胶或液体粘结组合成的玻璃。

- 平层 levelling

达到在层站停靠精度的操作。

- 平层保持精度 levelling accuracy

电梯装卸载期间，轿厢地坎与层门地坎之间铅垂距离。

- 驱动主机 lift machine

用于驱动和停止电梯的设备。对于曳引式或强制式电梯，可由电动机、齿轮、制动器、曳引轮（链轮或卷筒）等组成；对于液压电梯，可由液压泵、液压泵电动机和控制阀等组成。

- 机房 machine room

具有顶、墙壁、地板和通道门的完全封闭的机器空间，用于放置全部或部分机器设备。

- 机器 machinery

控制柜及驱动系统、驱动主机、主开关和用于紧急操作的装置等设备。

- 机器空间 machinery space

井道内部或外部放置全部或部分机器的空间，包括与机器相关的工作区域。

注：机器柜及其相关的工作区域均被认为是机器空间。

- 维护 maintenance

在安装完成后及其整个使用寿命内，为确保电梯及其部件的安全和预期功能而进行的必要操作。可包括下列操作：

a）润滑、清洁等；

b）检查；

c）救援操作；

d）设置和调整操作；

e）修理或更换磨损或破损的部件，但并不影响电梯的特性。

注：国家法规对维护可能有其他要求。

- 单向阀 non-return valve

仅允许液压油向一个方向流动的阀。

- 单向节流阀 one-way restrictor

允许液压油向一个方向自由流动，而在另一方向限制性流动的阀。

- 限速器 overspeed governor

当电梯达到预定的速度时，使电梯停止且必要时能使安全钳动作的装置。

- 乘客 passenger

电梯轿厢运送的人员。

- 棘爪装置 pawl device

用于停止轿厢非操作下降并将其保持在固定支撑上的机械装置。

- 底坑　pit

位于底层端站以下的井道部分。

- 强制式电梯 positive drive lift

强制驱动电梯

通过卷筒和绳或链轮和链条直接驱动（不依赖摩擦力）的电梯。

- 预备操作 preliminary operation

当轿厢位于开锁区域且门未关闭和锁紧时，使驱动主机和制动器（液压阀）做好正常运行的准备。

- 溢流阀 pressure relief valve

通过溢出流体限制系统压力不超过设定值的阀。

- 电梯安全相关的可编程电子系统 programmable electronic system in safety related applications for lifts；PESSRAL

用于表 A.1（编者注：见 GB/T 7588.1—2020 标准文件 110 页，表 A.1 电气安全装置表）所列安全应用的，基于可编程电子装置的控制、保护、监测的系统，包括系统中所有单元（例如：电源、传感器和其他输入装置、数据总线和其他通信路径以及执行装置和其他输出装置）。

- 渐进式安全钳 progressive safety gcar

作用在导轨上制动减速，并按特定要求将作用在轿厢、对重或平衡重的力限制在容许值范围内的安全钳。

- 滑轮间　pulley room

放置滑轮的房间，也可放置限速器，但不放置驱动主机。

- 额定载重量 rated load

电梯正常运行时预期运载的载荷，可以包括装卸装置。

- 额定速度 rated speed

v

电梯设计所规定的速度。

注：对于液压电梯，有

v_m——上行额定速度，单位为米每秒（m/s）；

v_d——下行额定速度，单位为米每秒（m/s）；

v_s——上行额定速度（v_m）和下行额定速度（v_d）两者中的较大值，单位为米每秒（m/s）。

- 再平层 re-levelling

电梯停止后，允许在装卸载期间进行校正轿厢停止位置的操作。

- 救援操作 rescue operations

由被授权人员安全地释放被困在轿厢和井道内人员的特定活动。

- 节流阀 restrictor

通过内部节流通道将出入口连接起来的阀。

- 破裂阀 rupture valve

当在预定的液压油流动方向上流量增加而引起阀进出口的压差超过设定值时，能自动关闭的阀。

- 安全电路 safety circuit

满足电气安全装置要求的电路，包含触点和（或）电子元件。

- 安全部件 safety component

实现电梯的安全功能且需要通过型式试验证明的部件。

注：例如安全钳、限速器和层门门锁装置等。

- 安全钳 safety gear

在超速或悬挂装置断裂的情况下，在导轨上制停下行的轿厢、对重或平衡重并保持静止的机械装置。

- 安全完整性等级 safety integrity level；SIL

一种离散的等级（可能是三个等级之一），用于规定分配给电梯安全相关的可编程电子系统的安全功能的安全完整性要求。本部分中 SIL1 代表的是最低的等级要求，SIL3 是最高的等级要求。

- 安全绳 safety rope

与轿厢、对重或平衡重连接的辅助钢丝绳，在悬挂装置失效的情况下，触发安全钳动作。

- 截止阀 shut-off valve

一种手动操纵的双向阀，该阀的开启和关闭允许或防止液压油在任一方向上的流动。

- 单作用液压缸 single acting jack

一个方向由液压油的作用产生位移，另一个方向由重力的作用产生位移的液压缸。

- 轿架 sling

对重架

平衡重架

与悬挂装置连接，承载轿厢、对重或平衡重的金属构架。

注：轿架和轿厢可为一个整体。

- 专用工具 special tool

为了使设备保持在安全运行状态或为了救援操作，所需的特定工具。

- 平层准确度 stopping accuracy

按照控制系统指令轿厢到达目的层站停靠，门完全打开后，轿厢地坎与层门地坎之间的铅垂距离。

- 曳引式电梯 traction lift

曳引驱动电梯

通过悬挂钢丝绳与驱动主机曳引轮槽的摩擦力驱动的电梯。

- 随行电缆 travelling cable

轿厢与固定点之间的挠性多芯电缆。

- 型式试验证书 type examination certificate

由被批准机构进行型式试验后出具的文件，该文件证明产品样品符合相应的规定。

注：被批准机构的定义参见 GB/T 7588.2—2020 中的 3.1。

- 轿厢意外移动 unintended car movement

在开锁区域内且开门状态下，轿厢无指令离开层站的移动，不包含装卸操作引起的移动。

- 开锁区域 unlocking zone

层门地坎平面上、下延伸的一段区域，当轿厢地坎平面在此区域内时，能够打开对应层站的层门。

- 使用者 user

利用电梯服务的人员，包括乘客、层站候梯人员和被授权人员。

- 井道 well

轿厢、对重（或平衡重）和（或）液压缸柱塞运行的空间。通常，该空间以底坑底、墙壁和井道顶为界限。

【任务总结与梳理】

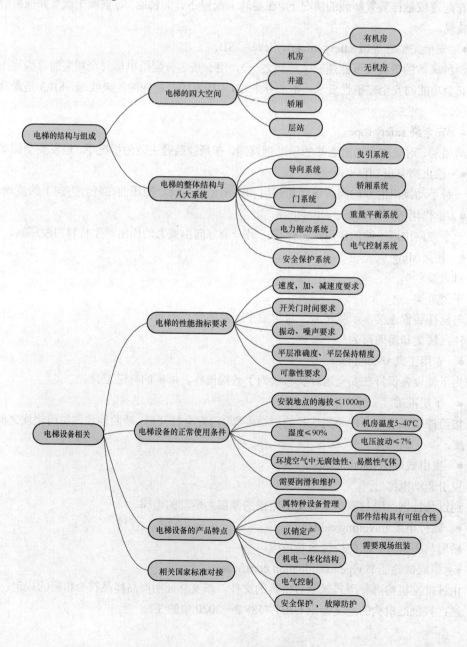

【思考与练习】

一、判断题（正确的填√，错误的填 X）

（1）（　　）导轨是为电梯轿厢和对重提供导向的部件。

（2）（　　）重量补偿装置是高层电梯在运行过程中，为了减少由轿厢侧与对重侧的曳引钢丝绳长度相对变化带来两侧重量的变化的影响而进行平衡补偿的装置。

（3）（　　）对重属于电梯的轿厢系统。

（4）（　　）无机房电梯的缺点是增加了维修作业的难度，发生电梯困人事故时解救麻烦。因此，无机房电梯的维修和管理不如有机房电梯方便。

二、填空题

（1）门系统由（　　　　　）、（　　　　　）、（　　　　　）和（　　　　　）等组成。

（2）层站是指各楼层用于乘客或货物出入（　　　　　）的地点。

（3）电梯曳引机主要分为（　　　　　）和（　　　　　）两种。

（4）曳引系统的功能是（　　　　　　　　），驱动电梯运行。

（5）电梯的四大空间为（　　　）、（　　　）、（　　　）和（　　　）。

（6）电梯从功能上可分为八大系统，包括（　　）系统、（　　　）系统、（　　　）系统、（　　）系统、（　　　）系统、（　　　）系统、（　　　）系统和（　　　）系统。

（7）目前电梯主要的驱动方式是（　　　　　　）。

三、单选题

（1）以下不属于电梯占有的空间是（　　　）。

    A．底坑　　　　　B．机房　　　　　C．楼道　　　　　D．层站

（2）关于安全钳的说法不正确的是（　　　）。

    A．装在机房内　　B．通过限速器起作用　　　　C．是一种安全装置

（3）目前电梯中最常用的驱动方式是（　　　）。

    A．鼓轮（卷筒）驱动　　　　　B．曳引驱动

    C．液压驱动　　　　　　　　　D．齿轮齿条驱动

（4）电梯的曳引系统包括曳引电动机、曳引轮、曳引钢丝绳、制动器和（　　　）。

    A．限速器　　　B．安全钳　　　C．控制柜　　　D．导向轮

（5）供电电压相对于额定电压的波动应在（　　　）范围内。

    A．±7%　　　　B．±8%　　　　C．±9%　　　　D．±10%

四、多选题

（1）为了防止夹人和确保安全，电梯轿门的安全保护装置有（　　　）等。

    A．安全触板防撞装置　　　　　B．光电防撞装置

    C．红外线光幕防撞装置

（2）电梯电气控制系统包括（　　　）、控制柜和井道电气控制装置等。

    A．操纵装置　　B．显示装置　　C．消防装置　　D．呼梯盒

（3）运送（　　）又运载（　　）的电梯称为客货两用电梯。

    A．病人   B．乘客   C．货物   D．杂物

（4）安全保护系统由机械保护装置和电气保护开关等装置组成。机械保护装置有（　　）等。

    A．限速器   B．安全钳   C．夹绳器   D．缓冲器

第 *3* 章
曳引系统

【学习任务与目标】

- 认识电梯的曳引系统，了解曳引系统的组成。
- 了解曳引机的分类、结构和基本技术要求。
- 掌握制动器的工作原理。
- 了解曳引钢丝绳的结构、主要规格参数、曳引比与曳引绳绕法。

【导论】

电梯的驱动系统有曳引驱动、强制驱动（卷筒驱动）、液压驱动、螺杆驱动、齿轮齿条驱动（建筑电梯）和链条驱动（自动扶梯）等多种不同的驱动方式。曳引驱动方式具有安全可靠、提升高度基本不受限制等优点，已成为电梯驱动方式的主流。

曳引系统的功能是输出与传递动力，驱动电梯运行。曳引驱动方式依靠钢丝绳与曳引轮绳槽之间的摩擦力来传递动力，驱动轿厢升降运行。曳引电梯的曳引状态决定了电梯运行的安全性、舒适性、运行效率等，曳引状态差可能产生不准确平层、溜梯、轿厢意外移动等问题。

【知识延伸】牵引与曳引的区别

牵引与曳引的意思都是拉，但区别在于：牵引的拉更多的是牵动，拉动的一方是主动，被拉的一方是被动；而曳引的意思更倾向于彼此的吸引和互动。

3.1 曳引系统的组成

曳引系统由曳引机、曳引轮、导向轮、反绳轮、曳引钢丝绳等组成，如图 3-1 所示，其中曳引机是曳引系统的核心部分。位于曳引轮绳槽内的曳引钢丝绳，一端连接轿厢，另一端连接对重。曳引电动机转动时，通过曳引轮绳槽与曳引钢丝绳之间的摩擦力（俗称曳引力），驱动电梯的轿厢和对重沿轨道上、下运行。

3.1.1 曳引机

一、曳引机的分类

曳引机是电梯的动力源，俗称电梯主机。每部电梯至少应有一台

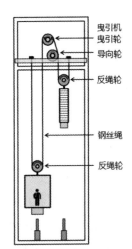

图 3-1　曳引系统的组成

专用的电梯主机。曳引机可分为有齿轮曳引机和无齿轮曳引机。有齿轮曳引机由电动机、联轴器、制动器、减速器、机座和曳引轮等组成；无齿轮曳引机没有减速器和联轴器，体积相比有齿轮曳引机大幅减小，重量也更轻，是目前曳引机的主流。

曳引机的分类方式有以下 6 种。

（1）按驱动电动机分类：直流曳引机、交流曳引机。

（2）按减速方式分类：有齿轮曳引机、无齿轮曳引机。

（3）按用途分类：客梯曳引机、货梯曳引机、杂物电梯曳引机、汽车电梯曳引机等。

（4）按速度分类：低速曳引机、中速曳引机、高速曳引机、超高速曳引机等。

（5）按结构分类：卧式曳引机和立式曳引机。

（6）按曳引机技术分类：蜗轮蜗杆曳引机、平行轴斜齿轮曳引机、行星齿轮曳引机、永磁同步曳引机、带传动曳引机等。

表 3-1 列出几种典型曳引机的优缺点比较。

表 3-1　几种典型曳引机的优缺点比较

曳引机类型	优缺点	图例
第一代曳引机：蜗轮蜗杆曳引机	优点：运行平稳；噪声和振动小；传动件少，容易维修。 缺点：齿面滑动速度大，润滑困难；效率低；齿面易磨损	
第二代曳引机：平行轴斜齿轮曳引机	优点：效率高；齿面磨损小；寿命长。 缺点：为了达到低噪声，加工精度要求高，必须磨齿；装配要求高	
第三代曳引机：行星齿轮曳引机	优点：传动效率高；不易断齿；体积较小；可靠性比平行轴斜齿轮曳引机高。 缺点：运行噪声较大；加工困难	
第四代曳引机：永磁同步曳引机	优点：运行平稳；体积小；易于实现免维护。 缺点：电器元件损坏不易维修；低速运行效率低；价格较高	
第五代曳引机：带传动曳引机	优点：机电效率高；启动电流小；体积小、重量轻；维护性好；性价比高。 缺点：带传动故障不易维修	

二、曳引机的结构

从上面的介绍中可以看出，随着曳引机技术的迅速发展，电梯曳引机已进行了多次的更新换代。从结构上来看，曳引机按电动机与曳引轮之间有无减速器可分为有齿轮曳引机和无齿轮曳引机两种。

1. 有齿轮曳引机

有齿轮曳引机是电动机通过减速齿轮箱驱动曳引轮的曳引机，由曳引电动机、联轴器、减速器、电磁制动器、曳引轮和机座等部件组成，如图 3-2 所示。

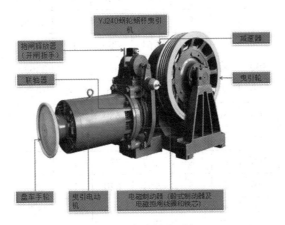

图 3-2　有齿轮曳引机

（1）曳引电动机。

电梯使用的曳引电动机有直流电动机、交流单速和双速笼型异步电动机、绕线式异步电动机和永磁同步电动机等。因为电梯在运行时具有频繁启动、制动，正、反向运行和重复短时工作的特点，所以曳引电动机应具备以下特性。

- 电动机应能承受大负载的启动冲击并满足正、反转要求。
- 电动机要具有大的启动力矩，应满足满载启动加速时所需的动力矩，应无过大的启动电流。
- 具有发电制动特性，能满足对速度控制的要求，保证电梯的安全运行。
- 较好的机械性能，不因载荷变化而影响速度的控制及速度变化的平稳性。

曳引机是电梯的主要部件之一，电梯的载荷、运行速度等主要参数取决于曳引机的电动机功率和转速、蜗轮与蜗杆的模数和减速比、曳引轮的直径和绳槽数，以及曳引比（曳引方式）等参数。它们之间的各种关系，在标准 GB/T 24478—2009 中做了纲领性规定。表 3-2 是部分电梯曳引机的参数规定（表中参数仅作参考）。

表 3-2　部分电梯曳引机的参数规定

载重量 /kg	速度 /(m·s⁻¹)	曳引比	中心距 /mm	模数	节模比	速度比	曳引轮直径 /mm	钢丝绳直径 /mm	静阻矩 /(N·m)	原动机功率 /kW	平均转速 /(r·min⁻¹)	电动机型号
700	0.5	1:1	250	7	9	1/61	620	13	1529.8	7.5	940	JTD
	1.0	1:1	250	7	9	2/61	620	13	1529.8	7.5	940	JTD
	1.5	1:1	250	7	9	3/61	620	13	1529.8	11	960	ZTD
	1.75	1:1	250	7	9	3/61	700	13	1745.6	15	960	ZTD
1000	0.5	1:1	250	7	9	1/61	620	13	2039.8	7.5	940	JTD
	0.5	2:1	250	7	9	2/61	620	13	1019.9	7.5	940	JTD

载重量 /kg	速度 /(m·s⁻¹)	曳引比	中心距 /mm	模数	节模比	速度比	曳引轮直径 /mm	钢丝绳直径 /mm	静阻矩 /(N·m)	原动机功率 /kW	平均转速 /(r·min⁻¹)	电动机型号
	1.0	1:1	250	7	9	2/61	620	13	2039.8	11	960	JTD
1000	1.5	1:1	250	7	9	3/61	620	13	2039.8	15	960	ZTD
	1.75	1:1	250	7	9	3/61	700	13	2334	22	960	ZTD
	0.5	1:1	300	8	9	1/67	680	16	3353.9	11	960	JTD
	0.75	2:1	250	8	8	2/53	780	16	1922.1	11	960	JTD
1500	1.0	1:1	300	8	8	2/67	680	16	3353.9	15	940	JTD
	1.5	1:1	300	8	8	3/67	680	16	3353.9	22	960	ZTD
	1.75	1:1	300	8	8	3/67	780	16	3844	30	—	ZTD
	0.5	2:1	250	7	8	2/61	620	13	2040	11	960	JTD
	0.75	2:1	250	8	8	2/53	780	16	2569.3	15	960	JTD
2000	0.5	1:1	360	10	8	1/63	640	16	4207.1	11	960	JTD
	1.0	1:1	360	10	8	2/63	640	16	4207.1	22	960	JTD

表 3-2 中各参数是根据曳引机的蜗轮副为阿基米德齿形确定的。近年来,随着科学技术的发展和技术工艺的改进,除采用阿基米德齿形的蜗轮副外,又出现了 K 形蜗轮副、渐开线蜗轮副、球面蜗轮副等新蜗轮副所装配成的新型曳引机。这些蜗轮副具有比阿基米德蜗轮副更高的传动效率,在运行速度和额定载重量相同的情况下,曳引电动机的功率和曳引机的体积都可以减小,可减少原材料消耗,也更节能坏保。为此,表 3-2 中部分参数须做必要的修正。

(2)曳引机电动机转速。

采用有齿轮曳引机的电梯,其曳引电动机的转速与曳引机的减速比、曳引轮直径、悬挂比、电梯运行速度之间的关系用以下公式表示:

$$n = \frac{60vik}{D\pi} \qquad (公式\ 3\text{-}1)$$

式中:

n——曳引电动机转速（r/min）;

v——电梯运行速度（m/s）;

i——减速比;

k——悬挂比（曳引方式倍率）;

D——曳引轮节圆直径（m）;

π——圆周率。

即,电梯运行速度为:

$$v = \frac{\pi Dn}{60ik} \qquad (公式\ 3\text{-}2)$$

(3)曳引电动机的功率计算。

由于曳引机是驱动电梯运行的动力源,工作运行中需要频繁启动、制动及正、反转,经常工作在重复短时状态，而且负载变化大，要求有足够的启动转矩，具有良好的调速性能。因此，电动机的功率计算比较复杂，一般常用以下公式计算：

$$P = \frac{(1-K_{\mathrm{p}})Qv}{102\eta}$$　　　　　　（公式 3-3）

式中：

P——曳引电动机输出功率（kW）；

K_{p}——电梯平衡系数，一般取 0.40～0.50；

Q——电梯轿厢额定载重量（kg）；

v——电梯额定运行速度（m/s）；

η——电梯的机械总效率。

采用有齿轮曳引机的电梯，若蜗轮副为阿基米德齿形，电梯的机械总效率取 0.5～0.55；采用无齿轮曳引机的电梯，电梯的机械总效率取 0.75～0.8。

【例】有一台电梯，额定载重量为 2000kg、曳引轮节圆直径为 0.78m、减速比为 53∶2、悬挂比为 2∶1，曳引机的蜗轮副采用阿基米德齿形，电动机的额定转速为 960r/min，求电梯的运行速度是多少？电动机的功率应为多少？

解：已知 D=0.78m、n=960r/min、i=53∶2、k=2∶1、Q=2000kg、K_{p}=0.5、η=0.5，

代入（公式 3-2）、（公式 3-3），得

电梯运行速度：$v = \dfrac{\pi D n}{60 i k} = \dfrac{3.14 \times 0.78 \times 960}{60 \times \dfrac{53}{2} \times \dfrac{2}{1}} \approx 0.74$（m/s）

电动机的功率：$P = \dfrac{(1-K_{\mathrm{p}})Qv}{102\eta} = \dfrac{(1-0.5) \times 2000 \times 0.74}{102 \times 0.5} \approx 14.5$（kW）

2. 无齿轮曳引机

无齿轮曳引机主要由曳引电动机、制动器、曳引轮、机座等构成，如图 3-3 所示。

图 3-3　无齿轮曳引机

无齿轮曳引机的曳引电动机通常采用的是永磁同步电动机。这种无齿轮永磁同步曳引机使用具有良好调速性能的交流变频电动机或直流电动机，具有高效节能、噪声低、寿命长、安全可靠等优点，同时也具有体积小和节省安装空间等特性，可满足无机房、小机房的需求，可用在多种运行速度的电梯上，是目前电梯曳引机的主流。

（1）无齿轮永磁同步曳引机的结构。

无齿轮永磁同步曳引机由永磁同步电动机、制动器、曳引轮和机座等组成。无齿轮永磁同步曳引机由于没有减速器的增扭作用，曳引机制动器工作时所需要的制动力矩比有齿轮曳引机大许多，所以曳引轮轴轴承的受力要远大于有齿轮曳引机，相应轴的直径也较大。因此，无齿轮曳引机中体积最大的就是制动器。

① 无齿轮曳引机在电梯产品中的应用。

我国 20 世纪 80 年代末曾批量生产过采用直流电动机作为曳引电动机的无齿轮曳引机，近几年来采用永磁同步电动机的无齿轮曳引机已被用到各种运行速度的电梯上，占电梯市场份额的 90%以上。

② 无齿轮永磁同步曳引机的结构原理。

无齿轮永磁同步电动机有内外转子式两种，都具有在低速状态下实现大功率输出的特点，能够改变传统的"电动机→减速器→曳引轮→负载（轿厢和对重）"的曳引驱动模式，且具有节能、免维护、环保等优点。其结构如图 3-4 所示。

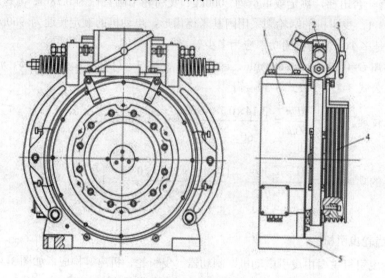

1. 永磁同步电动机；2. 电磁制动器；3. 松闸扳手；4. 曳引轮；5. 底座

图 3-4   无齿轮永磁同步曳引机结构

（2）无齿轮永磁同步曳引机的优点。

与传统的交流异步电动机或直流电动机驱动，采用蜗轮、蜗杆减速箱传动的曳引机相比较，无齿轮永磁同步曳引机具有以下显著优点。

- 由于采用多极低速的永磁同步电动机直接驱动，没有了蜗轮、蜗杆传动机构，所以体积小、传动效率高（可提高 20%～30%）、运行噪声低（可降低 5～10dB）。
- 永磁同步电动机的体积小、能耗低、效率高，且转矩大、制动电流小。这使所需要的电动机功率和变频器容量都得到减小。
- 所需建筑空间小，可缩小机房甚至不需要机房；由于不存在齿轮磨损问题且不需要定期更换润滑油，因此维护方便、工作寿命长、安全可靠。

因为无齿轮永磁同步曳引机具有上述优点，所以近年来已逐步取代由蜗轮、蜗杆减速箱传动的传统曳引机，已成为电梯技术发展的一个趋势。

3.1.2 曳引机的基本技术要求

曳引机是电梯的核心部件，其基本技术指标直接影响到电梯的性能指标，国家标准专门对曳引机有明确的标准规定，对曳引机的基本技术要求如下。

（1）曳引机工作条件应满足"2.3 电梯设备的正常使用条件"的要求。

（2）曳引机制动应可靠，在电梯整机上，平衡系数为 0.40，轿厢内加上 150% 的额定载重量，历时 10min，制动轮与制动闸瓦之间应无打滑现象。

（3）制动器的最低起动电压和最高释放电压应分别低于电磁铁额定电压的 80% 和 55%，制动器开启迟滞时间不超过 0.8s。制动器线圈耐压试验时，导电部分对地施加 1000V 电压，历时 1min，不应出现击穿现象。

（4）制动器部件的闸瓦组件应分两组装设，如果其中一组不起作用，制动轮上仍能获得足够的制动力，使载有额定载重量以额定速度下行的轿厢减速。

（5）曳引机在检验平台上空载高速运行时，A 计权声压级噪声的测量表面平均值不应超过表 3-3 中规定的值；低速时，噪声值应低于高速时噪声值。

表 3-3 曳引机噪声限值

项目		曳引机额定速度 $v/(m \cdot s^{-1})$		
		$v \leqslant 2.5$	$2.5 < v \leqslant 4$	$4 < v \leqslant 8$
空载噪声 $\overline{L}_pA / dB（A）$	无齿轮曳引机	62	65	68
	有齿轮曳引机	70	80	—

3.1.3 制动器

制动器在电梯断电或制动时能按要求产生足够大的制动力矩，使电动机轴或减速器轴立即制停，并且在制动轮（盘）正、反转时，制动效果相同。

一、制动器的功能

制动器的功能是制停轿厢，使电梯在停止时不因轿厢与对重的重量差而产生滑移。制动器是机-电式的电磁制动器，是电梯的安全装置之一，其性能的优劣直接影响到电梯的乘坐舒适性和平层准确度。

制动器安装在电动机转轴上的制动轮（盘）处，是一种常闭式机构。

停车时，制动器的闸瓦将制动轮夹紧并制动。电动机通电运转的瞬间，制动电磁铁中线圈通电产生电磁场，电磁力克服制动弹簧作用力，松开制动轮（盘），从而制动器松闸，曳引轮轴转动，电梯启动工作。当电磁线圈失电后或者电梯处于静止状态时，在制动弹簧压力作用下，制动闸瓦（块）紧压制动轮（盘），从而制动器抱闸制动。

二、制动器的要求

（1）制动器应采用具有两个制动装置的结构，即向制动轮（盘）施加制动力的制动器部件分成两组装设。当一组部件不能起作用时，制动轮（盘）仍可从另一组部件获得足够的制动力。

（2）有减速器的曳引机的制动器安装在电动机和减速器之间，即装在高速轴上，可减少制动力矩，从而减小制动器的尺寸。

（3）制动器的制动轮应该安装在减速器输入轴一侧，不能装在电动机一侧，以保证联轴器断裂后，电梯仍能够被迅速制停。

（4）制动轮装在高速轴上，必须进行动平衡。

（5）制动时，制动闸瓦应紧贴在制动轮的工作面上，制动轮与闸瓦的接触面积应大于闸瓦面积的80%。

（6）当轿厢载有125%额定载重量并以额定速度下行时，仅用机-电式制动器应能使驱动主机停止运转。在上述情况下，轿厢的减速度不应大于安全钳动作或轿厢撞击缓冲器所产生的减速度。

（7）为了减少制动器抱闸、松闸的时间和噪声，制动器线圈内两块铁芯的间隙不宜过大。

（8）在电梯安全运行时，制动闸瓦与被制动轮应完全松开，两边间隙均匀，不大于0.7mm。闸瓦与制动轮间隙越小越好，一般以松闸后闸瓦不碰擦运转着的制动轮为宜。

（9）制动器的其他要求如下。

● 制动系统应采用机-电式制动器（摩擦型），不应采用带式制动器。

● 所有参与向制动轮（盘）施加制动力的制动器机械部件应至少分两组设置。应监测每组机械部件，如果其中一组部件不起作用，则曳引机应停止运行或不能启动，并应仍有足够的制动力使载有额定载重量以额定速度下行的轿厢减速下行。

● 电磁线圈的铁芯被视为机械部件，而线圈则不是。

● 制动衬应是不易燃的，制动衬不应含有石棉材料。

● 制动器制动响应时间不应大于0.5s，对于兼作轿厢上行超速保护装置制动元件的曳引机制动器，其响应时间应根据国标的要求与曳引机用户商定。

三、制动器结构和工作原理

制动器应具有两组独立的制动机构，主要部件有制动轮、制动电磁铁、制动臂、制动闸瓦、制动衬、制动弹簧等。

1. 卧式电磁铁制动器

卧式电磁铁制动器结构如图3-5所示，图中标数单位为mm（如无特别说明，单位为mm）。

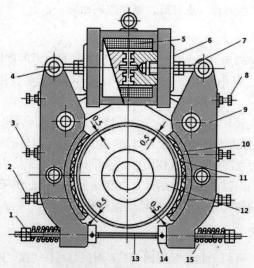

1. 制动弹簧调节螺母；2. 制动闸瓦定位弹簧螺栓；3. 制动闸瓦定位螺栓；4. 倒顺螺母；
5. 制动电磁铁线圈；6. 电磁铁芯；7. 拉杆；8. 定位螺栓；9. 制动臂；10. 制动闸瓦；
11. 制动带；12. 制动轮；13. 制动弹簧螺杆；14. 手动松闸凸轮；15. 制动弹簧

图3-5 卧式电磁铁制动器结构

卧式电磁铁制动器的工作原理如下。

在曳引电动机通电运转的瞬间，制动电磁铁线圈 5 同时通电产生电磁场，电磁铁芯 6 产生电磁力，带动拉杆 7 克服制动弹簧 15 的作用力，松开制动轮（盘）12，从而制动器松闸，曳引轮轴转动，电梯启动工作。

当电梯到达需停层站或需紧急停车时，制动电磁铁线圈失电，在制动弹簧的压力作用下，制动闸瓦 10 紧压制动轮（盘），从而制动器抱闸制动，制动带 11 将制动轮抱住（抱闸制动），电梯停止运行。

电梯停车或者处于静止状态时，制动器的闸瓦在制动弹簧的作用下将制动轮夹紧并制动（抱闸制动），电梯停止运行。

2. 永磁同步无齿轮曳引机的制动器

有齿轮曳引机的电磁制动器安装在电动机轴与蜗杆轴相连处，无齿轮曳引机则安装在电动机与曳引轮之间。

永磁同步无齿轮曳引机的制动器由电磁铁线圈、电磁铁芯、制动闸瓦、制动轮、制动弹簧等构成。由于去掉了减速器，因此这种曳引机的制动器产生的制动力矩必须足够大，其工作原理与有齿轮曳引机的制动器相仿。

3. 曳引机碟式制动器

曳引机碟式制动器结构如图 3-6 所示。

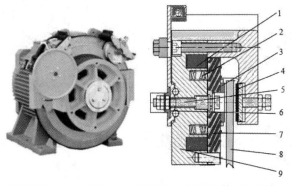

1. 电磁铁线圈；2. 制动弹簧；3、4. 制动片；5. 推拉杆；6. 复位弹簧；7. 衔铁；8. 制动盘；9. 铁芯

图 3-6　曳引机碟式制动器结构

曳引机碟式制动器的工作原理如下。

当电梯处于停止状态时，制动片 3、4 在制动弹簧 2 的作用下压向制动盘 8 的工作面，实现制动。

曳引机开始运转时，电磁铁线圈 1 得电而产生磁场，铁芯 9 被磁化，吸附衔铁 7 使制动片 3、4 脱离制动盘 8 的工作面，抱闸释放，电梯启动运行。

电梯轿厢到达需停层站或需紧急停止时，曳引电动机电磁铁线圈 1 失电，铁芯 9 磁力迅速消失，衔铁 7 在制动弹簧 2 的作用下，使制动片压向制动盘。将制动盘压住，电梯停止运行。

3.1.4　减速器

减速器的作用是将曳引电动机输出的高转速降低到曳引轮所需的低转速，同时将电动机的输出扭矩放大，以满足驱动电梯运行的要求。

一、减速器的类型

对于有齿轮曳引机，曳引机减速器位于曳引电动机转轴和曳引轮转轴之间，按减速器主传动机构类型可以分为蜗轮蜗杆式减速器、斜齿轮式减速器、行星齿轮式减速器 3 种，这 3 种减速器分别如图 3-7～图 3-9 所示。

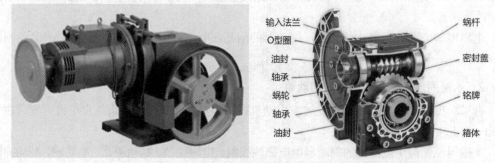

图 3-7 蜗轮蜗杆式减速器

图 3-8 斜齿轮式减速器

图 3-9 行星齿轮式减速器

1. 蜗轮蜗杆式减速器

蜗轮蜗杆式减速器由箱体、箱盖、蜗杆、蜗轮、轴、轴承等组成，箱体上设有油面观察窗、放油孔、箱盖顶部视孔等，通过视孔可以观察蜗轮齿的啮合和磨损情况，视孔也是加油孔。

曳引电动机通过联轴器与蜗杆相连，带动蜗杆高速转动。蜗杆的头数与蜗轮的齿数相差很大，从而使由蜗轮轴传递出的转速大为降低，而转矩则得到提高。通常，蜗轮蜗杆传动的减速器减速比（即蜗杆轴的转速与蜗轮轴的转速之比）相当于速度比，速度比范围见表 3-2。

蜗轮蜗杆式减速器传动成本低、传动平稳、噪声小、容易维修，因而得到广泛的应用。

2. 斜齿轮式减速器

斜齿轮式减速器传动效率高,齿面磨损小,寿命长。但为了达到低噪声,加工精度要求高,装配误差要求高,而且传动平稳性不如蜗轮蜗杆传动,抗冲击力不高,噪声较大,维修也不如蜗轮蜗杆式减速器方便。

3. 行星齿轮式机减速器

行星齿轮式减速器传动效率高、结构紧凑、减速比高、不易断齿、体积较小、维护简单、润滑方便,可靠性比斜齿轮式减速器高。但运行噪声较大,加工困难。

曳引机减速器还有极少量其他类型。

随着交流调速技术的成熟,交流有齿轮曳引机多用在额定速度低于 2.5m/s 的中低速电梯中。也有一些采用新型减速装置的曳引机,可以用在额定速度达 4.0m/s 的电梯上。

二、减速器的使用要求

减速器的蜗杆多采用滑动轴承,承受径向力。当改用滚动轴承时,要求轴承精度不低于 D 级。蜗轮轴都用滚动轴承,其精度不低于 E 级。轴承精度对噪声和使用寿命均有影响,更换的轴承必须符合规定精度要求。

安装减速器时,不允许在箱体底部塞垫片。如果底座不平,可用锉刀、刮刀等加工,直至符合要求为止。

装配后蜗杆和蜗轮轴的轴向游隙应符合规定。

减速器运转时应平稳而无振动,蜗轮与蜗杆啮合良好,变向时无撞击声。

经常观察减速器的轴承、箱盖、油窗盖等结合部位有无翻油。正常工作时,蜗杆轴伸出端每小时漏油面积不应超过 150cm²。

减速器正常工作时,机件和轴承的温度一般不超过 70℃,箱体内油温不宜超过 85℃。

3.1.5 联轴器

联轴器是将曳引电动机轴与减速器输入轴连接为一体的部件,把扭矩从电动机轴延续到减速器输入轴,同时也是制动器部件的制动轮。

联轴器可分为刚性联轴器和弹性联轴器(见图 3-10 和图 3-11)。

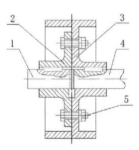

1. 电动机轴;2. 左半联轴器;3. 右半联轴器;4. 蜗杆轴;5. 连接螺栓

图 3-10 刚性联轴器

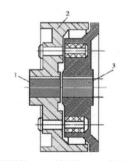

1. 蜗轮轴;2. 制动轮;3. 电动机轴

图 3-11 弹性联轴器

对于蜗杆轴采用滑动轴承的结构,一般采用刚性联轴器,因为此时轴与轴承的配合间隙较大,刚性联轴器有助于蜗杆轴的稳定转动。刚性联轴器要求两轴有高度的同心度,在连接后不同心度不应大于 0.02mm。

对于蜗杆轴采用滚动轴承的结构，一般用弹性联轴器。联轴器中的橡胶块在传递力矩时发生弹性变形，在一定范围内自动调节电动机轴与蜗杆轴的同轴度，允许安装时有较大的同轴度（允差 0.1mm）。

3.1.6　曳引轮

曳引轮是嵌挂钢丝绳的轮子，也称驱绳轮，钢丝绳的两端分别与轿厢和对重装置连接。当曳引电动机运转时，带动曳引轮转动，通过曳引钢丝绳和曳引轮绳槽之间的摩擦力（也叫曳引力）传递动力，驱动轿厢和对重装置上下运行。

因为曳引轮要承受电梯轿厢自重、曳引钢丝绳重、载重和对重的全部重量，所以曳引轮的制造材料要保证具有一定的强度和韧性。曳引轮的结构要素是直径和绳槽的形状，曳引轮是靠钢丝绳与绳槽的静摩擦来传递动力的，曳引轮绳槽的形状是决定摩擦力大小的主要因素。常见的槽形有半圆槽、带切口半圆槽和楔形槽 3 种，如图 3-12 所示。带切口半圆槽的摩擦系数与磨损程度介于半圆槽和楔形槽之间，因此在电梯上得到了广泛的使用。其中，带切口半圆槽的开口越大，则摩擦系数就越大，磨损也就越大。

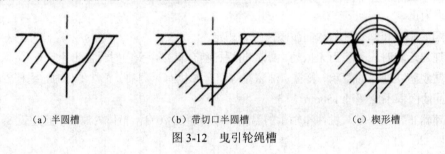

（a）半圆槽　　　　　　　　（b）带切口半圆槽　　　　　　（c）楔形槽

图 3-12　曳引轮绳槽

有齿轮曳引机——曳引轮安装在减速器中的蜗轮轴上。

无齿轮曳引机——曳引轮安装在制动器的旁侧，与电动机轴、制动器轴在同一轴线上。

1. 半圆槽

又称 U 形槽，和钢丝绳绳形基本相同，与钢丝绳的接触面积最大，钢丝绳在绳槽中变形小，挤压应力较小。但半圆槽的当量摩擦系数小，易打滑，须增大包角才能提高半圆槽的曳引能力。一般用于复绕式电梯，常见于高速电梯。

2. 带切口半圆槽

即凹形槽，或称预制槽，是在楔形槽的基础上将底部做成圆弧形，其中部切制一个切口（即沟槽），使钢丝绳在沟槽处发生弹性变形，部分嵌入沟槽中，当量摩擦系数大为增加，获得较大的曳引力，带切口半圆槽的当量摩擦系数一般为半圆槽的 1.5～2 倍。而且曳引钢丝绳在槽内变形自由、运行自如，有接触面大、挤压应力较小、寿命长的优点，在电梯上应用广泛。

3. 楔形槽

又称 V 形槽，有较大的当量摩擦系数，其原理与 V 形带传动一样，槽型角通常为25°～40°，正压力有明显增益。但楔形槽使钢丝绳受到很大的挤压应力，钢丝绳与绳槽的磨损较快，影响钢丝绳使用寿命。现在大多数客、货电梯曳引轮不采用此种槽形，一般在杂物电梯等轻载、低速电梯上使用。

曳引轮技术要求如下。

- 绳槽的金属组织及硬度在足够深度上相同，且在曳引轮整个圆周上分布均匀。
- 曳引轮直径：曳引轮节圆直径与钢丝绳直径之比不应小于 40。
- 曳引轮绳槽面法向跳动允差为曳引轮节圆直径的 1/2000，各槽节圆直径的差值不应大于 0.10mm。
- 曳引轮绳槽面应采用与曳引绳耐磨性能相匹配的材质，曳引轮绳槽面材质应均匀，其硬度为 200～240HBW，硬度差不应大于 15HBW。
- 绳槽工作表面粗糙度的最大允许值为 $Ra6.3\mu m$。
- 曳引轮绳槽上不能涂抹油、脂。

3.1.7 导向轮

导向轮由轴、轴套和绳轮等机件构成。轴套和绳轮装成一体，再将轴装进轴套里，轴通过轴瓦架紧固在曳引机承重梁下方（见图 3-13）。导向轮上开有曳引绳槽，导向轮的绳槽间距与曳引轮的绳槽间距相等。

导向轮的作用主要是调节和控制轿厢与对重的距离，以及曳引绳在曳引轮上的包角，该包角对于曳引方式为 1∶1 的电梯应不小于 120°（见图 3-14）。

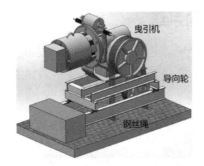
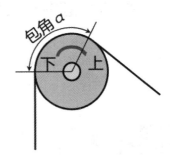

图 3-13　曳引机与导向轮的位置　　　　图 3-14　曳引轮的包角

3.1.8 无机房和小机房电梯曳引机

无机房和小机房电梯一般采用永磁同步无齿轮曳引机（见图 3-15、图 3-16），去除了减速器，缩小了主机体积，运行平稳、静音、省电。无机房电梯，尤其是在曳引机安装于井道顶部的情况下，安装、维修等工作都要求曳引机体积小、重量轻、可靠性高。

图 3-15　无机房电梯曳引机

图3-16　小机房电梯曳引机

无机房电梯曳引机，通常可采用以下3种减速方式。

- 扁平的碟式永磁同步电动机，配以变频调速和低摩擦的无齿轮结构。
- 内置式行星齿轮和内置交流伺服电动机的超小型变速系统。
- 交流变频电动机直接驱动的超小型无齿轮变速系统。

小机房电梯曳引机，也采用永磁同步无齿轮曳引机，内置式的减速器缩小了曳引机的体积，便于安装和维护。

3.1.9　新式传动系统——摩擦带传动系统

摩擦带传动系统由永磁同步电动机、制动器、绳轮、皮带、皮带驱动轮、皮带张紧轮、皮带张紧弹簧、绳轮编码器、电动机编码器、皮带张紧验证开关、钢丝绳制动器和钢丝绳等组成，如图3-17、图3-18所示。

图3-17　摩擦带传动系统

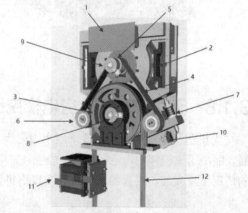

1. 永磁同步电动机；2. 制动器；3. 绳轮；4. 皮带；
5. 皮带驱动轮；6. 皮带张紧轮；7. 皮带张紧弹簧；8. 绳轮编码器；9. 电动机编码器；10. 皮带张紧验证开关；
11. 钢丝绳制动器；12. 钢丝绳

图3-18　摩擦带传动系统的组成

3.2 曳引钢丝绳及曳引钢带

3.2.1 曳引钢丝绳的结构

曳引钢丝绳是连接电梯轿厢与对重装置，并靠与曳引轮绳槽的摩擦力驱动轿厢升降的专用钢丝绳，其横截面示意和结构分别如图 3-19、图 3-20 所示。电梯轿厢的曳引驱动、速度的限制、轿厢与对重的重量平衡等，都是通过曳引钢丝绳来实现的。因此，曳引钢丝绳对电梯的运行与安全有着非常重要的作用。

曳引钢丝绳一般是圆形股状结构，主要由钢丝、绳股和绳芯组成。钢丝是钢丝绳的基本组成件，绳股是由钢丝捻成的小股直径相同的钢丝绳，电梯用钢丝绳一般是 6 股和 8 股。绳芯是被绳股所缠绕的挠性芯棒，起到支撑和固定绳的作用，且能贮存润滑剂（防锈、润滑）。

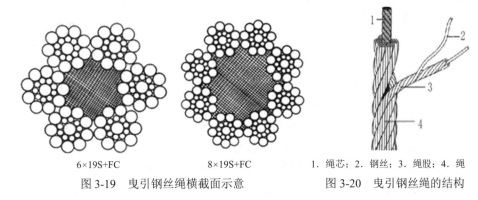

6×19S+FC   8×19S+FC   1. 绳芯；2. 钢丝；3. 绳股；4. 绳

图 3-19　曳引钢丝绳横截面示意   图 3-20　曳引钢丝绳的结构

6×19S+FC 钢丝绳为 6 股，每股 3 层，外面两层各 9 根钢丝，最里面 1 根钢丝，绳芯为纤维芯（Fibre Core，FC）。8×19S+FC 钢丝绳为 8 股，每股 3 层，外面两层各 9 根钢丝，最里面 1 根钢丝，即每股共有 19 根钢丝。

钢丝绳股与钢丝绳的捻向必须采用右交互捻的捻制方法，即绳与股的捻向相反，作用力相互抵消，使曳引钢丝绳在运行中不易扭转打结。

使用情况的特殊性及安全方面的要求，决定了曳引钢丝绳必须具有较高的安全系数，因此电梯曳引钢丝绳应具备以下几方面的特点。

- 具有较高的强度和径向韧性。
- 具有较好的抗磨性。
- 能很好地抵消冲击负荷。

3.2.2 曳引钢丝绳的主要规格参数与性能指标

1. 公称直径

公称直径指钢丝绳外围的最大直径，规定不小于 8mm，常见的公称直径包括 8mm、11mm、13mm、16mm、19mm、22mm 等几种规格。

钢丝绳直径是以钢丝绳的外圆为准来测量的，用带宽钳口的游标卡尺测量，其钳口的宽度最小要足以跨越两个相邻的股。

2. 破断拉力

破断拉力是指整条钢丝绳被拉断时的最大拉力,是钢丝绳中钢丝的组合抗拉能力。而破断拉力总和是指钢丝在未经缠绕前的破断拉力之和,钢丝一经缠绕成绳后,由于弯曲变形,其破断拉力会有所下降,一般钢丝绳的破断拉力约为破断拉力总和的 85%。

3. 公称抗拉强度

公称抗拉强度是指单位钢丝绳截面积的抗拉能力,钢丝绳公称抗拉强度等于钢丝绳破断拉力总和除以钢丝绳面积总和(单位为 MPa 或 N/mm²)。

破断拉力和公称抗拉强度是曳引钢丝绳的主要性能指标。

电梯用钢丝绳的强度级别见表 3-4。

表 3-4 电梯用钢丝绳的强度级别

强度级别配置		公称抗拉强度/MPa
单一强度级别		1570 或 1770
双强度级别	外层钢丝	1370
	内层钢丝	1770

单强度钢丝绳:外层绳股的外层钢丝具有和内层钢丝相同的公称抗拉强度,如内层、外层钢丝的公称抗拉强度都是 1570MPa。

双强度钢丝绳:外层绳股的外层钢丝的公称抗拉强度比内层钢丝的低,如外层钢丝的公称抗拉强度为 1370MPa,内层钢丝的公称抗拉强度为 1770MPa。

结构为 8×19 西鲁式、绳芯为纤维芯、公称直径为 13mm、公称抗拉强度为 1370/1770(1500)MPa、表面状态为光面、双强度配制、捻制方法为右交互捻(即绳右捻,股左捻)的电梯用钢丝绳的代号如下。

电梯用钢丝绳:13NAT8×19S+FC-1500。

4. 安全系数

安全系数是指装有额定载荷的轿厢停靠在最低层站时,一根钢丝绳的最小破断拉力(单位为 N)与这根钢丝绳所受的最大力(单位为 N)之间的比值。为了确保安全,各种电梯可以根据具体使用情况选用不同直径和根数的钢丝绳组合,使其静载安全系数≥12,见表 3-5。

表 3-5 电梯曳引钢丝绳根数与安全系数

曳引钢丝绳根数	安全系数
≥3	≥12
≥2	≥16

3.2.3 钢丝绳曳引应满足的条件

钢丝绳曳引应满足下列 3 个条件。

(1)轿厢载有 125% 的额定载重量的情况下,保持平层状态不打滑。

(2)无论轿厢内是空载还是满载,必须确保在任何紧急制动的状态下,其减速度的值不能超过缓冲器(包括减行程的缓冲器)作用时减速度的值。

(3)当对重压在缓冲器上而曳引机按电梯上行方向旋转时,应不能提升空载轿厢。

3.2.4 曳引钢带及碳纤维曳引带

扁平复合曳引钢带（见图 3-21）属于新型的曳引器材，是聚氨酯外套包在钢丝外面而形成的扁平皮带，一般宽×厚为 30mm×3mm。良好的柔韧性使得电梯可以采用更小的曳引轮，从而减小曳引系统的体积（见图 3-22）。

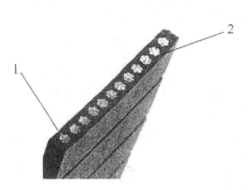

1. 钢丝；2. 聚氨酯
图 3-21 扁平复合曳引钢带

图 3-22 采用扁平复合曳引钢带的曳引机

碳纤维曳引带由碳纤维内芯和特殊的高摩擦系数涂层组成，强度高、延伸率低、抗磨损、寿命长。

碳纤维曳引带的单位长度重量比标准电梯钢丝绳的轻 80%，而强度却与后者不相上下，这使所在高层建筑的能耗大幅度降低。而且，碳纤维与钢铁及其他建筑材料的共振频率不同，能够有效减少建筑摆动引起的电梯停运次数。同时，碳纤维曳引带外表的特殊高摩擦系数涂层无须润滑，能够进一步减少对环境的影响。

3.3 曳引比与曳引绳绕法

3.3.1 曳引比

曳引比为电梯运行时曳引轮的线速度与轿厢升降速度的比。根据对电梯的使用要求和建筑物具体情况等，电梯的曳引比通常为 1：1、2：1 等（见图 3-23、图 3-24）。

1. 曳引比 1：1

曳引比为 1：1，$v_1=v_2$，$P_1=P_2$。

其中：v_1 为曳引绳线速度（m/s），v_2 为轿厢升降速度（m/s），P_1 为轿厢侧曳引绳载荷力（kg），P_2 为轿厢总重量（kg），以下同。

2. 曳引比 2：1

曳引比为 2：1，$v_1=2v_2$，$P_1=1/2P_2$。

3. 曳引比 n：1

曳引比为 n：1，$P_1=1/nP_2$。

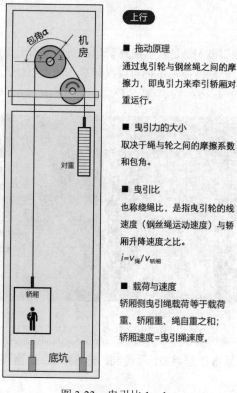

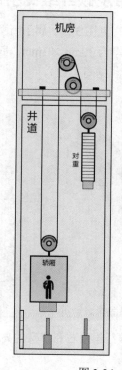

图 3-23　曳引比 1：1

图 3-24　曳引比 2：1

3.3.2　曳引绳绕法

曳引绳在曳引轮上的绕法可以分为半绕式和全绕式，如图 3-25 所示。

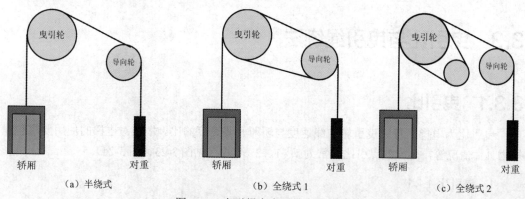

图 3-25　曳引绳在曳引轮上的绕法

半绕式：曳引绳挂在曳引轮上，曳引绳对曳引轮的最大包角为 180°，如图 3-25（a）所示。

全绕式（复绕式）：包角大于 180°，复绕式绕法有如下两种。

- 曳引绳绕曳引轮和导向轮一周后，才引向轿厢和对重，如图 3-25（b）所示。
- 曳引钢丝绳绕曳引轮绳槽和复绕轮绳槽后，再经导向轮绳槽到对重上，另一端引到轿厢上，如图 3-25（c）所示。

GB 相关国家标准对接

◆GB/T 10058—2009《电梯技术条件》中的相关规定如下。

3.5.2 制动系统应具有一个机-电式制动器（摩擦型）。

a）当轿厢载有 125%额定载重量并以额定速度向下运行时，操作制动器应能使曳引机停止运转。

轿厢的减速度不应超过安全钳动作或轿厢撞击缓冲器所产生的减速度。所有参与向制动轮（或盘）施加制动力的制动器机械部件应分两组装设。如果一组部件不起作用，则应仍有足够的制动力使载有额定载重量以额定速度下行的轿厢减速下行。

b）被制动部件应以机械方式与曳引轮或卷筒、链轮直接刚性连接。

【任务总结与梳理】

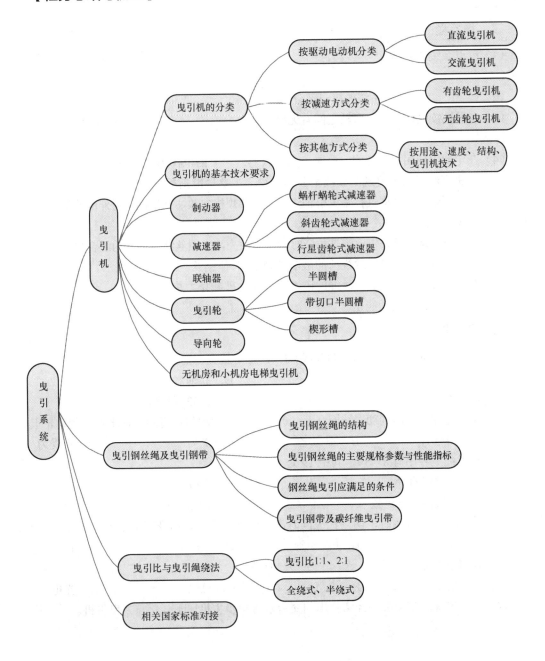

【思考与练习】

一、判断题（正确的填√，错误的填 X）

（1）（ ）蜗杆传动的传动效率高。

（2）（ ）蜗杆传动的减速效率高。

（3）（ ）蜗轮可以驱动蜗杆；蜗杆不能用来驱动蜗轮。

（4）（ ）联轴器用于轴与轴之间的连接。

（5）（ ）曳引轮直径越小，曳引绳使用寿命越短。因此，曳引轮直径不应小于曳引绳直径的 40 倍。

（6）（ ）带有蜗轮蜗杆式减速器的曳引机，具有运行平稳、反驱自锁、噪声低、高效减速的特点。

二、填空题

（1）曳引系统主要由（   ）、（   ）、（   ）、（   ）和（   ）等部件组成。

（2）（   ）是曳引系统的核心部分。

（3）曳引机按电动机与曳引轮之间有无减速器可分为（   ）曳引机和（   ）曳引机两种。

（4）在电梯中使用的钢丝绳，捻制方法为（   ）的电梯用钢丝绳。

（5）曳引钢丝绳的主要规格参数是公称直径，主要性能指标是（   ）和（   ）。

（6）曳引钢丝绳的公称直径是曳引钢丝绳的主要规格参数，是指钢丝绳外围的最大直径，规定不小于（   ）。

（7）破断拉力是指整条钢丝绳被拉断时的最大拉力，是钢丝绳中钢丝的组合抗拉能力；而破断拉力总和是指钢丝在未经缠绕前的破断拉力之和。但钢丝一经缠绕成绳后，由于弯曲变形，其破断拉力会有所下降。一般钢丝绳的破断拉力约为破断拉力总和的（   ）。

（8）电梯曳引系统的功能是（   ）。

三、单选题

（1）若要求主动轮轴和从动轮轴互成 90°，互不相交，则可用（   ）方式传动。

　　A．齿轮传动　　　　　　　　　　　B．联轴器传递

　　C．链条传动　　　　　　　　　　　D．蜗轮蜗杆传动

（2）曳引驱动电梯的制动器线圈（   ）时，依靠制动弹簧将制动臂压紧在制动轮上。

　　A．得电　　　　　B．不得电　　　　C．受力　　　　D．不受力

（3）钢丝绳型号中有 8×19，其中 19 是（   ）。

　　A．钢丝绳直径　　　　　　　　　　B．绳股数

　　C．一股内的钢丝数　　　　　　　　D．钢丝绳安全系数

（4）制动器电动开闸时，两闸瓦应同时离开制动轮表面，离开间隙不大于（   ）mm。

　　A．0.5　　　　　B．0.7　　　　　C．1.0　　　　　D．1.2

（5）电梯制动系统应具有一个（   ）制动器。

　　A．机械　　　　　B．电气　　　　　C．机电　　　　　D．光电

（6）目前在无机房电梯中经常使用的交流永磁同步主机属于（   ）曳引机。

A. 有齿轮　　　　　B. 无齿轮　　　　　C. 蜗轮蜗杆式　　　　D. 斜齿轮式

四、多选题

（1）齿轮传动在功率和速度的传递上的特点有（　　）。

A. 速度适应范围大　B. 传动比稳定　　　C. 不会打滑　　　　D. 没有噪声

（2）增加旧电梯曳引轮与绳之间的摩擦力，其合理的措施有（　　）。

A. 增加轿厢重　　　B. 增大钢丝绳包角　C. 增加对重　　　　D. 挂补偿缆

（3）联轴器品种很多，常见的有（　　）联轴器。

A. 弹性　　　　　　B. 刚性　　　　　　C. 齿轮　　　　　　D. 万向

（4）电梯曳引轮绳槽的形状是决定摩擦力大小的主要因素，常见的槽形有（　　）。

A. 半圆槽　　　　　B. 带切口半圆槽　　C. 楔形槽　　　　　D. 圆形槽

五、简答题

（1）曳引钢丝绳的主要规格参数是公称直径，其主要规格有哪几种？

（2）试述蜗轮蜗杆曳引机的优缺点。

（3）试述无齿轮永磁同步曳引机的优点。

（4）曳引机的制动器一般有哪几种？

第 *4* 章

轿厢系统

【学习任务与目标】

- 认识电梯轿厢的结构与组成。
- 了解电梯轿厢的装置。
- 掌握超载保护装置的分类与安装布置形式。
- 了解各种类型轿厢的特点。
- 掌握电梯超载及发生故障被困电梯时的正确处理方法。

【导论】

电梯轿厢是用于运送乘客和货物的箱形装置，是电梯的四大空间之一。电梯轿厢安装于井道内，具有与额定载重量和额定载客量相适应的空间，其组成包括轿厢架与轿厢体（轿厢底、轿厢壁、轿厢顶）、护脚板等。

轿厢系统还包括超载保护装置和轿顶的检修装置、轿顶护栏等构件，导靴、安全钳及操纵机构也装设于轿厢架上，轿厢借助轿厢架立柱上的 4 组导靴沿导轨做垂直升降运动。

4.1 电梯轿厢的结构与组成

电梯轿厢由轿厢架与轿厢体（轿厢底、轿厢壁、轿厢顶）、护脚板等组成，如图 4-1 所示，主要包括轿厢架和轿厢体两大部分，其中还包含多个不同的构件。

4.1.1 轿厢架

轿厢架由上梁、立柱、下梁和斜拉杆等构成，如图 4-2 所示。上梁和下梁主要由 16～30 号槽钢或 3～6mm 厚的钢板折压和焊接制成。立柱用槽钢或角钢制成，也可用 3～6mm 厚的钢板折压和焊接制成。

轿厢架的作用是固定和支撑轿厢本身和作为运载重量的承重框架。

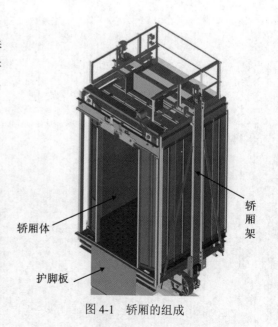

图 4-1　轿厢的组成

轿厢架是固定和支撑轿厢的框架，是承受电梯轿厢重量的构件，轿厢的负荷（自重和载重）由轿厢架传递到曳引钢丝绳。要求轿厢架有较好的刚性和强度，能保证在电梯运行过程中万一产生超速而使安全钳钳住导轨制停轿厢，或轿厢下坠与底坑内缓冲器相撞时，能够承受由此产生的反作用力，不致发生变形与损坏；要求轿厢架的上梁、下梁在轿厢满载时的最大挠度应小于其跨度的1/1000。

轿厢架一般选用型钢或钢板按要求压成的型材，上梁、下梁、立柱之间一般采用螺栓紧固连接。在上、下梁的两端有供安装轿厢导靴和安全钳的位置，在上梁中部设有安装轿顶轮或绳头组合装置的安装板，上梁还装有安全钳操作拉杆和电气开关，在立柱（侧立柱）上留有安装轿厢壁板的支架及排布有安全钳操纵拉杆等。

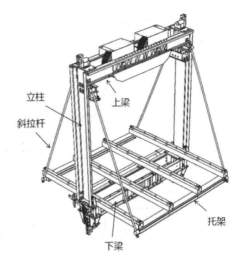

图 4-2 轿厢架的构成

4.1.2 轿厢体

轿厢体由经压制成型的薄金属板组合成箱形结构，一般电梯的轿厢体由轿底、轿壁、轿顶、装饰吊顶及轿门等机件构成（见图4-3）。根据国标规定，轿厢出入口的净高度不小于2m，轿厢内部的净高度不小于2m，电梯轿厢的内部净面积不得超过标准规定的有效面积。

轿厢体的作用是作为电梯运送乘客和货物的容器，具有与载重量和服务对象相适应的空间。

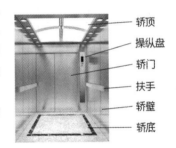

图 4-3 轿厢体的构成

1. 活动轿底与活动轿厢

乘客电梯、住宅电梯、病床电梯为实现满载直驶、超载开门报警、防捣乱等功能，轿厢必须设置超载保护装置，做法是将轿厢设计成活动轿底或活动轿厢。

（1）活动轿底。

活动轿底由轿底框和轿底构成。其中的轿底框与轿架立梁连成一体，轿底框4个角各摆放一个弹簧，轿底摆放在4个弹簧上，依靠轿底载重量变化，弹簧受力变形碰压行程开关发出电信号，实现电梯的运行控制功能。

（2）活动轿厢。

高级客梯的轿厢一般设计成活动轿厢（有的叫活络轿厢），活动轿厢由轿架及轿底框和轿厢体3部分构成，3部分之间不用螺栓固定。在确保轿厢体因载重量变化能上下移动的同时，还需确保轿厢不会前后摆动。需用槽钢和角钢焊接一个轿底框，轿底框与立梁、斜拉条紧固成一体，再在轿底框的4个角设置4个50mm厚、100mm×100mm大小的弹性橡胶垫，再将轿厢体放置在4个弹性橡胶垫上，依靠4个弹性橡胶垫确保轿厢体能随载荷变化上下移动。再通过在轿底设置一套超载保护装置，以此检测轿厢载荷的变化，并将这种变化转变为电信号传送给电梯的电控系统，实现电梯的运行控制功能。

轿壁、轿厢地板和轿顶应具有足够的机械强度，轿厢架、导靴、轿壁、轿厢地板和轿顶的总成也须有足够的机械强度，以承受电梯正常运行、安全钳动作或轿厢撞击缓冲器的作用力。并且不得使用易燃或由于可能产生有害或大量气体和烟雾而造成危险的材料制成。

2. 额定载重量和乘客人数与轿厢有效面积的关系

（1）额定载重量与轿厢最大有效面积的关系见表 4-1。

表 4-1　额定载重量与轿厢最大有效面积的关系

额定载重量/kg	轿厢最大有效面积/m²	额定载重量/kg	轿厢最大有效面积/m²
100*	0.37	900	2.20
180**	0.58	975	2.35
225	0.70	1000	2.40
300	0.90	1050	2.50
375	1.10	1125	2.65
400	1.17	1200	2.80
450	1.30	1250	2.90
525	1.45	1275	2.95
600	1.60	1350	3.10
630	1.66	1425	3.25
675	1.75	1500	3.40
750	1.90	1600	3.56
800	2.00	2000	4.20
825	2.05	2500***	5.00

*.1 人电梯的最小值；**.2 人电梯的最小值；***.额定载重量超过 2500kg 时，每增加 100kg，轿厢最大有效面积增加 0.16m²。对中间的额定载重量，最大有效面积采用线性插值法确定。

（2）乘客人数与轿厢最小有效面积的关系见表 4-2。

表 4-2　乘客人数与轿厢最小有效面积的关系

乘客人数/个	轿厢最小有效面积/m²	乘客人数/个	轿厢最小有效面积/m²
1	0.28	8	1.45
2	0.49	9	1.59
3	0.60	10	1.73
4	0.79	11	1.87
5	0.98	12	2.01
6	1.17	13	2.15
7	1.31	14	2.29

乘客人数/个	轿厢最小有效面积/m²	乘客人数/个	轿厢最小有效面积/m²
15	2.43	18	2.85
16	2.57	19	2.99
17	2.71	20*	3.13

*.乘客人数超过 20 时，每增加 1 人，轿厢最小有效面积增加 0.115m²。

4.2　轿厢的设备装置

　　电梯轿厢除包括轿厢架和轿厢体两大部分以外，还包含多个不同的相关构件（见图 4-4）。同时在电梯轿厢上还安装了各种部件和设备装置，其中以轿内装置与轿顶装置为主。

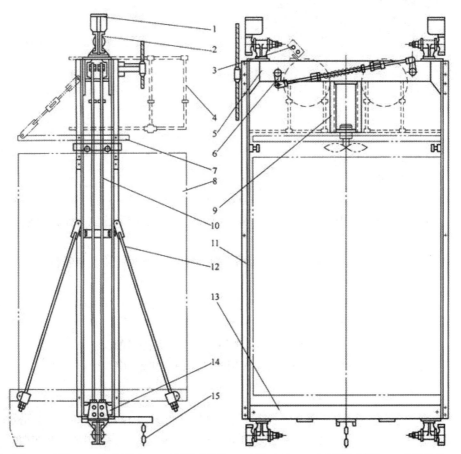

　　1．导轨加油盒；2．导靴；3．轿顶检修窗；4．轿顶安全护栏；5．轿架上梁；6．安全钳传动机构；7．开门机架；8．轿厢；9．风扇架；10．安全钳拉杆；11．轿架立梁；12．轿厢斜拉条；13．轿架下梁；14．安全钳体；15．补偿装置

图 4-4　轿厢相关构件结构示意

4.2.1 轿内设备装置

轿内设备装置主要有操纵箱、照明装置、通风装置、对讲装置（五方通话）、监控设备等（见图 4-5、图 4-6）。

图 4-5 轿内照明装置及操纵箱

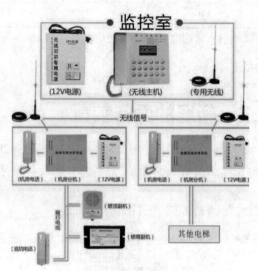

图 4-6 轿内五方通话示意

4.2.2 轿顶设备装置

1. 轿顶的强度要求

轿顶是电梯安装、维修、保养工作的重要平台，因此要求轿顶有足够的强度，根据 GB/T 7588.1—2020《电梯制造与安装安全规范 第 1 部分：乘客电梯和载货电梯》规定，轿顶应符合下列要求。

- 轿顶应有足够的强度以支撑一个以上的人员在轿顶上进行检查和维护工作，并有足够的避险空间。
- 轿顶应至少能承受作用于其任何位置且均匀分布在 0.30m×0.30m 面积上的 2000N 的静力，并且永久变形不大于 1mm。
- 人员需要工作或在工作区域间移动的轿顶表面应是防滑的。
- 轿顶应有一块不小于 0.12m² 的站人用的净面积，其短边不应小于 0.25m。

2. 轿顶的设备装置

除观光电梯外，一般电梯轿顶的结构与轿壁相仿，由厚度为 1.2～1.5mm 的钢板压制成槽形结构拼合而成，轿顶下装有装饰板或吊顶装饰物，在装饰板上装有电风扇和照明灯。

轿顶上应安装的装置介绍如下。

（1）轿顶检修装置。

为保证检修人员进行检修运行，在轿顶上设置有检修装置，其内包含检修开关、急停开关、对讲子机、照明开关和供检修用的电源插座等设备，如图 4-7 所示。

（2）照明和通风装置。

① 照明装置。

轿厢应设置永久性的电气照明装置，在控制装置和轿厢地板上的照度均宜不小于 50lx。

如果照明装置是白炽灯，至少要有两只并联的灯泡。另应有自动再充电的应急电源，如图 4-8 所示，在正常电源中断时，应能自动接通应急电源。应急电源应至少供额定功率为 1W 的灯泡用电 1h，且能保证轿厢内有一定的照度。

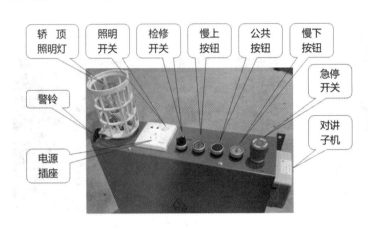

图 4-7 轿顶检修装置

图 4-8 应急电源

② 通风装置与空调设备。

无孔门轿厢应在其上部及下部设通风孔，位于轿厢上部及下部的通风孔的有效面积均不应小于轿厢有效面积的 1%。通风装置一般安装在轿顶上，部分客梯轿厢还装有空调设备，如图 4-9 所示。

（3）报站钟。

报站钟一般有电磁式和电子式两种，如图 4-10 所示。

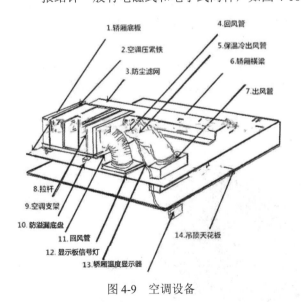

图 4-9 空调设备

类别	图片	简介
电磁式		铃声单一，不可调整
电子式		■ 铃声可选 ■ 上、下行可分别设置

图 4-10 报站钟

（4）应急电源设备和视频监控报警装置。

除了安装应急照明灯，电梯还装有应急警铃、对讲电话装置等应急电源设备。此外，越来越多的电梯轿厢内还装有视频监控报警装置，进一步监控、记录电梯内的情况，为电梯的安全运行保驾护航，如图4-11所示。

（5）轿顶护栏。

当电梯轿顶离外侧边缘有水平方向上超过0.30m的自由距离时，轿顶应装设护栏，以保障电梯维修人员的安全。护栏应由扶手、0.10m高的护脚板和位于护栏高度一半处的中间栏杆组成，如图4-12所示。

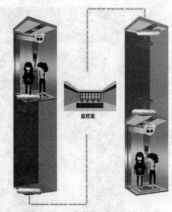

图4-11 电梯视频监控示意

图4-12 轿顶护栏保障电梯维修人员的安全

（6）轿厢的其他装置。

① 轿厢安全门。

根据国标规定，当相邻轿厢的水平距离不大于0.75m时，且相邻的轿厢均设置了安全门时，可使用轿厢安全门。此时相邻层门地坎的距离允许超过11m。当相邻电梯的其中一台发生故障且短时间内无法移动时（如安全钳动作时，轿厢无法移动），将相邻电梯检修运行至与故障电梯相同的位置，利用轿厢安全门解救被困人员。但是从轿厢安全门实施救援的危险系数要高于移动轿厢到层门处进行救援的危险系数，所以如果轿厢能够移动的话，还是应当选择通过紧急操作将轿厢移至就近的层门实现救援。此外，轿厢安全门不应向轿厢外开启。

② 轿厢防振消音装置。

GB/T 10058—2009《电梯技术条件》中规定，电梯的各机构和电气设备在工作时不应有异常振动或撞击声响。乘客电梯的噪声值应符合相关规定，参见第2章的表2-4中的规定。

③ 轿厢移动部件保护装置。

在轿顶工作时，曳引钢丝绳等轿厢移动部件会给电梯维护工作人员造成潜在的伤害威胁，反绳轮防护罩（见图4-13）等轿厢移动保护装置可以有效防止意外情况的发生。

轿厢上梁的
反绳轮防护罩

图4-13 轿厢上梁反绳轮防护罩

4.3 轿厢的超载保护装置

❓ **问题引入：电梯超载是怎么测试的？**

目前的乘客电梯大都取消了专职电梯司机，基本由乘客操纵，所以电梯的乘员数量较难控制。当乘客进入轿厢后，轿厢里的乘客（或货物）的重量如果超过电梯的额定载重量，就可能产生不安全的后果，甚至造成电梯因超载而失控，影响电梯运行安全甚至造成事故。为防止电梯超载运行，电梯设有超载保护装置。对于载货电梯，货物的重量往往难以准确估计。当超载保护装置检测到电梯超载时，发出超载警示信号，并使电梯保持开门状态不能启动运行，直到乘客人数减少或者货物重量减少，警示信号消失后电梯才能恢复正常运行。电梯的额定载重量与乘客人数标志如图4-14所示。

图 4-14 电梯的额定载重量与乘客人数标志

客梯乘客人数与电梯的额定载重量（单位为 kg）的关系如下，计算结果向下取整数（见公式4-1）。

$$乘客人数 = \frac{额定载重量}{75kg} \qquad （公式4-1）$$

4.3.1 超载保护装置的功能

超载保护装置的功能就是当轿厢载重量超过额定载重量时，发出警示信号并使电梯不能运行。超载保护装置通常有超载与满载两种工作模式。

- 当轿厢的载重量达到额定的 110%时被确认为超载，超载保护装置动作，切断电梯控制电路，使电梯不能启动；与此同时，电梯停止关门保持开启状态，并发出警示信号，直到载重量减至 110%额定载重量以下，轿底回升不再超载，控制电路重新接通，并可重新关门启动。
- 对于集选电梯，当载重量达到额定载重量的 80%～90%时，被确认为满载运行，即接通直驶电路，运行中的电梯不再应答厅外的截行信号，只响应轿内选层指令，直驶到达呼叫站点。

4.3.2 超载保护装置的分类与安装布置形式

超载保护装置的分类与安装布置形式见表4-3，超载保护装置按安装位置分类主要有轿底称量式、轿顶称量式和机房称量式 3 种。

表 4-3 超载保护装置的分类与安装布置形式

分类方法	类别		安装布置形式
按安装位置分类	轿底称量式	活动轿厢式	超载装置装于轿厢底部，整个轿厢为浮动的
		活动轿底式	超载装置装于轿厢底部，只有轿底部分为浮动的
	轿顶称量式		超载装置装于轿厢上梁
	机房称量式		超载装置装于机房
按工作原理分类	机械式		称量装置为机械式结构
	橡胶块式		称量装置以橡胶块为称量组件
	电磁式		称量装置为电磁式结构
	压力传感器式		以压力式传感器为称量组件

1. 轿底称量式

轿底称量式超载保护装置安装在轿厢底部，可分为活动轿厢式和活动轿底式两种。

（1）活动轿厢式。

这种形式的超载保护装置采用橡胶块作为称量组件，将这些橡胶块均布固定在轿底框与轿厢体之间，整个轿厢体由橡胶块支撑，利用橡胶块受力压缩变形后触及微动开关，从而达到切断控制回路的目的，如图 4-15 所示。这种形式的超载保护装置可以把橡胶块设置在轿底，也可以把橡胶块设置在轿顶，橡胶块的压缩量能直接反映轿厢的重量。

当轿厢超载时，轿厢底受到载重的压力向下运动使橡胶块变形，触动轿底框中间的两个微动开关（见图 4-16），切断电梯相应的控制电路。这两个微动开关，一个在电梯达到 80%额定载重量时动作，确认为满载运行；另一个在达到 110%额定载重量时动作，确认为超载，电梯停止运行，保持开门状态，并发出警示信号。

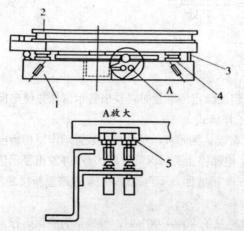

1. 轿底框；2. 轿底；3. 限位螺钉；4. 橡胶块；5. 调节螺丝

图 4-15 活动轿厢式超载保护装置

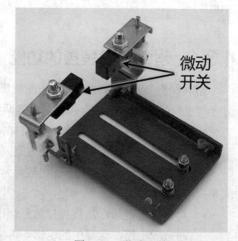

图 4-16 微动开关

对超载量的控制范围，可通过调节安装在轿底的微动开关的螺钉高度来实现。超载保护装置必须动作可靠。

（2）活动轿底式。

轿厢活动地板装在轿厢底，与轿壁的间距均为 5mm。当轿厢达到额定载重量的 80%时，使活动地板下陷约 3mm 时,则装在活动地板下的杠杆亦同时向下陷方向动作,表示轿厢满载,经触点将满载开关闭合,此时电梯按轿厢内指令停靠层站。

当轿厢内的载重达到额定载重量的 110%时,则触动超载开关使其断开（见图 4-17）,使电梯控制回路断电,电梯不能启动行驶。

轿底称量式的超载保护装置结构简单、动作灵敏,价格低,因此应用非常广泛。橡胶块既是称量组件,又是减振组件,大大简化了轿底结构,且安全可靠,调节和维护都比较容易。

除了用微动开关作为检测装置,还可以用传感器、电磁式接近开关（传感器）等作为检测装置（见图 4-18）。另外,有的电梯还设置了 3 个检测开关,分别为轻载开关、满载开关和超载开关,以对应输出不同的电梯控制信号（见图 4-19）。

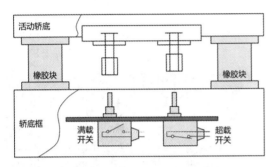
图 4-17 活动轿底式超载保护装置

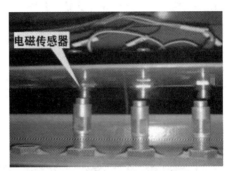
图 4-18 采用传感器作检测装置

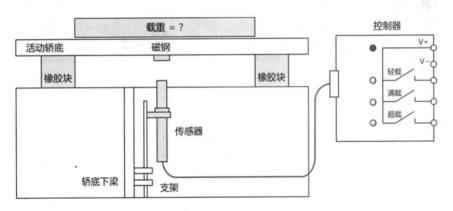
图 4-19 传感器输出的 3 个电梯控制信号

2. 轿顶称量式

轿顶称量式超载保护装置以压缩弹簧组作为称量组件,这种超载保护装置安装在轿厢上梁,在轿厢架上梁的绳头组合处设以超载保护装置的杠杆,载重变化时,机械杠杆受力上下移动。当轿厢载重达到超载范围时,杠杆头部碰压微动开关触头,切断电梯控制电路,如图 4-20 所示。

上述装置也可以安装在机房上面的绳头组合处。不过轿厢架要设有反绳轮,此时的超载保护装置要用金属框架倒向（即绳头朝下）架起。其原理与安装在轿厢架上的相同。

3. 机房称量式

与轿顶称量式类似,超载保护装置也可以移至机房之中。此时电梯的曳引比应采用 2:1。其结构与原理与轿顶称量装置相类似,在承重梁上的绳头组合处设以超载保护装置的杠杆,轿厢负载变化时,杠杆受力上下移动,当轿厢负重达到超载范围时,杠杆头部碰压微动开关触头,切断电梯控制电路。由于超载保护装置安装在机房之中,因此具有调节、维护方便的优点,如

图 4-21 所示。此外，还有采用机械式传感器和电磁式传感器的机房称量式超载保护装置，如图 4-22 和图 4-23 所示。

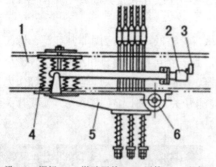

1. 上梁；2. 摆杆；3. 微动开关；4. 压簧；5. 秤杆；6. 秤座
图 4-20　轿顶称量式超载保护装置

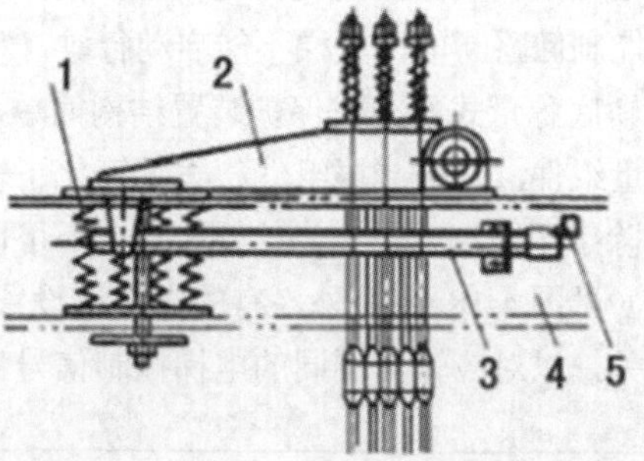

1. 压簧；2. 秤杆；3. 摆杆；4. 承重梁；5. 微动开关
图 4-21　机房称量式超载保护装置

图 4-22　采用机械式传感器的机房
称量式超载保护装置

图 4-23　采用电磁式传感器的机房
称量式超载保护装置

以上的几种超载保护装置输出均为开关量信号。随着电梯技术的不断发展，特别是电梯群控技术的发展，客观上要求电梯的控制系统可以精确了解电梯的载重量，才能使电梯的调度运行达到最佳状态。因此现在很多电梯已采用压力传感器（电阻应变片传感器）超载保护装置。该装置通过钢丝绳将绳头压缩变形来检测轿厢载重量，输出连续变量信号，如图 4-24 和图 4-25 所示。

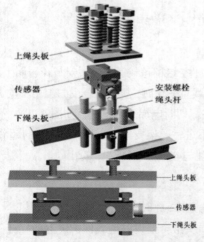

图 4-24　压力传感器式超载保护装置

图 4-25　电阻应变片传感器

4.4 不同类型的电梯轿厢的介绍

根据电梯用途的不同,轿厢主要分为客梯轿厢、货梯轿厢、病床电梯轿厢、杂物电梯轿厢、观光电梯轿厢等。在不同的使用情况下,电梯轿厢的装饰特点、结构比例也不尽相同。电梯轿厢主要有以下几种。

1. 客梯轿厢(见图 4-26)

客梯的轿厢一般宽大于深(宽深比为 10∶7 或 10∶8),目的为方便乘客乘坐和出入,提高了轿厢的空间利用率。为了给乘客营造舒适、安全的环境,客梯内部装饰一般都有色彩适宜的搭配和装潢,还有柔和的灯光和语音提示,部分轿厢底还铺设有装饰和地毯等。

2. 住宅客货两用电梯轿厢(见图 4-27)

住宅客货两用电梯主要用于居民住宅,除乘人外,还需装载居民日常生活物资。轿厢一般没有考究的装饰,仅做喷涂或使用发纹不锈钢等。

图 4-26 客梯轿厢

图 4-27 住宅客货两用电梯轿厢

3. 货梯轿厢(见图 4-28)

货梯的轿厢,一般深大于宽或深宽相等,面积大于客梯以便货物的装卸。承重较大,轿厢架和轿厢底都采用高强度的刚性结构,轿厢底直接固定在底梁上,保证载重时不变形。

4. 病床电梯轿厢(见图 4-29)

病床电梯由于需要运载病床和医疗器具,因此轿厢窄而深。轿顶照明采用间接式照明,以避免直接照射,适应病人仰卧的特点。

轿厢的装饰一般化,有些轿厢设有贯通门,方便病床的出入。

5. 杂物电梯轿厢(见图 4-30)

杂物电梯轿厢高度有 800mm、1200mm 等,轿底面积较小。一般轿厢高度小于 1.2m、深度小于 1.0m、宽度小于 1.4m、额定载重量小于 500kg、运行速度小于 1m/s。

杂物电梯轿厢不能载人,由门外按钮控制,只运载一些体积较小的杂物,例如轻便的图书、文件、食品等,限制人员的进入以确保人身安全。

图 4-28　货梯轿厢

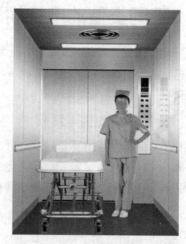

图 4-29　病床电梯轿厢

6. 汽车电梯轿厢（见图 4-31）

汽车电梯由于要运载汽车，轿厢的有效面积比较大，而且由于轿厢深度大、轿底宽，轿厢底需要设双拉杆。

图 4-30　杂物电梯轿厢

图 4-31　汽车电梯轿厢

7. 观光电梯的轿厢（见图 4-32、图 4-33）

观光电梯的井道和轿厢壁至少有一侧透明，乘客可以观看电梯外的景观。观光电梯主要安装于宾馆酒店、大型商场、高层办公楼等场合。观光电梯的轿厢，除有一般的方形轿厢以外，还有菱形或圆形等轿厢。轿厢壁一般用强化玻璃做成，轿厢内外一般装饰豪华以吸引游人。按国标要求，观光电梯的玻璃轿壁应使用夹层玻璃，还必须装有扶手。

此外，观光电梯的轿厢还有双层轿厢和超高速电梯轿厢等。

双层轿厢每次运行可以乘坐更多的乘客，著名的广州市标志性建筑——广州塔上就安装了 2 台双层轿厢乘客电梯和 2 台双层轿厢的观光电梯，供游客观光使用。双层轿厢电梯的上下轿厢还可以同时服务于单数层和双数层两个楼层，适合在高峰时间对人流处理能力有较高要求的高层办公大楼使用。

而超高速电梯轿厢则采用流线型设计，以减小空气的阻力和运行时产生的噪声。

图 4-32 观光电梯轿厢（菱形）

图 4-33 观光电梯轿厢（圆形）

4.5 电梯超载

众所周知，不论是电梯还是汽车，超载都是一件非常危险的事情。每台电梯都有额定载重量和核载人数的限制，一旦超重就会报警提示，并停止关门，保持开门状态使电梯不能运行，以确保乘梯人员的人身安全和电梯设备自身安全。

但上下班高峰的时候，部分乘客对电梯超载危险性认识不足，硬要往上挤，时间长了就有可能导致事故发生！

4.5.1 电梯超载运行的原因

电梯超载运行的常见原因如下。

- 超载保护装置调整出现较大误差，设置超载报警值远超额定载重量，无法有效检测电梯负载情况，导致超载。
- 超载保护装置已损坏但未及时发现，电梯"带病运行"导致超载。
- 电梯超载后没有报警提示或提示不明显，乘客继续进入轿厢导致超载。
- 电梯轿厢被重新装修，装修材料过重，且未重新调整对重参数，导致轿厢可装载重量比原额定载重量小。

4.5.2 电梯超载的危害

超载用梯容易导致电梯故障困人，甚至发生严重的蹲底、剪切、溜梯事故。电梯超载的主要危害如下。

- 超载运行造成电梯制动器制动力不足，电梯轿厢无法制停导致向下运行，最终导致电梯蹲底。还可能引发开门走梯（俗称走车），极易引发剪切事故，对乘梯人员造成严重人身伤害。

- 超载运行导致电梯曳引条件被破坏，曳引力不足致使电梯钢丝绳打滑，发生溜梯事故，也将导致电梯持续向下运行，从而发生蹲底和开门走梯事故。
- 超载运行导致电梯超速，引发限速器安全钳动作，造成电梯困人。

名词解析：什么是蹲底、剪切、溜梯？

- 蹲底：电梯轿厢失控向下行驶，直至蹲到底坑的缓冲器上停止。
- 剪切：电梯门在夹住了人或物体的情况下运行。
- 溜梯：电梯在门还没有关闭的情况下，突然下坠或者上升。

　电梯超载运行，轻则关门故障困人，重则会造成电梯事故危及人身安全。所以在电梯上一般都有禁止超载的警示牌，如图 4-34 所示。

图 4-34　禁止超载警示牌

　超载保护装置，是电梯的一种重要保护装置。特别是在电梯无司机状态下，超载保护功能对于确保乘梯人员的人身安全、电梯运送的货物的安全，以及电梯设备的自身安全等都是非常重要的。

　现代电梯的许多功能，如电梯的防捣乱功能（一般在电梯实际载重小于 20%额定载重的情况下动作，防止人少的时候有人故意捣乱按过多的楼层。轻载状态下，如果按超过 3 个或者 5 个以上的按钮，电梯会把所有的指令全部消掉，以防止空跑，达到减少能耗的目的）、满载直驶功能以及超载保护报警功能等，都是基于轿厢内负载情况实现的。

4.5.3　电梯超载及发生故障被困电梯时的正确处理方法

1. 当乘坐电梯时遇到超载时

　首先需要认识到，电梯超载是很危险的。电梯超载时后入者应依次退出，或不着急的人先退出，尽量谦让老人和小孩，文明乘梯。后入者先及时退出，等候下一趟电梯，不能超载使用电梯。

2. 当乘坐电梯时遇上故障与其他乘客一起被困时

　先安抚好其他乘客，不要惊慌，困梯几乎没有危险，请安静等待。按紧急按钮或对讲电话与外沟通，告知对方你们现在的情况及位置，耐心等待救援，严禁扒门，严禁拍打，切勿盲目自救，以免造成二次伤害。

【任务总结与梳理】

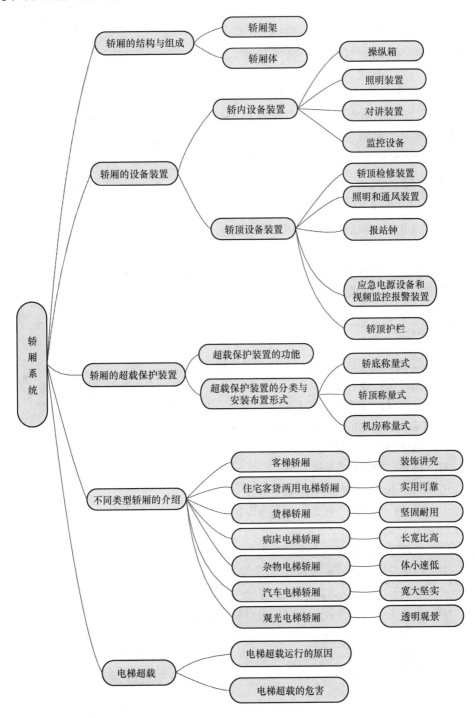

【思考与练习】

一、判断题（正确的填√，错误的填 X）

（1）（　　）轿顶应至少能承受作用于其任何位置且均匀分布在 0.30m×0.30m 面积上的 2000N 的静力，并且永久变形不大于 1mm。

（2）（　　）轿厢安全门不应向轿厢内开启。

（3）（　　）机房称量式超载保护装置安装在机房承重梁上，此时电梯的曳引比应为 2：1。

（4）（　　）机房称量式超载保护装置安装在机房，在承重梁上的绳头组合处设以超载保护装置的杠杆，轿厢载重变化时，杠杆受力上下移动，当轿厢载重达到超载范围时，杠杆头部碰压微动开关触头，切断电梯控制电路。

（5）（　　）观光电梯的玻璃轿壁应使用夹层玻璃。

二、填空题

（1）电梯轿厢由（　　）、（　　）和（　　）等组成。

（2）为防止电梯超载运行，通常电梯都安装有（　　）装置。

（3）超载保护装置的安装布置形式有（　　）、（　　）和（　　）几种。

（4）当电梯载重达到（　　）额定载重量时，确认为满载运行；当电梯载重达到（　　）额定载重量时，确认为超载。

（5）轿厢架由（　　）和（　　）构成。

三、单选题

（1）电梯轿厢装有超载保护装置，以下说法错误的是（　　）。
　　A. 超载保护装置可装在轿顶　　　　　B. 超载保护装置可装在轿底
　　C. 超载保护装置可装在底坑　　　　　D. 超载保护装置可装在机房

（2）具有满载直驶功能的电梯，当满载开关动作后，（　　）。
　　A. 电梯不再响应轿厢内选层指令
　　B. 轿厢电梯只响应外呼信号
　　C. 电梯不关门，发出超载警示信号
　　D. 电梯不再响应外呼信号，只响应轿内选层指令

（3）当超载开关动作后，（　　）。
　　A. 电梯不再响应轿厢内选层指令
　　B. 电梯只响应外呼信号
　　C. 电梯不关门，发出超载警示信号
　　D. 电梯不再响应外呼信号，只响应轿内选层指令

（4）电梯的超载保护装置动作时，下列描述不正确的是（　　）。
　　A. 超载灯亮　　　　　　　　　　　　B. 超载警铃响
　　C. 保持开门状态　　　　　　　　　　D. 按关门按钮可以关门

（5）电梯轿厢护脚板的作用是（　　）。
　　A. 防止有人破坏电梯　　　　　　　　B. 防止人员从层门处坠落井道
　　C. 防止维修人员被挤压　　　　　　　D. 防止杂物进入井道

（6）杂物电梯轿厢高度应不大于（　　）m。

A. 1.2   B. 1.4   C. 1.6   D. 1.8

（7）轿厢应装有自动再充电的应急电源，在正常照明的电源被中断的情况下，它能至少供额定功率为 1W 的灯泡用电（   ）。

A. 30min   B. 40min   C. 1h   D. 2h

（8）轿厢护脚板垂直部分的高度不小于（   ）m。

A. 0.50   B. 0.60   C. 0.75   D. 0.95

（9）杂物电梯的额定速度不大于（   ）m/s。

A. 0.5   B. 0.63   C. 1.0   D. 1.2

（10）电梯超载是指超过额定载重量的（   ）。

A. 5%   B. 10%   C. 15%   D. 20%

四、简答题

（1）电梯为什么会超载运行？

（2）当你进入电梯轿厢时，电梯发出超载警示信号，应该怎样做？

（3）当你和他人被困轿厢，应该如何处理？

（4）电梯超载保护装置有什么作用？

（5）谈谈你对本章学习的认识、收获与体会。

第 *5* 章

门系统

【学习任务与目标】

- 了解电梯门系统的组成和作用。
- 掌握电梯开关门机构的结构与工作原理。
- 了解电梯门保护装置的种类、作用和工作原理。
- 掌握层门自闭装置的作用和常见的几种形式。
- 掌握层门紧急开锁装置（三角钥匙）的正确使用。

【导论】

门系统是电梯的八大系统之一，乘客和货物的进出都要经过电梯门，很多电梯事故的发生都是由电梯门系统故障引起的。据统计，80%以上的电梯故障和电梯事故都与电梯门系统相关，因此，电梯门系统的性能指标和安全性能显得非常重要，在多项国家标准中对此都有明确的要求，电梯工作人员在现场的维修、保养中也必须要对此特别重视。

电梯门系统包括轿门、层门和开关门机构等，它们共同组成了完善的联动开关门系统。

5.1 门系统的组成和作用

5.1.1 电梯门系统的组成

电梯门系统的组成包括轿门（轿厢门）、层门（厅门）与开关门机构及其附属的零部件等。

根据建筑物中的楼层数和电梯所停靠的层站数需要，井道在每层站设 1 个或 2 个出入口，层门数与层站出入口相对应。轿门与层门组成联动开关门机构，其中轿门与轿厢随动，轿门是主动门，层门是被动门。层门设在层站的出入口处，层门上装有电气、机械联锁的自动门锁装置，只有在轿门和所有层门完全关闭时电梯才能运行。

1. 轿门

轿门安装在轿厢入口处，由轿厢顶部的开关门机构驱动而开闭，同时带动层门开闭。轿门是随同轿厢一起运行的门，乘客在轿厢内部只能见到轿门，供乘客和货物进出，如图 5-1 所示。

在 GB/T 7588.1—2020《电梯制造与安装安全规范 第 1 部分：乘客电梯和载货电梯》中对电梯门的相关规定如下。

- 进入轿厢的井道开口处应设置层门，轿厢的入口应设置轿门。
- 门应是无孔的。
- 除必要的间隙外，层门和轿门关闭后应将层站和轿厢的入口完全封闭。
- 门关闭后，门扇之间及门扇与立柱、门楣和地坎之间的间隙不应大于 6mm。由于存在磨损，间隙值可以达到 10mm（符合规定的玻璃门除外）。如果有凹进部分，则上述间隙从凹底处测量。

2. 层门

层门安装在候梯大厅电梯入口处。对于乘客电梯，电梯层门是乘客在进入电梯前首先看到或接触到的部分，电梯有多少个层站就会有多少个层门。层门入口的最小净高度为 2m。

层门是设置在层站入口的封闭门，当轿厢不在该层门开锁区域时，层门保持闭锁状态，如图 5-2 所示。

图 5-1 轿门（轿厢门）

图 5-2 层门（厅门）

5.1.2 轿门和层门

1. 轿门和层门的位置关系

轿门和层门的位置关系如图 5-3、图 5-4 所示。层门必须当轿厢进入该层站开锁区域，轿

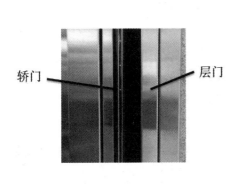

图 5-3 轿门和层门

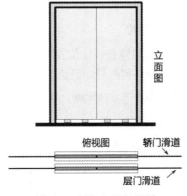

图 5-4 轿门和层门滑道

门与层门相重叠时，随轿门驱动而开启和关闭。所以轿门为主动门，层门为被动门，只有轿门和所有层门完全关闭后，电梯才能启动运行。

为了将轿门的运动传递给层门，轿门上一般设有开关门联动装置，通过该装置与层门门锁的配合，使轿门带动层门运动。

2. 入口的高度和宽度

高度：对于乘客电梯，轿门和层门入口的净高度不应小于 2m。

宽度：层门入口净宽度比轿门入口净宽度在任一侧的超出部分均不应大于 50mm。

3. 水平间距

轿门地坎与层门地坎的水平距离不应大于 35mm；在整个正常操作期间，轿门前缘与层门前缘的水平距离（即通向井道的间隙），不应大于 0.12m，如图 5-5 所示。

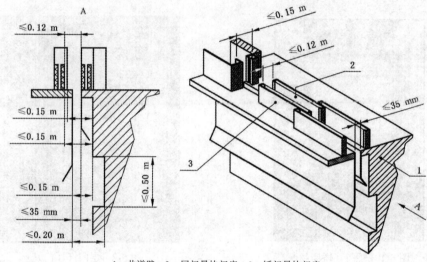

1. 井道壁；2. 层门最快门扇；3. 轿门最快门扇

图 5-5　轿门与层门地坎的水平距离

4. 门的间隙

进入轿厢的井道开口处应装设无孔的层门，轿门与层门关闭后，门扇之间及门扇与立柱、门楣和地坎之间的间隙应尽可能小。

对于乘客电梯，此间隙不得大于 6mm。对于载货电梯，此间隙不得大于 8mm。由于存在磨损，间隙值允许达到 10mm。如果有凹进部分，则上述间隙从凹底处测量。

5. 机械强度

层门及其门锁在锁住位置时应有足够的机械强度，即用 300N 的力垂直作用于该层门的任何一个面上的任何位置，且力均匀地分布在 $5cm^2$ 的圆形或方形面积上时，层门应能无永久变形，弹性变形不大于 15mm；试验期间和试验后，门的安全功能不受影响。

6. 层门锁紧装置

每个层门应设置层门锁紧装置以符合国标的相关要求，该装置应具有防止故意滥用的防护功能。

电梯轿厢运行前应将层门有效地锁紧在关闭位置，层门锁紧应由符合规定的电气安全装置来证实。电气安全装置应在锁紧部件啮合不小于 7mm 时才能动作，如图 5-6 所示。

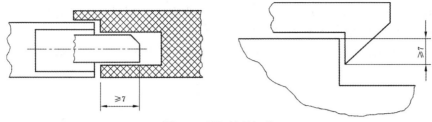

图 5-6 层门锁紧部件

锁紧部件的啮合应满足在沿着开门方向作用 300N 的力的情况下不降低锁紧性能的要求。

层门是电梯很重要的一个安全部件。据不完全统计,电梯发生的人身伤亡事故约有 70%～80%是由层门的故障或使用不当等引起的,层门的有效开启与闭锁是保障电梯使用安全的首要条件。

电梯层门上的门联锁是电梯中最重要的安全部件之一,一般是带有电气触点的机械门锁。

电梯安全规范要求所有层门门联锁的电气触点必须串联在控制电路内。只有在所有楼层的层门关好,且其上的联锁锁钩与门架上的锁壳钩子勾上以后,门联锁电气触点才被接通。所有楼层层门的门联锁电气触点接通以后,电梯的门联锁回路接通,电梯才能启动运行。

当轿厢到达某一层站并达到平层位置时,这一层的层门才能被轿门上的门刀拨开。

5.1.3 电梯门系统的作用

电梯门系统的作用是封闭和隔离。在电梯运行时,电梯门系统将人和货物与井道隔离,防止乘客和物品坠入井道或与井道相撞,避免乘客或货物未能完全进入轿厢而被运动的轿厢剪切等危险情况的发生,是电梯的重要安全保护设施。

平时所有层门全部关闭,如果要从门外打开层门,则必须要用专用的锁匙,同时断开电气控制回路使电梯不能启动运行(检修状态除外)。

为了防止电梯在关门时将人夹住,在轿门上常设有关门安全装置(近门保护装置)。当轿门在关闭过程中遇到阻碍时,会立即反向运动,将门打开,直至阻碍消除后再关闭。

5.2 电梯门的分类

电梯门按照结构型式和开门方式可分为中分门、旁开门和垂直闸式门 3 种,且层门必须与轿门为同一类型。

1.中分门

中分门是指门扇由门口中间分别向左、右两边开启的层门或轿门,开关门时左右两扇门的速度相同。按门扇的数量有两扇式中分门和四扇式中分门(中分双折门)两种。两扇式中分门如图 5-7 所示,适用门宽为 0.8～1.1m;四扇式中分门如图 5-8 所示,适用门宽为 1.2～2.6m。中分门的开关门速度较快,一般适用于客梯。

2.旁开门

旁开门是指门扇向同一侧开启的层门或轿门。按门扇的数量,常见的有两扇式旁开门(双折旁开门)和三扇式旁开门(三折旁开门)。按开门方向,以人在层站外面对轿厢门时,门向右开的为右旁开门（见图 5-9），反之为左旁开门。两扇式旁开门的适用门宽为 0.8～1.6m。由于两个门扇在开、关门时的行程不同，但动作的时间必须相同，因此分为快门、慢门。三扇式旁开门如图 5-10 所示，适用门宽为 1.6m 以上。同理，这 3 个门扇也有 3 种不同的速度。

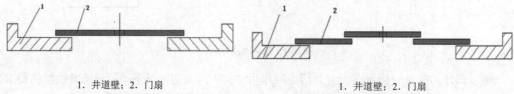

1. 井道壁；2. 门扇　　　　　　　　　　　　1. 井道壁；2. 门扇

图 5-7　两扇式中分门　　　　　　　　　　　图 5-8　四扇式中分门

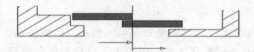

图 5-9　右旁开门　　　　　　　　　　　图 5-10　三扇式旁开门

旁开门的门口开得较大，一般适用于货梯，以便运货车辆进出和装卸货物。

3. 垂直闸式门

垂直闸式门由下向上推开，如图 5-11 所示。

图 5-11　垂直闸式门

垂直闸式门一般为手动门，适用门宽为 0.6～1.0m，通常用在杂物电梯上。

5.3　电梯门系统的结构

5.3.1　电梯轿门和层门的结构

1. 轿门

轿门是为了确保安全，在轿厢靠近层门的侧面设置的，供司机、乘用人员和货物进出轿厢的门。轿门由地坎、门滑块、上坎、门刀、挂门滚轮组和门扇等构件构成，如图 5-12 所示。

为了避免在关门过程中撞击乘用人员和货物，轿门在背后装置了几种不同结构型式的防撞装置——门保护装置，在 5.5 节专门有介绍。

2. 层门

在电梯停靠层站面对轿门的井道壁上设置的，供司机、乘用人员和货物进出轿厢的门称为层门。层门由地坎、左右立柱、上坎、挂门滚轮组和门扇等构件构成，如图 5-13 所示。

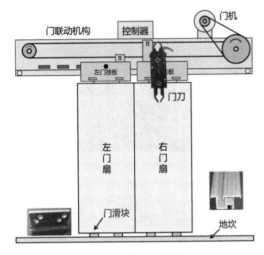

图 5-12　轿门的结构

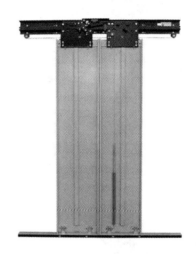

图 5-13　层门的结构

5.3.2　电梯轿门和层门的结构组件

电梯门（包括轿门和层门）一般由门扇、门导轨、门滑轮、门挂板、地坎、门滑块等构件组成。

1. 门扇

电梯门扇面板就是电梯日常使用时乘客正常可见的电梯门部分。门扇由位于上方的门挂板和下方的门扇面板组成。电梯门扇面板一般用厚度为 1～1.5mm 的钢板制成，背部设有加强筋。

电梯门扇应是无孔的，应具有足够的机械强度。

常见的彩色电梯门扇多为彩色拉丝蚀刻花纹板、彩色镜面蚀刻花纹板，或者多工艺的拉丝、镜面、蚀刻、喷砂、发纹、电镀色彩同时体现在一块装饰面板上，如图 5-14、图 5-15 所示。

2. 门导轨

门导轨安装在门扇的上方，用以承受所悬挂门扇的重量和对门扇起导向作用，多用扁钢制成，如图 5-16 所示。

3. 门滑轮

门滑轮安装在门扇上方的门挂板上，每个门扇装有两个门滑轮。门滑轮在门导轨上运动，用于门扇的悬挂和门扇上部分的导向，如图 5-17 所示。

4. 门挂板

门挂板有轿门门挂板和层门门挂板之分。门挂板主要由挂板、门挂轮和偏心挡轮组成，如图 5-18 所示。门刀安装在轿门门挂板上，自动门锁安装在层门门挂板上。

图 5-14 钛合金蚀刻不锈钢门

图 5-15 花纹不锈钢门

图 5-16 门导轨

图 5-17 门滑轮

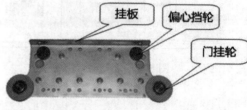

图 5-18 门挂板

5. 地坎

地坎是电梯乘客或货物进出电梯轿厢的踏板，在开、关门时对门扇的下部分起导向作用。轿门地坎安装在轿厢底前沿处；层门地坎安装在井道层门牛腿（梁托）处，用铝、钢型材或铸铁等制成，如图 5-19 所示。

6. 门滑块

门滑块固定在门扇的下底端，每个门扇上装有两个门滑块（门导靴）。在门扇运动时门滑块卡在地坎槽中，起下端导向和防止门扇翻倾的作用，如图 5-20 所示。

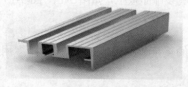

图 5-19 地坎

图 5-20 门滑块

5.4 开关门机构

电梯的开关门机构由门机、门联动机构、轿门门刀、层门门锁滚轮等组成，如图 5-21、图 5-22 所示。

图 5-21 门机和轿门门刀

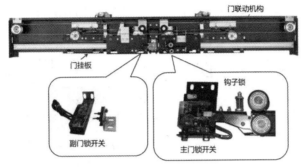

图 5-22 层门门锁滚轮

电梯轿门和层门的开启和关闭，有手动开关门和自动开关门两种不同的开关方法。

1. 手动开关门

手动开关门机构多用于杂物电梯（见图 5-11 中的垂直闸式门）和建筑工地上的临时齿条电梯等。

2. 自动开关门

电梯的自动开关门机构由机械和电气两部分构成。机械部分由开关门门联动机构、轿门和门刀、层门和门锁等构成。电气部分由开关门电动机及其拖动电路、控制器件组成的拖动控制部分等构成；同时，每个电梯层门和轿门设置有门电气联锁开关装置，以验证层门和轿门的关闭状态。

5.4.1 自动开关门机构的种类及分析

目前常见的电梯自动开关门机构主要有以下 3 种。
- 直流电动机拖动、拔杆或连杆传动的开关门机构。
- 交流感应电动机变压变频调速拖动、微机控制、同步带传动的开关门机构。
- 永磁同步电动机变压变频调速拖动、微机控制、同步带传动的开关门机构。

1. 直流电动机拖动、拔杆或连杆传动的开关门机构

直流电动机拖动、拔杆或连杆传动的开关门机构如图 5-23 所示。

由于直流电动机调压调速性能好、换向简单方便等特点，一般通过皮带轮减速及连杆机构传动实现自动开关门，其优点是调速方便、易于控制（直流电阻门机的控制线路如图 5-24 所示）。但由于直流门机的马达的体积大、安装方式复杂、以至于故障率高、功耗大，已逐渐被市场淘汰。

图 5-23 直流电动机拖动、拔杆或连杆传动的开关门机构

元器件代号说明

序号	代号	名称
1	FU	保险丝
2	LM	励磁绕组
3	RDM	门机调速电阻
4	KOD	开门继电器
5	KCD	关门继电器
6	SOD	开门减速开关
7	SCD1	关门一级减速开关
8	SCD2	关门二级减速开关
9	ROD	开门调速电阻
10	RCD	关门调速电阻
11	DM	门电机

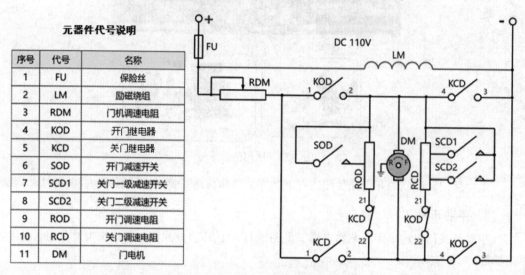

图 5-24 直流电阻门机的控制线路

直流电阻门机的开、关门过程分解分别如图 5-25 和图 5-26 所示。

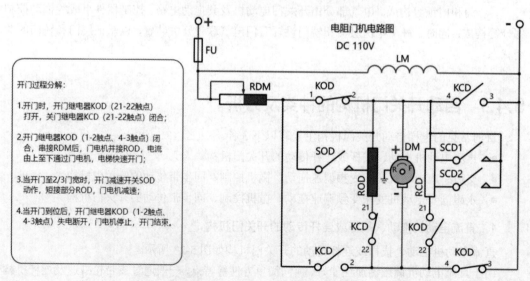

开门过程分解：

1. 开门时，开门继电器KOD（21-22触点）打开，关门继电器KCD（21-22触点）闭合；

2. 开门继电器KOD（1-2触点、4-3触点）闭合，串接RDM后，门电机并接ROD，电流由上至下通过门电机，电梯快速开门；

3. 当开门至2/3门宽时，开门减速开关SOD动作，短接部分ROD，门电机减速；

4. 当开门到位后，开门继电器KOD（1-2触点、4-3触点）失电断开，门电机停止，开门结束。

图 5-25 直流电阻门机开门过程分解

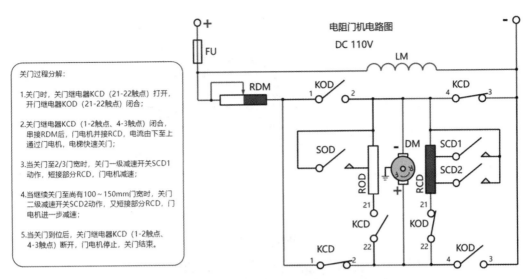

图 5-26 直流电阻门机关门过程分解

2. 交流感应电动机变压变频调速拖动、微机控制、同步带传动的开关门机构

交流感应电动机采用变压变频调速拖动控制技术，利用同步齿形带传动，省去了直流电动机复杂、笨重的连杆机构，结构简单、体积大为减少，提高了开关门机构传动的精确度和运行的可靠性。这种开关门机构如图 5-27 所示。

图 5-27 交流感应电动机变压变频调速拖动、微机控制、同步带传动的开关门机构

采用变压变频调速拖动的交流感应电动机（异步门机）开关门机构虽然比直流门机控制技术有较大的进步，但依然需要减速皮带轮作为减速机构，功率因数低、调速范围小，并且做不到恒转矩，效率低，正在逐步被永磁同步电动机开关门机构取代。

3. 永磁同步电动机变压变频调速拖动、微机控制、同步带传动的开关门机构

采用永磁同步电动机（同步电机）取代交流感应电动机（异步电机）。由于永磁同步电动机能在低频、低压、低速情况下输出足够大的转矩，且可以省去交流感应电动机开关门机构中的一级皮带轮减速机构，因此机构的中间环节更少、结构更简单、重量更轻、运行更平稳、可靠性更高，安装、调试、维修更方便，是目前开关门机构的主流形式。中分门永磁同步门机开关门机构如图 5-28 所示，双折旁开门永磁同步门机开关门机构如图 5-29 所示。

永磁同步电动机及其驱动系统在电梯门机上的应用，因其具有低转速、大转矩、高效率、恒转矩、控制精度高、噪声小、振动小等优点，已被电梯厂家认同，并逐渐取代异步门机成为电梯门机的主流。

同步门机与异步门机的比较见表 5-1。

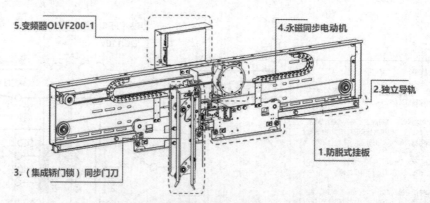

图 5-28　中分门永磁同步门机开关门机构

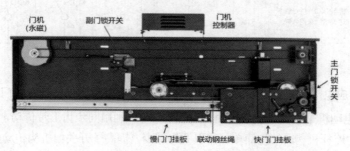

图 5-29　双折旁开门永磁同步门机开关门机构

表 5-1　同步门机与异步门机的比较

比较	同步门机	异步门机
外观		
转速、力矩	转速低、力矩大、恒转矩、高精度（开关门曲线更流畅）	转速高、力矩小
传动方式	无机械减速装置（结构精简，传动效率更高，无传动能量减损）	有机械减速装置
编码器	自带编码器（有自动计数功能，无须门机加装位置开关）	无
开关门机构的工作原理	由同步电机自带的编码器来提供开关门输出信号，由变频器接收信号，控制开关门动作以及速率	由 2 个双稳态开关提供加、减速信号，控制开关门速率； 由 2 个到位开关提供开始、停止信号，控制开关门
优点	拥有编码器自动计数功能，无须安装门位置开关（节省空间）； 根据内设百分比判断调节速度，无须根据门机具体运行位置调节（操控灵活、一键可调）	调好之后，基本保持不变

续表

比较	同步门机	异步门机
缺点	更换电动机（编码器）或变频器后，需做电动机角度自学习以及门宽自学习； 自学习过程操作复杂	门机必须配 4 个位置开关，若损坏了其中任何 1 个，开关门就会出现问题，轻则开关门速率紊乱，重则撞门或者夹人； 开关门速率调节烦琐，需移动位置开关或者通过变频器按键调节速率

5.4.2 门锁装置

门锁装置包括手动开关门机构的拉杆门锁装置、自动开关门机构的自动门锁装置，以及验证门扇闭合的电气安全装置。

1. 手动开关门机构的拉杆门锁装置

手动开关门机构主要由拉杆装置和门锁装置构成，这两个装置合称拉杆门锁装置。门锁装置装在轿顶或层门框上，拉杆装置装在轿门和层门上。

轿门上的拉杆门锁装置与层门上的拉杆门锁装置彼此独立，所以开门时需要先开启轿门，再开层门，关门时则反之。

拉杆门锁装置的结构如图 5-30 所示。

手动开关门机构的电梯必须是专职司机控制的，电梯开关门时的劳动强度很大，而且门的宽度越大，开关门时的劳动强度越大。随着电子电力器件的发展和控制技术的进步，自动开关门机构技术水平和可靠性不断提高，手动开关门机构已基本被淘汰。

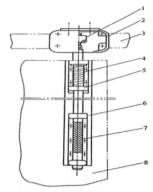

1. 电联锁开关；2. 锁壳；3. 吊门导轨；4. 复位弹簧；5、6. 拉杆固定架；7. 拉杆；8. 门扇

图 5-30 拉杆门锁装置的结构

2. 自动开关门机构的自动门锁装置

为了保证电梯门的可靠闭合与锁紧，禁止层门和轿门被随意打开，电梯设置了层门门锁装置以及验证门扇闭合的电气安全装置，习惯上我们将层门门锁装置称为门锁装置。

自动门锁装置是为自动开关门机构设计、制造的门锁，又称自动门锁。由于它只安装在自动开关门电梯的层门上，故又称层门锁或厅门锁；又由于它有一个形似钩子的锁钩，故又有钩子锁之称。自动门锁如图 5-31 所示。

图 5-31 自动门锁（钩子锁）

按照国家标准的要求，自动门锁不能出现重力开锁的情况。也就是说，当保持门锁锁紧的弹簧或永久磁铁失效时，门锁重力不应导致开锁。门锁的机电联锁开关是证实层门闭合的电气安全装置，该电气安全装置应该是安全触点式的，应确保电梯门完全关闭后电气联锁电路可靠接通。当两电气触点接通时，锁紧构件的啮合深度应不小于 7mm，否则应该调整。

此外还有对间接机构、副门锁等其他构件的规定。

3. 验证门扇闭合的电气安全装置

层门和轿门都需要验证门扇闭合的电气安全装置，该装置俗称副门锁。如果层门由间接机械连接的门扇组成，允许只锁紧一扇门，这个门扇的单一锁紧能防止其他门扇被打开，则未被锁紧的其他门扇的闭合位置应由一个电气安全装置来验证，该电气安全装置就是副门锁。

每个层门应设有安全触点式的电气安全装置，以验证门扇的闭合位置，从而满足避免电梯发生剪切、撞击事故的要求。

电气安全装置的作用是保证当电梯门关闭到位后，电梯才能正常启动、运行；运动中的电梯轿门离开闭合位置时，电梯应立即停止运行。

5.5 门保护装置

5.5.1 门入口保护装置

当乘客在层门和轿门的关闭过程中，通过入口时被门扇撞击或将被撞击时，应有保护装置自动地使门重新开启，这种保护装置就是电梯的门入口保护装置。门入口保护装置安装在轿门上，常见的形式如下。

1. 安全触板（接触式保护装置）

安全触板是一种机械式安全防护装置。装置装设在轿门外侧，中分门和旁开门都可以装设这种装置。安全触板由触板、联动杠杆和微动开关组成，如图 5-32 所示。

正常情况下，安全触板在重力的作用下凸出轿门 30~35mm。若门区有乘客或障碍物存在，当轿门关闭时，安全触板会受到撞击而向内运动，带动联动杠杆压下微动开关，令微动开关控制的关门继电器失电、开门继电器得电，控制门机停止关门运动，转为开门运动，使门重新开启，以保证乘客和设备不会继续受到撞击。

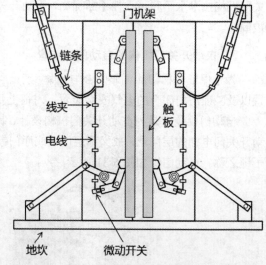

图 5-32 安全触板（接触式保护装置）

一般安全触板被推入 8mm 左右，或对出触板的碰撞力不大于 5N 时，微动开关均可动作，使处于关闭中的轿门反开。

2. 光电式保护装置（非接触式保护装置）

光电式保护装置（又被称为光幕，见图 5-33）运用红外线扫描探测技术，控制系统包括控制装置、发射装置、接收装置、信号电缆、电源电缆等几部分。发射装置和接收装置安装于电梯门两侧，控制装置通过传输电缆，分别对发射装置和接收装置进行数字程序控制。

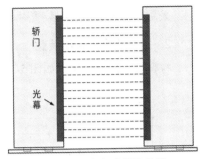

图 5-33　光电式保护装置
（非接触式保护装置）

　　光电式保护装置是一种非接触式保护装置，对进出电梯的乘客或物体无撞击，既使乘客电梯对乘客更友善，又保证电梯门不会因为长期冲撞而损坏。红外线发射端发射的光束，有 24 束、36 束、48 束等多种。

　　光电式保护装置是一种闭环保护形式，探测信号从控制系统到红外线发射器再到红外线接收器，最后返回控制器，形成保护回路。该回路本身如果出现中断，比如红外线发射器或接收器损坏，光电式保护装置也能报警。因而光电式保护装置是一种失效安全的保护装置。

　　传统的安全触板使用机械触板，即在电梯轿门两侧安装活动金属条。当机械触板被撞击向两侧移动时，会触发活动金属条后面的微动开关，输出开门信号；当微动开关失效时，则不能输出开门信号。

　　安全触板与光电式保护装置都是电梯门保护装置的形式，安全触板属于接触式，光电式保护装置属于非接触式。关门过程中当有障碍物阻挡时，它们都能使处于关闭中的门反开。

　　部分情况下，安全触板与光电式保护装置被合并在一起，制成安全触板-光幕一体化保护装置，使电梯门保护装置更加完善，运行更安全、可靠。

5.5.2　层门安全保护装置

　　层门安全保护装置包括层门自闭装置和层门紧急开锁装置。

　　电梯的事故大部分都由门系统故障引起，其中由于门不正常打开造成的事故最为严重。国家标准规定：在轿门驱动层门的情况下，当轿厢在开门区域之外时，层门无论因为何种情况而开启，都应有一种装置（重块或弹簧）可确保层门能自动关闭，这个装置就是层门自闭装置（又称强迫关门装置）。当层门开启时，层门有一定的自动关闭力，保证层门在全行程范围内可以自动关闭，以防止检修人员在检修期间暂离时忘记关闭层门而导致周围人员坠入井道。

一、层门自闭装置

　　层门自闭装置安装在层门上。要求轿厢不在本层开门区域时，打开的层门应在层门自闭装置的作用下，自行将层门完全关闭。

　　层门自闭装置主要依靠重物的重力和弹簧的拉力或压力，使层门自动关闭。层门自闭装置常见的形式有重锤式、拉簧式和压簧式 3 种。

1. 重锤式层门自闭装置

　　重锤式层门自闭装置是依靠挂在层门侧面的重锤，在层门开启的状态下，靠重锤的重量将层门关闭并锁紧的装置，如图 5-34 所示。

　　连接重锤的细钢丝绳绕过固定在层门上的定滑轮，固定在层门的门头上，依靠定滑轮将重锤垂直方向的重力转化为水平方向的拉力，通过门扇之间的联动机构，形成层门自闭力，使层门自动关闭。由于重锤式层门自闭装置在关门过程中的作用力始终相同，不会减弱，因而目前普遍采用这种层门自闭装置。

采用重锤式层门自闭装置时，需要有防止重锤意外坠入井道的措施。

2. 拉簧式层门自闭装置

拉簧式层门自闭装置如图 5-35 所示。

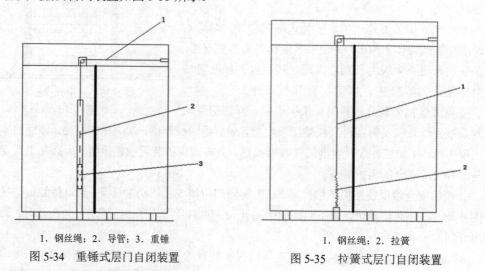

1. 钢丝绳；2. 导管；3. 重锤　　　　　1. 钢丝绳；2. 拉簧

图 5-34　重锤式层门自闭装置　　　　图 5-35　拉簧式层门自闭装置

与重锤式层门自闭装置类似，连接弹簧的细钢丝绳绕过固定在层门上的定滑轮，固定在层门的门头上，依靠定滑轮将弹簧垂直方向的拉力转化为水平方向的拉力，通过门扇之间的联动机构形成层门自闭力，使层门自动关闭。

采用拉簧式层门自闭装置时，由于弹簧在拉伸状态下工作，长期拉伸容易导致弹簧拉力减弱，使层门自闭力不足。

3. 压簧式层门自闭装置

压簧式层门自闭装置的弹簧安装在井道上，连接弹簧的机械连杆连接到电梯层门上，在层门开启时将弹簧的压力转换为层门水平方向的推力，通过门扇之间的摆臂联动机构作用在整个电梯门上，从而形成层门自闭力，使层门自动关闭，如图 5-36 所示。

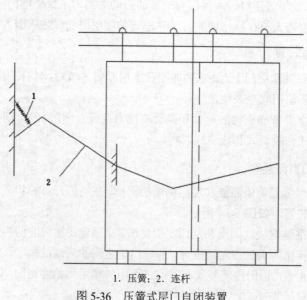

1. 压簧；2. 连杆

图 5-36　压簧式层门自闭装置

采用压簧式层门自闭装置时,由于弹簧在压缩状态下工作,弹簧自身不会失效,但由于机械结构体积较大,一般用在井道较大的载货电梯上。

二、层门紧急开锁装置

层门紧急开锁装置是一种在层门关闭的情况下,由于特殊需要而设置的一种在层门外就能将层门锁打开的装置。它由装在层门上部的三角孔开锁装置及与之配套使用的三角钥匙构成,三角钥匙的结构如图 5-37 所示。

1. 层门的打开方式

层门的打开方式通常有以下两种。

● 电梯正常使用时,在停靠的层站平层位置,由门机自动打开轿门,同时轿门的开关门机构通过门刀带动层门开启。

● 在施工、检修、救援等特定情况下,由专业人员使用三角钥匙打开层门(见图 5-38),打开层门的装置被称为层门紧急开锁装置。

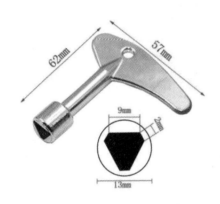

图 5-37　三角钥匙的结构　　　　　图 5-38　专业人员使用三角钥匙打开层门

2. 层门紧急开锁装置的安全要求

国家有关标准对层门紧急开锁装置的相关规定如下。

● 每个层门应能从外面借助一个与规定的开锁三角孔相配的钥匙将门开启。

● 这样的钥匙应只交给一个负责人员。钥匙应带有书面说明,详述必须采取的预防措施,以防止开锁后因未能将门有效地重新锁上而可能引起的事故。

● 在一次紧急开锁以后,门锁装置在层门闭合的情况下,不应保持开锁位置。

● 在轿门驱动层门的情况下,当轿厢在开门区域之外时,如层门无论何种原因而开启,则应有一种装置(重块或弹簧)能确保该层门自动关闭。

3. 三角钥匙的安全使用

在电梯检修或对轿厢困人实施救援时,常常需要人为打开层门。人为打开层门时的操作步骤必须严格按要求实施,否则可能导致人员坠入井道发生事故。用三角钥匙打开层门是非常危险的,必须由经过培训的持证人员进行。

【特别注意】三角钥匙应只交给一个专门的电梯从业人员来进行管理,三角钥匙使用不当,将有可能造成电梯门开启时人坠落的严重事故;在使用电梯时,应严守下列规程。

● 电梯须经本地质量技术监督部门检验合格,办理电梯使用登记手续,取得安全检验合格证后才能投入使用。

- 使用三角钥匙的人员须持有质量技术监督部门颁发的特种设备作业人员证。使用时应观察轿厢的位置，同时应注意到，轿厢有可能不在本层，贸然开启有坠落的危险（参照图 5-39 中有安全警告标志的位置），小心开启层门后应确认轿厢在本层后方可进入。
- 电梯运行时，电梯机房门必须上锁，无关人员未经允许严禁进入机房。

　　因为三角钥匙的使用不当造成的事故在电梯事故中占据相当大的比例。所以，提高有关操作人员的安全意识、制定相应的管理制度、严格管理好三角钥匙，是非常重要的！

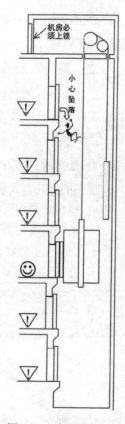

图 5-39　小心层门开启时的坠落危险

【任务总结与梳理】

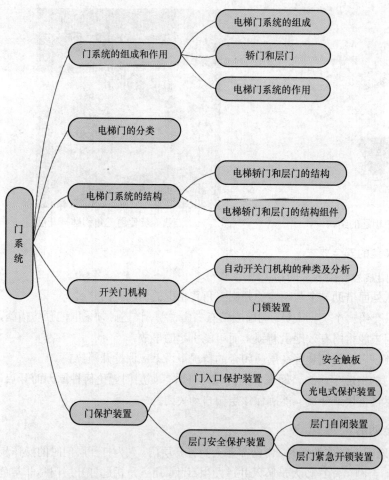

【思考与练习】

一、判断题（正确的填√，错误的填✕）

（1）（　　）正常操作中，若电梯轿厢没有运行指令，则根据在用电梯客流量所确定的必要的一段时间（电梯自动关门时间）后，动力驱动的自动层门应关闭。

（2）（　　）即使永久磁铁（或弹簧）失效，电梯层门锁紧装置在重力作用下也不应开锁。

（3）（　　）轿厢应在锁紧部件啮合不小于 5mm 时才能启动。

（4）（　　）每个层门应能从外面借助一个符合规定的开锁三角形钥匙将门开启。

（5）（　　）对于动力驱动的自动门，任何时候都不能使处于关闭中的门反开。

（6）（　　）层门锁紧应由符合规定的电气安全装置来证实，电气安全装置应在锁紧部件啮合不小于 7mm 时才能动作。

（7）（　　）对于双折旁开门，两个门扇在开、关门时的速度是相同的。

（8）（　　）禁止在电梯运行中打开轿厢门。

（9）（　　）当轿厢处于开门区时，轿门、层门才能同时打开，这时门机动作，由层门驱动轿门开启。

（10）（　　）电梯的层门和轿门可以是不同类型的。

二、填空题

（1）门扇之间及门扇与立柱、门楣和地坎之间的间隙应尽可能小，对于乘客电梯，此间隙不得大于（　　　　）。对于载货电梯，此间隙不得大于（　　　　）。

（2）层门入口的最小净高度为（　　　　）。

（3）垂直闸式门只能用于（　　　　）电梯。

（4）自动门锁装置是为自动开关门机构设计、制造的门锁，又称自动门锁。由于它只安装在自动开关门电梯的层门上故又称（　　　　），它有一个形似钩子的锁钩故又称（　　　　）。

（5）中分门开关门时左右两扇门的速度（　　　　）。

（6）在电梯轿门上装有（　　　　），当轿门在关闭时，如触板碰到人或物，安全触板会受到撞击而向内运动，带动联动杠杆压下微动开关，控制门机停止关门运动，转为开门运动。

（7）常见的层门自闭装置有（　　　　）、（　　　　）和（　　　　）。

（8）电梯的开关门机构由（　　　　）、（　　　　）、（　　　　）、（　　　　）等组成。

三、单选题

（1）安全触板是在轿门关闭过程中，当有乘客或障碍物触及触板时，使轿门重新打开的（　　　）门保护装置。

    A．电气　　　　　　B．光控　　　　　　C．机械　　　　　　D．微机

（2）三角孔开锁装置安装在（　　　）。

    A．层门上　　　　　B．轿门上　　　　　C．轿顶上　　　　　D．轿底上

（3）安全触板安装在（　　　）。

    A．层门上　　　　　B．轿门上　　　　　C．轿顶上　　　　　D．轿底上

（4）强迫关门装置安装在（　　　）。

    A．层门上　　　　　B．轿门上　　　　　C．轿顶上　　　　　D．轿底上

（5）层门锁紧部件的啮合应能满足在沿着开门方向作用（　　　）力的情况下，不降低锁紧的效能。

    A．100N　　　　　B．150N　　　　　C．300N　　　　　D．400N

四、简答题

（1）电梯门系统的主要作用是什么？

（2）轿门与层门有什么相互关系？

（3）电梯门系统由哪几部分组成？

（4）电梯自动开关门机构主要有哪几种？

（5）常见的门入口保护装置有哪些？它们分别起什么作用？

第 *6* 章

重量平衡系统

【学习任务与目标】

- 了解电梯的重量平衡系统的组成和作用。
- 掌握对重的计算公式及平衡系数的选择原则。
- 了解对重装置的组成和布置形式。
- 掌握重量补偿装置的工作原理和布置形式。

【导论】

电梯的重量平衡系统由对重装置和重量补偿装置两部分组成，如图 6-1 所示。

对重的重量值必须严格按照电梯额定载重量的要求进行配置，使之起到相对平衡轿厢重量的作用。当电梯曳引高度超过 30m 时，曳引钢丝绳自身的重量也会影响电梯运行的平衡状态和稳定性，需要增设重量补偿装置，以减少电梯曳引轮两端的重量差，进一步保证电梯运行的平衡和稳定。

重量平衡系统的作用是使对重与轿厢的重量达到相对平衡，在电梯工作中使轿厢与对重的重量差保持在某一个限额之内，以保证电梯的曳引传动平稳、正常。

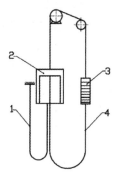

1. 随行电缆；2. 轿厢；3. 对重装置；4. 重量补偿装置

图 6-1　重量平衡系统

6.1　电梯的对重装置

对重装置的作用是与轿厢一起将曳引钢丝绳共同压紧在曳引轮的绳槽内，使曳引钢丝绳和电引轮之间产生足够的摩擦力，以平衡轿厢重量，减小驱动电动机的功率，如图 6-2 所示。

6.1.1　对重装置的组成

对重装置是由曳引绳经曳引轮与轿厢连接，在曳引式电梯运行过程中保持曳引力的装置，起到在电梯将要冲顶或蹲底时，使电梯失去曳引条件，避免发生事故的作用。

对重装置主要由对重架和对重块组成，如图 6-3 所示。

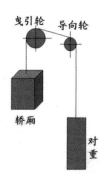

图 6-2　对重装置

图 6-3 对重装置的组成

1. 对重架

对重架用槽钢或用 3～5mm 厚的钢板折压成槽钢形后和钢板焊接而成。由于使用场合不同，对重架的结构型式也略有不同。根据不同的曳引方式，对重架可分为用于 2∶1 曳引驱动系统的有轮对重架和用于 1∶1 曳引驱动系统的无轮对重架两种，图 6-3 所示为用于 2∶1 曳引驱动系统的有轮对重架。

根据对重导轨的不同，对重架又可分为用于 T 形导轨、采用弹簧滑动导靴的对重架，以及用于空心导轨、采用刚性滑动导靴的对重架两种。

2. 对重块

对重块（见图 6-4）的材料通常为铸铁。对重块的大小以便于安装或维修人员搬动为宜，一般每块对重块质量为 20～75kg。在安装时，将对重块放入对重架后应用压板压紧，以防止电梯运行过程中对重块窜动发出噪声。

图 6-4 对重块

3. 平衡系数

GB/T 10058—2009《电梯技术条件》中规定：曳引式电梯的平衡系数一般取 0.4～0.5。为了使对重装置能对轿厢起最佳的平衡作用，必须正确计算对重装置的总重量。对重装置的总重量与电梯空载时轿厢的重量（轿厢净重）和轿厢额定载重量有关，它们之间的关系常用下式来表示。

$$W=P+QK$$ （公式 6-1）

式中：

W——对重装置的总重量（kg）；

P——电梯空载时轿厢的重量（kg）；

Q——轿厢额定载重量（kg）；

K——平衡系数，一般取 0.4～0.5。

平衡系数的选择原则：尽量使电梯处于最佳工作状态，以钢丝绳两端重量之差值最小为好。

当电梯的对重装置和轿厢侧完全平衡时，电梯只需克服机械运动中各部分的摩擦力就能运行，且电梯运行平稳，平层准确度高。因此对平衡系数 K 的选取，应尽量使电梯能经常处于接近平衡的状态。对于经常处于轻载工况的电梯，K 可选取 0.4～0.45 的值；而对于经常处于重载工况下的电梯，K 可取上限值 0.5。这样有利于节省动力，延长机件的使用寿命。

对重装置过轻或过重，都会影响电梯正常运行，容易造成冲顶或蹲底事故。

在安装电梯时，应根据电梯随机技术文件计算出对重装置的总重量之后，再根据每个对重块的重量确定放入对重架的对重块数量。

【例】有一部客梯的额定载重量为 1050kg，轿厢净重为 1000kg，若平衡系数取 0.5，求对重装置的总重量。

解：已知 P=1000kg、Q=1050kg、K=0.5，

代入（公式 6-1）得：

$W=P+QK=1000+0.5×1050=1525$（kg）。

答：对重装置的总重量为 1525kg。

6.1.2　对重装置的平衡分析

对重及对重装置是具有与轿厢及载荷相适应的质量，用于保证曳引能力的部件。对重装置绕过曳引轮上的曳引绳的两侧，相对于轿厢悬挂在曳引绳的另一侧，起到相对平衡轿厢重量的作用。由于轿厢的载重量是变化的，因此轿厢侧和对重侧的重量相等而处于完全平衡状态是不可能的。一般情况下，在 K=0.5 时，只有轿厢的载重量达到 50% 的额定载重量，对重侧和轿厢侧才处于完全平衡，这时的载重量称为电梯的平衡点。这时曳引绳两端的静载荷相等，使电梯处于最佳的工作状态。但是在电梯运行中的大多数情况下曳引绳两端的静载荷是不相等的，且是变化的。因此对重装置只能起到相对平衡轿厢重量的作用。

6.1.3　对重装置的布置形式

对重装置的布置形式通常有对重后置式、对重侧置式和对重侧后置式 3 种，如图 6-5 所示。

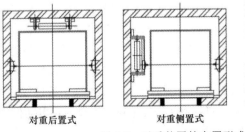
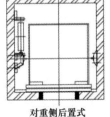

对重后置式　　　　对重侧置式　　　　对重侧后置式

图 6-5　对重装置的布置形式

对重装置的布置形式应该根据电梯的用途、井道尺寸、电梯轿厢和对重装置的安装形式等多方面因素来决定，如长方形的轿厢一般采用对重侧置式的布置形式，如图 6-6 所示。

国家标准中规定，对重的运行区域应采用刚性隔障防护，该隔障防护从电梯底坑地面上不大于 0.3m 处向上延伸到至少 2.5m 的高度。

该隔障防护的宽度应至少等于对重宽度两边各加 0.1m。

轿厢与对重的距离、轿厢及其关联部件与对重及其关联部件的距离不应小于 50mm。

同时，GB/T 7588.1—2020《电梯制造与安装安全规范 第 1 部分：乘客电梯和载货电梯》中对对重装置也做了相关的规定，如下。

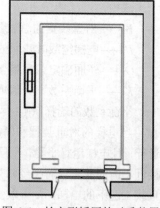

图 6-6 长方形轿厢的对重装置布置形式

- 对于强制式电梯，额定速度不应大于 0.63m/s，不能使用对重，但可使用平衡重。
- 对于液压电梯，平衡重（如果有）的质量应按以下计算：在悬挂机构（轿厢或平衡重）断裂的情况下，应保证液压系统中的压力不超过满载压力的 2 倍。在使用多个平衡重的情况下，计算时应仅考虑一个悬挂机构断裂的情况。
- 如果对重（或平衡重）由对重块组成，则应防止它们移位。为此，对重块应由框架固定并保持在框架内。应具有能快速识别对重块数量的措施（例如：标明对重块的数量或总高度等）。
- 设置在对重（或平衡重）上的滑轮和（或）链轮应具有符合规定的防护措施。

6.2 电梯的重量补偿装置

6.2.1 重量补偿装置的平衡分析

为什么电梯要进行重量补偿？

在电梯的运行过程中，对重的相对平衡作用在电梯升降过程中是不断变化的。当轿厢位于最低层时，曳引绳的重量大部分都集中在轿厢侧；相反，当轿厢位于最高层时，曳引绳的重量大部分都集中在对重侧，还有电梯上随行电缆的自重，也都会给轿厢和对重两侧的平衡带来影响，也就是轿厢一侧的重量 Q 与对重一侧的重量 P 的比值在电梯运行中是不断变化的。

尤其当电梯的提升高度超过 30m 时，这两侧的平衡变化就更大，因而必须增设重量补偿装置来减弱平衡变化（见图 6-7、图 6-8）。

例如，一台 60m 高的建筑内使用的电梯，使用了 6 根直径为 13mm 的钢丝绳，其中不可忽视的是钢丝绳的总质量约为 360kg。随着轿厢和对重位置的变化，这个总质量终将被轮流地分配到曳引轮的两侧。为了减少电梯传动中曳引轮所承受的载荷差、提高电梯的曳引性能，就必须采用重量补偿装置。

重量补偿装置的作用：保证轿厢侧与对重侧的重量比在电梯运行过程中不变，当电梯运行的高度超过 30m 时，曳引钢丝绳和电缆的自重使得曳引轮的曳引力和电动机的负载发生变化，重量补偿装置可弥补轿厢两侧重量不平衡。

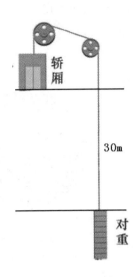

图 6-7 电梯提升高度的变化引起平衡的变化

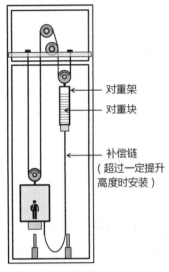

图 6-8 重量补偿装置示意

6.2.2 重量补偿装置的种类

重量补偿装置有补偿链、补偿绳和补偿缆 3 种，如图 6-9 所示。

补偿链

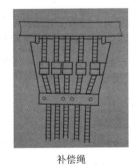

补偿绳

补偿缆

图 6-9 重量补偿装置

1. 补偿链

补偿链是由金属链构成的重量补偿装置，以铁链为主体，链环一个扣一个，并用麻绳穿在铁链环中，或在铁链外用聚氯乙烯外皮包裹。其目的是利用麻绳或聚氯乙烯外皮减少电梯运行时铁链相互碰撞发出的噪声。补偿链与电梯设备连接，通常一端悬挂在轿厢下面，另一端则悬挂在对重装置的下部。

这种补偿装置的特点是：结构简单，一般用于速度不超过 2.5m/s 的电梯。另外，为防止铁链掉落，应在铁链的两个终端分别穿套一根直径为 6mm 的钢丝绳与轿底和对重底穿过后紧固，这样能减少运行时铁链相互碰撞发出的噪声。

2. 补偿绳

补偿绳以钢丝绳为主体，是指把数根钢丝绳穿过钢丝绳卡钳和挂绳架，一端悬挂在轿厢底梁上，另一端悬挂在对重架上。这种补偿装置的优点是使电梯运行稳定、噪声小，可用于速度较高的电梯；缺点是装置比较复杂，除补偿绳外，还需张紧轮等附件。电梯运行时，张紧轮能沿导轮上下自由移动，并能张紧补偿绳。电梯正常运行时，张紧轮处于垂直浮动状态，本身可以转动。

3. 补偿缆

补偿缆是最近几年发展起来的新型的、高密度的重量补偿装置。补偿缆中间有低碳钢制成的环链，中间填充物为金属颗粒以及聚乙烯与氯化物的混合物，链套采用具有防火、防氧化功能的聚乙烯护套，如图6-10所示。

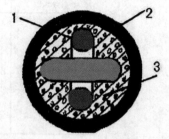

这种补偿缆质量密度高，最高可达 6kg/m³，最大悬挂长度可达 200m，运行噪声小，可用作各种中、高速电梯的重量补偿装置。

1. 链条；2. 护套；3. 金属颗粒以及聚乙烯与氯化物的混合物

图 6-10 补偿缆截面

GB 相关国家标准对接

◆在 GB/T 7588.1—2020《电梯制造与安装安全规范 第 1 部分：乘客电梯和载货电梯》中对补偿装置做了相关的规定，如下。

5.5.6 补偿装置

5.5.6.1 为了保证足够的曳引力或驱动电动机功率，应按下列条件设置补偿悬挂钢丝绳质量的补偿装置：

a）对于额定速度不大于 3.0m/s 的电梯，可采用链条、绳或带作为补偿装置。

b）对于额定速度大于 3.0m/s 的电梯，应使用补偿绳。

c）对于额定速度大于 3.5m/s 的电梯，还应增设防跳装置。

防跳装置动作时，符合 5.11.2 规定的电气安全装置应使电梯驱动主机停止运转。

d）对于额定速度大于 1.75m/s 的电梯，未张紧的补偿装置应在转弯处附近进行导向。

5.5.6.2 使用补偿绳时应符合下列要求：

a）补偿绳符合 GB/T 8903 的规定；

b）使用张紧轮；

c）张紧轮的节圆直径与补偿绳的公称直径之比不小于 30；

d）张紧轮按照 5.5.7 规定设置防护装置；

e）采用重力保持补偿绳的张紧状态；

f）采用符合 5.11.2 规定的电气安全装置检查补偿绳的张紧状态。

5.5.6.3 补偿装置（如绳、链条或带及其端接装置）应能承受作用在其上的任何静力，且应具有 5 倍的安全系数。

补偿装置的最大悬挂质量应为轿厢或对重在其行程顶端时的补偿装置的质量再加上张紧轮（如果有）总成一半的质量。

补偿装置的安装要求如下。

- 补偿链与补偿绳应悬挂，以消除内应力与扭转力；
- 补偿链安装时应在铁链外包上聚氯乙烯塑料或在铁链环中穿麻绳，以减少噪声；
- 补偿链长度应保证在电梯将要冲顶或蹾底时，补偿链不致被拉断或与底坑相碰，补偿链的最低点距离底坑地面应大于 100mm；
- 带有张紧装置的补偿绳必须设置防跳装置和行程开关，以便电梯将要蹾底或冲顶时触及开关，切断电梯控制回路，使电梯停止运行。

6.2.3 重量补偿装置的布置方法

重量补偿装置应悬挂在轿厢和对重的底面，在电梯升降时，其长度的变化正好与曳引绳长度变化相反。当轿厢位于最高层时，曳引绳大部分位于对重侧，而补偿链（绳）大部分位于轿厢侧；而当轿厢位于最低层时，情况正好相反。这样轿厢侧和对重侧就实现了重量补偿，保证了轿厢和对重的相对平衡。

重量补偿装置的布置方法一般有 3 种：单侧补偿法、双侧补偿法和对称补偿法。

1. 单侧补偿法

单侧补偿法的补偿装置一端连接在轿厢底部，另一端悬挂在井道壁的中部，如图 6-11 所示。单侧补偿链结构简单，适用于层楼较低的井道。采用这种方法时，对重的重量需加上曳引绳的总重量 T_y。

其中，对重的重量 $W=P+KQ+T_y$。

补偿装置（补偿链或补偿绳）的重量 T_p 可按下式计算（不考虑随行电缆重量）：

$$T_p=T_y$$

2. 双侧补偿法

双侧补偿法指在轿厢侧和对重侧各自设置补偿装置，如图 6-12 所示，其安装方法与单侧补偿法的基本相同。采用这种方法时，对重不需要增加重量，每侧补偿装置的重量可按下式计算（不考虑随行电缆重量）：

$$T_p=T_y$$

式中，T_p 为每侧补偿装置的重量；T_y 为曳引绳总重量。

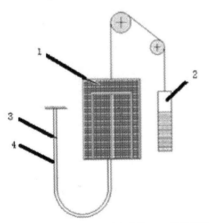

1. 轿厢；2. 对重；3. 随行电缆；4. 补偿装置

图 6-11 单侧补偿法

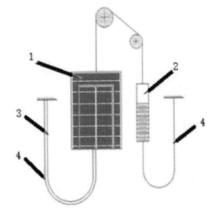

1. 轿厢；2. 对重；3. 随行电缆；4. 补偿装置

图 6-12 双侧补偿法

3. 对称补偿法

对称补偿法的补偿装置（补偿链或补偿缆）的一端悬挂在轿厢底部，另一端悬挂在对重的底部（见图 6-13）。对称补偿法的优点是不需要增加对重的重量，补偿装置的重量等于曳引绳的总重量（不考虑随行电缆的重量），也不需要增加井道的空间，因此得到了广泛的应用。

如果是采用补偿绳（钢丝绳）的对称补偿法，还需要在井道的底坑架设张紧轮（见图 6-14），张紧轮的重量也应该包括在补偿绳的重量内。张紧轮设有导轨，在电梯运行时，张紧轮必须能沿导轨上下自由移动，并且要有足够的重量张紧补偿绳（在计算补偿绳重量时，应加上张紧轮装置的重量）。导轨的上部装有一个行程开关，在电梯发生碰撞时，对重在惯性作用下冲向楼板，张紧轮沿着导轨被提起，导轨上部的行程开关动作，切断电梯控制电路。

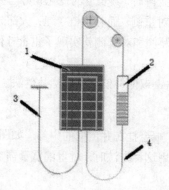 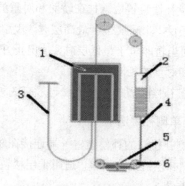

1. 轿厢；2. 对重；3. 随行电缆；4. 补偿装置　　　1. 轿厢；2. 对重；3. 随行电缆；4. 补偿装置；
　　　　　　　　　　　　　　　　　　　　　　　　　　5. 张紧轮导轨；6. 张紧轮

图 6-13　采用补偿链的对称补偿法　　　　　　　图 6-14　采用补偿绳的对称补偿法

补偿绳张紧轮应装有防脱槽绳挡和防止坠物打击的防护罩。

【任务总结与梳理】

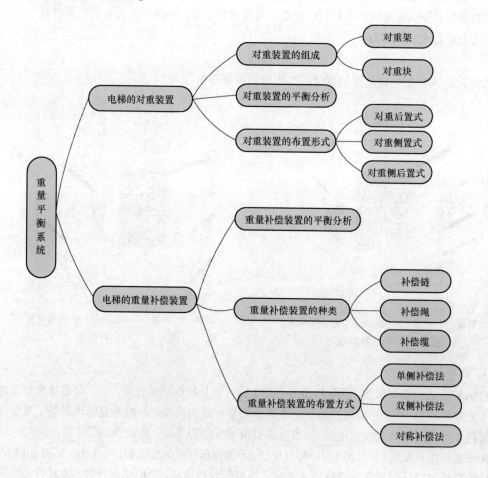

【思考与练习】

一、判断题（正确的填√，错误的填 X）

（1）（　　）补偿链一般用于速度不超过 2.5m/s 的电梯。

（2）（　　）对重装置是由曳引绳经限速绳轮与轿厢连接，在曳引式电梯运行过程中保持曳引力的装置。

（3）（　　）电梯重量补偿装置的布置方法一般有单侧补偿法和双侧补偿法两种。

（4）（　　）电梯平衡系数的选择是以钢丝绳两端重量之差最小为好。

（5）（　　）电梯平衡系数 K 是用来确定对重总重量的一个参考常量。

（6）（　　）补偿绳能保持对重和轿厢在相对运动时的动态平衡。

（7）（　　）在补偿链铁链环中穿麻绳，是为了增加补偿链的机械强度。

（8）（　　）对重装置可以减少曳引电动机的功率消耗。

二、填空题

（1）对重装置在电梯运行中起到（　　　　　）轿厢重量的作用。

（2）重量平衡系统的作用是使对重与轿厢的重量达到（　　　　　），在电梯工作中使轿厢与对重的重量差保持在某一个限额之内，保证电梯的曳引传动（　　　　　）。

（3）重量平衡系统由（　　　　　）和（　　　　　）两部分组成。

（4）轿厢与对重的距离不应小于（　　　　　）。

（5）电梯重量补偿装置的布置方法一般有（　　　　）、（　　　　）和（　　　　）3 种。

（6）重量补偿装置张紧轮的节圆直径与补偿绳的公称直径之比不小于（　　　　　）。

（7）对重的运行区域应采用刚性隔障防护，该隔障从电梯底坑地面上不大于 0.3m 处向上延伸到至少（　　　　）的高度。

（8）补偿链长度应保证在电梯将要冲顶或蹾底时，补偿链不致被拉断或与底坑相碰，补偿链的最低点距离底坑地面应大于（　　　　）。

三、单选题

（1）曳引式客梯的平衡系数应为（　　　　）。

　　A．0.25～0.40　　　B．0.4～0.5　　　C．0.5～0.6　　　D．0.5～0.75

（2）重量补偿装置悬挂在对重和轿厢的（　　　　）。

　　A．底部　　　　　B．上面　　　　　C．左侧面　　　D．右侧面

（3）电梯的平衡系数为 0.5，当对重和轿厢的重量相等时，电梯处于平衡状态，此时电梯内的载荷应为（　　　　）。

　　A．半载　　　　　B．满载　　　　　C．空载　　　　D．超载

（4）对重、轿厢分别悬挂在曳引绳两端，对重起到平衡（　　　　）重量的作用。

　　A．钢丝绳　　　　B．轿厢　　　　　C．随行电缆　　D．电梯

（5）一台电梯额定载重为 1000kg，轿厢自重为 1200kg，平衡系数为 0.5，则对重的总质量应为（　　　　）kg。

　　A．1600　　　　　B．1700　　　　　C．1800　　　　D．2200

四、简答题

（1）什么是电梯的平衡系数？它对电梯的运行有什么影响？

（2）电梯的重量平衡系统由哪几部分组成？它的作用是什么？

（3）重量补偿装置的布置方法有哪些？它们各自的特点是什么？

（4）简述对重装置的结构与作用。如何计算对重的重量？

（5）平衡系数的选择原则是什么？应用中如何选择平衡系数？

第 *7* 章

导向系统

【学习任务与目标】

- 了解电梯的导向系统。
- 认识电梯的导轨、导轨支架和导靴。
- 了解导向系统的组成和作用。
- 掌握导轨的类型、连接和固定方式。
- 掌握导靴的类型、安装位置和使用要求。

【导论】

电梯的导向系统包括轿厢导向系统和对重导向系统两部分。

电梯导向系统是电梯运行的基础，直接影响到电梯运行的安全性、平稳性和舒适性等电梯的主要性能指标。电梯导向系统的设计、制造、安装、维修、保养等都需要遵守 GB/T 7588.1—2020《电梯制造与安装安全规范 第 1 部分：乘客电梯和载货电梯》、GB/T 22562—2008《电梯 T 型导轨》、GB/T 30977—2014《电梯对重和平衡重用空心导轨》等标准的要求。

7.1 电梯导向系统的组成和作用

电梯导向系统由轿厢导向系统和对重导向系统两部分组成，这两个系统都由导轨、导轨支架和导靴 3 种部件组成。

导向系统的作用是限定轿厢和对重活动的自由度，使轿厢和对重装置在井道内分别沿着各自垂直方向的导轨上下升降运行，如图 7-1 所示。

通常，习惯上把轿厢导轨称为主导轨，把对重导轨称为副导轨。

导轨通过导轨支架固定在井道上（见图 7-2），是轿厢和对重（平衡重）运行的导向部件，相邻导轨通过连接板（连接件）紧固为一体，如图 7-3 所示。

导轨与导靴配合，限定轿厢与对重的相互位置；限制轿厢和对重的水平摆动；防止轿厢偏载而产生倾斜；安全钳动作时，承受轿厢或对重的重量和冲击力。

每台电梯具有用于轿厢与对重装置的两组（至少 4 列）导

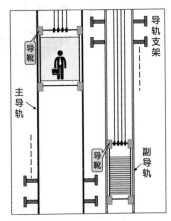

图 7-1　导向系统

轨。导靴安装在轿厢架和对重架的两侧，导靴靴衬（或滚轮）与导轨工作面紧密配合，随轿厢或对重上下运动。

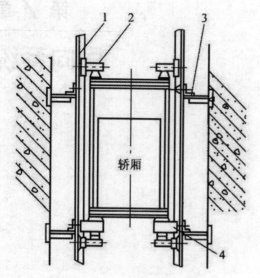

1. 导轨；2. 导靴；3. 导轨支架；4. 安全钳

图 7-2 导轨和导轨支架的固定

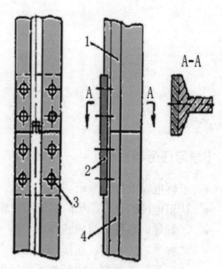

1、4. 导轨；2. 连接板；3. 连接螺栓组件

图 7-3 导轨的连接

7.1.1 导轨的分类、要求及命名

一、导轨的分类

电梯导轨是由钢轨和连接板构成的电梯构件，分为轿厢导轨和对重导轨。通常情况下，国内电梯使用的导轨分为 T 型导轨和空心导轨两种，如图 7-4、图 7-5 所示。

图 7-4 T 型导轨

图 7-5 空心导轨

此外，电梯导轨按照形状又可以分为 T 型导轨、L 型导轨、圆形导轨、槽型导轨等多种。常见导轨的截面形状如图 7-6 所示。

图 7-6 常见导轨的截面形状

二、导轨的要求

导轨不仅在电梯运行时为轿厢与对重提供导向,限制轿厢和对重的水平摆动,在安全钳动作时,还起到承受轿厢或对重的重量和冲击力的作用,是电梯运行的重要部件。因此,对电梯导轨的材料及加工有着十分严格的要求。

1. 导轨的材料

导轨要承受轿厢和对重施加的载荷和冲击力、偏重力、制动力等,因此要求导轨具有足够的强度和韧性,在受到强烈冲击时不发生断裂。

T型导轨可为冷拔型(冷拉钢材),也可为机械加工型。其中/A 表示冷拔型,/B 表示机械加工型,/BE 表示高质量机械加工型。

在 GB/T 22562—2008《电梯 T 型导轨》中,规定导轨所用原材料钢的抗拉伸强度应至少为 $370N/mm^2$,且不大于 $520N/mm^2$,宜使用 Q235 作为原材料钢。

机械加工导轨的原材料钢的抗拉强度宜大于等于 $410N/mm^2$。

连接板材料抗拉强度不应低于导轨材料的抗拉强度。

另外还规定:延伸率小于 8%的材料太脆不应在电梯导轨上使用;T型导轨最大计算允许变形,对于装有安全钳的轿厢、对重(或平衡重)导轨,安全钳动作时,在两个方向上为 5mm;对于没有安装安全钳的对重(或平衡重)导轨,在两个方向上为 10mm。

2. 导轨导向面的表面粗糙度

导轨导向面的表面粗糙度直接影响到导靴在导向面的平滑运行,从而影响到轿厢的运行质量。因此,在 GB/T 22562—2008《电梯 T 型导轨》中,对导轨导向面的表面粗糙度规定如下(见表 7-1)。

表 7-1 导轨导向面的表面粗糙度

导轨类别	表面粗糙度/μm	
	纵向	横向
/A	$1.6 \leqslant Ra \leqslant 6.3$	$1.6 \leqslant Ra \leqslant 6.3$
/B	$Ra \leqslant 1.6$	$0.8 \leqslant Ra \leqslant 3.2$
/BE	$Ra \leqslant 1.6$	$0.8 \leqslant Ra \leqslant 3.2$

机械加工导轨的底部加工面(用于安装连接板的加工面)的表面粗糙度 $Ra \leqslant 25\mu m$。

3. 导轨的几何公差、直线度和扭曲度

对不同类别、不同规格型号的导轨的几何公差有不同的要求,基本的几何公差一般是与导向面相关的,具体可参阅相关资料。

导轨的直线度和扭曲度,则直接影响电梯轿厢运行的平滑和稳定。导轨上任何一点的弯曲和扭曲,在电梯高速运行的情况下,都会引起电梯轿厢的晃动和振动,速度越快就越明显,从而影响电梯运行的安全性、平稳性和舒适性。因此,国家标准中对导轨的直线度和扭曲度都有严格的规定,具体可参阅相关资料。

三、导轨的命名

1. T型导轨的命名

在制造、选用电梯导轨时,采用统一的命名方法。导轨的命名包括 5 个方面的要素。

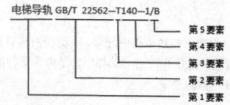

第 1 要素：电梯导轨。

第 2 要素：标准的编号，并后加"—"，如 GB/T 22562—。

第 3 要素：导轨形状，如 T。

第 4 要素：导轨底部宽度的圆整值，必要时带有相同底部宽度但不同剖面的编号，如 45、50、70、75、78、82、89、90、114、125、127—1、127—2、140—1、140—2、140—3。

第 5 要素：制造工艺，如/A、/B、/BE。

示例 1：电梯导轨 GB/T 22562—T89/B。

示例 2：电梯导轨 GB/T 22562—T127—1/BE。

相关国家标准对接

◆GB/T 10060—2011《电梯安装验收规范》中对导轨的相关规定如下。

5.2.5.1 轿厢、对重（或平衡重）各自应至少由两根刚性的钢质导轨导向。对于未装设安全钳的对重（或平衡重）导轨，可以使用板材成型的空心导轨。

5.2.5.2 每根导轨宜至少设置两个导轨支架，支架间距不宜大于 2.5m。

对于安装于井道上、下端部的非标准长度导轨，其导轨支架数量应满足设计要求。

5.2.5.6 轿厢导轨和设有安全钳的对重导轨，工作面接头处不应有连续缝隙，局部缝隙不应大于 0.5mm；工作面接头处台阶用直线度为 0.01/300 的平直尺或其他工具测量，不应大于 0.05mm。

不设安全钳的对重导轨工作面接头处缝隙不应大于 1.0mm，工作面接头处台阶不应大于 0.15mm。

2. 对重和平衡重用空心导轨与连接件的命名

对重和平衡重用空心导轨采用板材经冷弯成形，是对重和平衡重运行的导向部件，按形状分为底面直边与折弯两种型式。相邻导轨用连接件连接，连接件分为实心与空心两种型式。

对重和平衡重用空心导轨的基本几何公差与导向面相关。

导轨顶面与导向面 5m 范围内沿导轨长度方向的扭曲度在两侧导向面上不大于 2.0mm，在顶面导向面上不大于 2.0mm，如图 7-7 所示。导轨导向面全长及任何间距为 1m 的相对扭曲度不大于 1.0mm，如图 7-8 所示。

对重和平衡重用空心导轨与连接件的命名由类组代号、型式代号、主参数代号、变形代号和细分型号等组成。

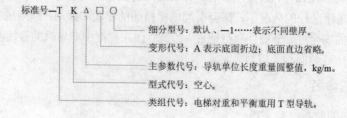

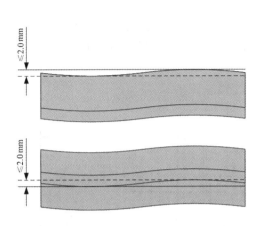

图 7-7　导轨顶面扭曲度（上）与导轨导向面扭曲度（下）

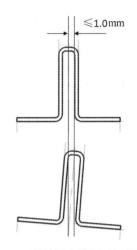

图 7-8　导轨导向面相对扭曲度
（上图与下图为间距内的最大值）

举例如下。

（1）单位长度重量圆整值为 5kg/m 的底面直边对重和平衡重用空心导轨：导轨 GB/T 30977—TK5。

（2）导轨 GB/T 30977—TK5 用空心连接件：连接件 GB/T 30977—LK5。

（3）导轨 GB/T 30977—TK5A—1 用实心连接件：连接件 GB/T 30977—LS5A—1。

7.1.2　导轨的连接及导轨底部的固定方式

1. 导轨的连接

国标规定每根 T 型导轨的长度一般为 3～5m。架设在井道空间的导轨是从下而上的，因此必须把两根导轨的端部加工成凹凸形榫槽、榫舌（见图 7-9、图 7-10），互相对接好，然后用连接板将两根导轨固定连接在一起。连接板的宽度与导轨相适应，连接板的长度与厚度根据导轨的宽度不同而不同，导轨越宽，连接板的长度越长，厚度越厚。

导轨连接板材料与导轨材料的钢号相同，所使用的原材料钢的抗拉强度至少等于导轨所使用的原材料钢的抗拉强度。连接板与导轨底部的接合面的平面度≤0.20mm，且此面的表面粗糙度 Ra≤25μm。T 型导轨的连接板和连接方式分别如图 7-11、图 7-12 所示。

图 7-9　T 型导轨的榫槽

图 7-10　T 型导轨的榫舌

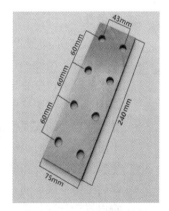

图 7-11　T 型导轨连接板

2. 导轨底部的固定方式

导轨的安装是从底坑开始从下而上进行的，每根导轨的端头至少需要 4 个螺栓将导轨与连接板固定。导轨底部的固定方式如图 7-13 所示。导轨的安装质量将直接影响电梯的运行性能。

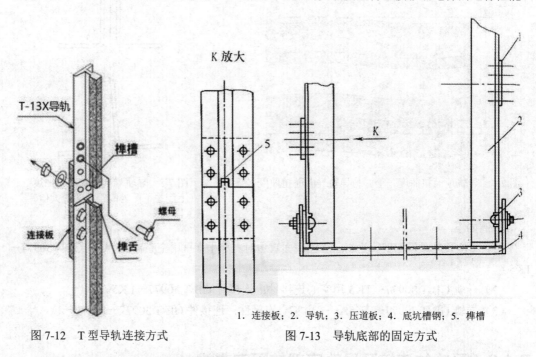

K 放大

1. 连接板；2. 导轨；3. 压道板；4. 底坑槽钢；5. 榫槽

图 7-12　T 型导轨连接方式　　　　　　图 7-13　导轨底部的固定方式

7.1.3　导轨对电梯运行性能的影响

导向系统是电梯运行的基础，电梯导轨的材料、加工质量和安装质量将直接影响电梯的整体性能。

下面从电梯的安全性和舒适性两方面分析导轨的重要性。

1. 安全性

电梯导轨影响电梯安全的因素主要是导轨的材质。导轨材质过硬或不均匀（局部过硬），安全钳制动时的夹紧将得不到足够的摩擦力，会造成制动失效，发生轿厢坠落这一电梯事故中最严重的情况。导轨也要有足够的强度，以保证安全钳制动时可承受轿厢的重量及冲击力。

2. 舒适性

电梯导轨影响电梯舒适性的因素有以下 3 个方面。

- 导轨的连接精度：T 型实心导轨的连接精度是由导轨的端部尺寸及凹凸形榫槽的对称度来保证的，空心导轨的连接精度是由导轨的端部尺寸及形位公差来保证的。导轨的连接精度直接影响电梯运行的平稳性及舒适性。
- 导轨导向面的表面粗糙度：导轨导向面的表面粗糙度直接影响到导靴在导向面上能否平滑运动，同时也影响润滑油的储存用量，从而影响轿厢的运行质量。
- 导轨的直线度及扭曲度：导轨上任何一点的弯曲及扭曲都会给轿厢带来侧力，影响轿厢的上下直线运动，使轿厢有晃动感，随着电梯速度提高，轿厢会有振动感，从而影响电梯运行的稳定性及舒适性。

7.2　导轨支架

7.2.1　导轨支架的安装方式

导轨支架是固定导轨的机件。按照电梯安装平面布置图的要求，导轨支架固定安装在电梯井道内的墙壁上。每根导轨至少要有 2 个导轨支架固定，导轨支架的距离不大于 2.5m。

导轨支架的安装方式有对穿螺栓固定式、预埋螺栓固定式、埋入式、焊接式、膨胀螺栓式等，如图 7-14 所示。

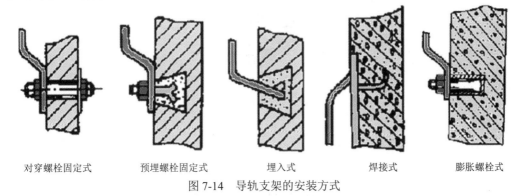

对穿螺栓固定式　　　预埋螺栓固定式　　　埋入式　　　焊接式　　　膨胀螺栓式

图 7-14　导轨支架的安装方式

固定导轨用的支架应采用金属制作，一方面要求有足够的强度；另一方面要求有一定的调节量，用以针对电梯井道的建筑误差进行调整。

7.2.2　导轨支架的分类

导轨支架可根据不同的形状、组合方式、用途等进行分类。各种形状的导轨支架和组合式导轨支架如图 7-15 所示。按用途，导轨支架可分为轿厢导轨支架、对重导轨支架、轿厢和对重共用导轨支架等，如图 7-16 所示。

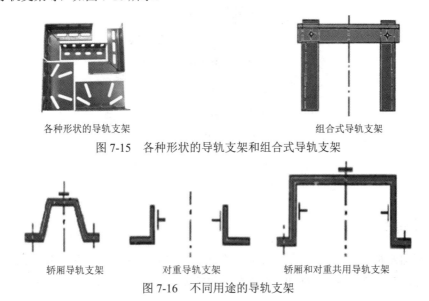

各种形状的导轨支架　　　　　　　　组合式导轨支架

图 7-15　各种形状的导轨支架和组合式导轨支架

轿厢导轨支架　　　　对重导轨支架　　　轿厢和对重共用导轨支架

图 7-16　不同用途的导轨支架

7.3　导轨的固定

在电梯井道中，导轨的起始段一般都固定在底坑中的支承板上。为了满足维修、调整以及温度的热胀冷缩、土建沉降的要求，导轨不能焊接或用螺钉固定在导轨支架上，而是通过螺栓、螺母与压道板固定于金属导轨支架上。两压道板与导轨为点接触，当混凝土收缩时，导轨能够比较容易地在压道板之间滑移，如图 7-17、图 7-18 所示。

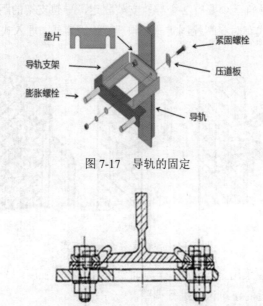

图 7-17　导轨的固定

图 7-18　导轨的压道板固定

导轨在电梯井道中的安装效果如图 7-19 所示，主导轨为轿厢导轨，副导轨为对重导轨。

图 7-19　导轨在电梯井道中的安装效果

7.4　导靴

电梯轿厢及对重依靠导靴和导轨在井道内移动，以保持运行平稳。导靴用来限制轿厢和对重装置在运行过程中的偏斜或摆动，导靴有滑动导靴和滚动导靴两大类。

导靴又分为轿厢导靴和对重导靴，轿厢导靴安装在轿厢架的上梁上面和下梁的安全钳下面，对重导靴安装在对重架的上部和下部。每台电梯的轿厢架和对重架各装4只导靴。

7.4.1 导靴的类型

一、滑动导靴

滑动导靴按靴头在轴向位置上是固定还是浮动，又分为刚性滑动导靴和弹性滑动导靴两种，按使用要求用在不同的电梯上。

1. 刚性滑动导靴

刚性滑动导靴的靴头在轴向位置上是固定的，没有调节机构，因此靴衬底部与导轨端面间要留有均匀的间隙，以容纳导靴与导轨间距的偏差。随着运行时间的增长和磨损，其间隙会越来越大，这样轿厢在运行中就会产生一定的晃动。

刚性滑动导靴可以进一步分为整体式与组合式。为了减少磨损及晃动，刚性滑动导靴可在导靴的滑动工作面上包消声、耐磨的塑料，并用润滑油杯注油以加强润滑，如图7-20、图7-21所示。

刚性滑动导靴结构简单，具有较高的强度和刚度，承载能力强，采用间隙的方式与导轨配合，一般用于额定速度小于1m/s的电梯。

2. 弹性滑动导靴

弹性滑动导靴基本结构由靴座、靴头、靴衬、靴轴、弹簧、靴套及调节螺母等组成，如图7-22所示。

图7-20　刚性滑动导靴　　　　　图7-21　润滑油杯　　　　　图7-22　弹性滑动导靴

弹性滑动导靴在运行过程中需要润滑，一方面可以减少摩擦阻力，另一方面可以延长靴衬的使用寿命。此外，还可以降低运行噪声，提高电梯舒适性。

弹性滑动导靴的靴头是浮动的，在弹簧力的作用下，靴衬的底部始终被压贴在导轨端面上，因此能使轿厢保持较平稳的工作状态，同时在运行中具有吸收振动与冲击的作用。弹性滑动导靴一般可用于额定速度为1～2m/s的电梯。

二、滚动导靴

　　滚动导靴由靴座、滚轮、调节弹簧等构成。滚动导靴通过 3 个硬质橡胶滚轮代替滑动导靴的 3 个工作面，调节弹簧使 3 个滚轮始终与导轨的 3 个工作面紧贴，以滚动摩擦代替滑动摩擦，减少了能量损失。弹簧和橡胶滚轮的吸振使轿厢和对重的运行更加平稳，并减少了噪声与环境污染，提高了电梯的舒适性。并能在 3 个方向上自动补偿导轨的各种几何形状误差及安装偏差，能适应高速度的电梯运行。滚动导靴的结构及实物分别如图 7-23、图 7-24 所示。

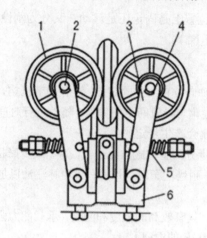

1. 滚轮；2. 轮轴；3. 轮臂；4. 轴承；5. 调节弹簧；6. 靴座
图 7-23　滚动导靴的结构

图 7-24　滚动导靴的实物

　　为了延长滚轮的使用寿命，减少滚轮与导轨工作面在滚动摩擦运行时所产生的噪声，滚轮外缘一般由橡胶或聚氨酯材料制作，使用中不需要润滑。

　　滚动导靴可用于运行速度大于 2m/s 的高速和超高速电梯。

7.4.2　导靴的使用要求

　　轿厢导靴的靴衬侧面与导轨间隙为 0.5～1mm。有弹簧导靴的靴衬与导轨顶面无间隙，导靴弹簧的可压可伸范围不超过 5mm；无弹簧导靴的靴衬与导轨顶面间隙为 1～2mm。对重导靴靴衬与导轨顶面间隙不大于 2.5mm；滚动导靴的滚轮与导轨面间隙为 1～2mm。

【任务总结与梳理】

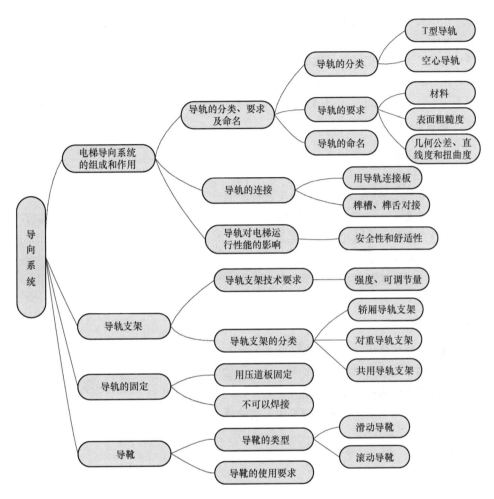

【思考与练习】

一、判断题（正确的填√，错误的填Ⅹ）

（1）（　　）相邻两根导轨通过连接板连接。

（2）（　　）为保证安装可靠，导轨必须焊接或用螺钉固定在导轨支架上。

（3）（　　）每根导轨至少设置两个导轨支架，导轨支架间距不宜大于 2.5m。

（4）（　　）滚动导靴的滚轮外缘一般由橡胶或聚氨酯材料制作，使用中必须要润滑。

（5）（　　）滚动导靴可用于运行速度大于 2m/s 的高速和超高速电梯。

（6）（　　）导轨连接板材料抗拉强度不应低于导轨材料的抗拉强度。

（7）（　　）弹性滑动导靴一般可用于额定速度为 1～2m/s 的电梯。

（8）（　　）刚性滑动导靴一般可用于额定速度为 1～2m/s 的电梯。

二、填空题

（1）T 型导轨可为冷拔型（冷拉钢材），也可为机械加工型。其中（　　　）表示冷拔型，

（　　　）表示机械加工型，（　　　）表示高质量机械加工型。

（2）电梯导向系统由（　　　　　）系统和（　　　　　）系统两部分组成，这两个系统都由（　　　　）、（　　　　）和（　　　　）3 种部件组成。

（3）每根导轨应当至少有（　　）个导轨支架，其间距一般不大于（　　　　）。

（4）按用途，导轨支架可分为（　　　　）导轨支架、（　　　　）导轨支架、（　　　　）导轨支架等。

（5）通常，习惯上把轿厢导轨称为（　　　　），把对重导轨称为（　　　　）。

（6）在 GB/T 22562—2008《电梯 T 型导轨》中，规定导轨所用原材料钢的抗拉伸强度应至少为（　　　　）N/mm²，且不大于（　　　　）N/mm²，宜使用（　　　　）作为原材料钢。

三、单选题

（1）T 型导轨中，/A 表示（　　　）。

    A．冷拔型　　　　　B．机械加工型　　　　C．高质量机械加工型

（2）电梯导轨安装时，采用（　　　）把导轨固定于金属导轨支架上。

    A．螺丝钉　　　　　B．压道板　　　　　C．焊接　　　　　D．铆钉

（3）弹性滑动导靴一般可用于额定速度（　　　）的电梯。

    A．小于 0.63m/s　　B．小于 1m/s　　　C．大于 2m/s　　　D．1～2m/s

（4）每台电梯的轿厢架和对重架各装（　　　）只导靴。

    A．2　　　　　　　B．4　　　　　　　C．6　　　　　　　D．8

四、简答题

（1）电梯导轨的作用是什么？有哪些类型？

（2）对电梯导轨的材料有什么要求？

（3）空心导轨通常应用在什么地方？

（4）电梯的导向系统由哪几部分组成？它的功能是什么？

第 *8* 章

电力拖动系统

【学习任务与目标】

- 了解电力拖动系统的组成与作用。
- 掌握电力拖动系统的分类和主要的拖动方式。
- 了解电动机的调速原理和方法。
- 掌握几种交流电动机拖动系统不同调速方式的工作原理。
- 了解电梯速度曲线的构成及特点。

【导论】

电梯的电力拖动系统是电梯的动力来源，为电梯的运行提供动力，并控制电梯的启动加速、稳速运行、制动减速等。电力拖动系统包括曳引电动机、供电系统、速度反馈装置、电动机调速控制系统等。

电梯在垂直升降运行的过程中，经常需要频繁地进行启动、加速、减速和制动，曳引电动机处于断续的、周期性的变换工作状态；此外，电梯的负载、运行方向也是随时变化的，要使人们在乘坐电梯时感到舒适，还需要限制电梯的最大运行加速度和加速度变化率。因此，为了使电梯运行平稳、可靠和舒适，对电力拖动系统提出了特殊的要求。

8.1 电力拖动系统的组成和作用

8.1.1 电力拖动系统的组成

电梯电力拖动系统包括供电系统、曳引电动机、速度反馈装置、电动机调速控制系统等，如图 8-1 所示。

供电系统是为电梯提供及分配电源的装置。曳引电动机又称作电梯主机，是电梯的动力源，用于驱动和停止电梯的运行。速度反馈装置为电动机调速控制系统提供电梯运行速度信号，一般采用测速发电机或速度脉冲发生器（编码器），通常安装在曳引电动机轴或曳引轮轴上。电动机调速控制系统根据控制器指令对曳引电动机进行调速控制。

在电梯的运行过程中主要包括轿厢的升降运动和电

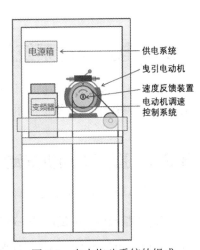

图 8-1 电力拖动系统的组成

梯的开关门运动两个运动。对应的电梯电力拖动系统包括控制轿厢运动的电力拖动系统和控制开关门运动的电力拖动系统。

1．轿厢的升降运动

轿厢的升降运动由曳引机提供动力，经曳引系统驱动和控制轿厢的升降。曳引系统的功率通常为 3kW～50kW，是电梯的主驱动。

2．电梯的开关门运动

电梯的开关门运动包括轿门与层门的联动，由开关门电动机产生动力，经门系统控制电梯门的开启和关闭。门系统的功率较小（通常在 200W 以下），是电梯的辅助驱动。

轿门及层门开关门运动的电力拖动系统有以下 3 种常见的方式。

- 直流电动机及串、并联电阻调速拖动方式。
- 交流感应电动机变压变频调速拖动方式。
- 永磁同步电动机变压变频调速拖动方式。

上面的几种拖动方式在第 5 章的门系统中已有介绍，本章不赘述。下面主要介绍控制电梯轿厢运动的电力拖动系统。

8.1.2　电力拖动系统的作用

电力拖动系统的作用是为电梯提供动力，控制电梯的启动、加速、稳速运行、减速和制动等动作。

同时，电力拖动系统应具有以下特性和作用。

- 有足够的驱动力和制动力，能够驱动轿厢、轿门及层门实现必要的运动和可靠的静止。
- 在运动中有正确的速度控制方式，有良好的舒适性和平层准确度。
- 动作灵活、反应迅速，在特殊情况下能够迅速制停。
- 系统工作效率高，节省能量。
- 运行平稳、安静，噪声值满足国标要求。
- 对周围电磁环境无超标的污染。
- 动作可靠、维修量小、寿命长。

8.2　电力拖动系统的分类

根据使用的曳引电动机的不同，电梯电力拖动系统主要分为直流电动机拖动系统和交流电动机拖动系统两大类别，下面分别介绍。

8.2.1　直流电动机拖动系统

直流电动机拖动系统通常有以下两种方式。

1．可控硅励磁的发电机—电动机拖动系统

采用三相交流电动机带动直流发电机输出直流电给电动机，只需调节直流发电机的励磁

就可改变直流发电机的输出电压（即直流电动机的进线端电压）来进行调速，被称为可控硅励磁的发电机—电动机拖动系统。

2. 可控硅直接供电的发电机—电动机拖动系统

采用三相可控硅整流器把电网交流电整流为直流电直接供给直流电动机，只需控制三相可控硅整流器的触发阈值就可改变直流电动机的进线端电压来进行调速，被称为可控硅直接供电的发电机—电动机拖动系统。

直流电动机拖动系统具有调速范围宽、可连续平稳地调速以及控制方便、灵活、快捷、准确等优点。但直流电动机结构较复杂、体积大、成本较高、可靠性差、维护工作量大、能耗也大。因此，直流电动机拖动系统已逐步被大力发展和日益成熟的交流电动机拖动系统取代。

8.2.2 交流电动机拖动系统

交流电动机拖动系统可分为异步和同步两类。其中，交流异步电动机又可分为单速、双速、调速 3 种驱动形式。一般来讲，调速方式又可分为单速、变极调速、变压调速和变压变频调速 4 种，如表 8-1 所示（在表中的电梯运行曲线中，纵坐标 n 表示电动机转速，横坐标 t 表示电梯从启动、加速、满速运行、到站换速和平层停车等一个运行过程的运行时间）。

表 8-1　交流电动机的几种调速方式的对比

序号	调速方式	电动机	电梯运行曲线	备注
1	单速	单绕组		一般用于杂物电梯
2	变极调速（双速双绕组）	双绕组		一般用于载货电梯 在电动机端加装惯性轮
3	变压调速	双绕组		能耗制动方式，电动机发热严重，必须配备风扇
4	变压变频调速	单绕组	S曲线：平滑启动与减速	异步曳引机和同步曳引机均可采用，广泛用于各种电梯

交流单速电动机拖动系统通常用在简单按钮控制的杂物电梯中，本小节主要介绍其他几种调速方式。

一、交流双速电动机拖动系统

交流双速电动机具有两种或 3 种不同磁极对数的定子绕组,磁极对数少的绕组称为快速绕组,磁极对数多的绕组称为慢速绕组。双速电动机的速度调节是一种变极调速,通过快速绕组和慢速绕组的切换来实现调速。

1. 调速原理分析

根据交流异步电动机的原理,电动机的转速可由以下公式表示:

$$n = \frac{60f}{p}(1-s) = n_1(1-s) \qquad （公式 8\text{-}1）$$

式中:

f——电源频率;

p——磁极对数;

s——转差率;

n_1——定子磁场转速(常称为同步转速)。

由(公式 8-1)可见,在电源频率一定的前提下,电动机的转速 n 与磁极对数 p 成反比,当磁极对数改变时,电动机的转速也近似成倍数地变化,从而实现电动机的调速。因此有专门的双速(或三速)变极调速异步电动机。如电梯专用的 YTD 系列双速笼型异步电动机,有高速、低速两套绕组,高速绕组为 6 极电动机(p=3,同步转速 n_1=1000r/min),低速绕组为 24 极电动机(p=12,同步转速 n_1=250r/min)。

交流变极调速拖动系统通过调节定子绕组的磁极对数就可以改变电动机的转速,常用的为交流双速电动机拖动系统(AC-2)。这种系统结构简单、价格较低,但是磁极对数只能成倍变化,转速也成倍变化,级差特别大,无法实现平稳运行,一般用在早期的低速货梯中。

交流双速电动机拖动系统是电梯驱动系统中较为简单、经济、实用的一种电力拖动系统。它一般采用开环方式控制,线路简单、维护方便,重量轻、成本低、故障率低。但其舒适性差、平层准确度低、速度慢,可应用在运行速度较低(≤0.63m/s)、层站不多、要求不高的电梯上,如载重货梯,早期工厂、企业的客货电梯等。

【知识延伸】异步电动机旋转原理

(1)三相异步电动机的旋转原理。

异步电动机的电磁转矩是由定子主磁通和转子电流相互作用产生的。三相正弦交流电在相位上各相差 120°,定子绕组通以三相交流电后产生旋转磁场,此旋转磁场切割转子绕组,在转子绕组中感应出电势(因此异步电动机也叫感应电动机),其方向可由右手定则确定。

由于转子绕组是闭合的电路,在定子绕组旋转磁场的感应下,转子绕组中就有电流产生。转子电流与旋转磁场相互作用,转子导体将受到力的作用产生转矩,从而使转子随着旋转磁场而转动,旋转方向与磁场旋转方向相同。

(2)电动机的转速。

产生转子电流的必要条件是转子绕组切割定子旋转磁场的磁力线。因此,转子的转速 n 必然低于定子旋转磁场的转速 n_1,两者之差称为转差 A_n,$A_n = n_1 - n$。

转差与定子旋转磁场转速 n_1(常称为同步转速)之比,称为转差率 s,$s = A_n/n_1 = 1 - n/n_1$。

同步转速 n_1 则由下式决定:$n_1 = 60f/p$。

式中:f 为输入电流的频率,p 为旋转磁场的磁极对数。由此可得转子的转速 $n = 60f(1-s)/p$。

若 $n=n_1$，则转子与旋转磁场无相对运动，转子就不会转动。因此转子与旋转磁场是永远不会同步的，异步电动机的名称也就由此而来。

2. 电路原理分析

交流双速电动机拖动系统的电路原理和工作运行过程分别如图 8-2、图 8-3 所示。

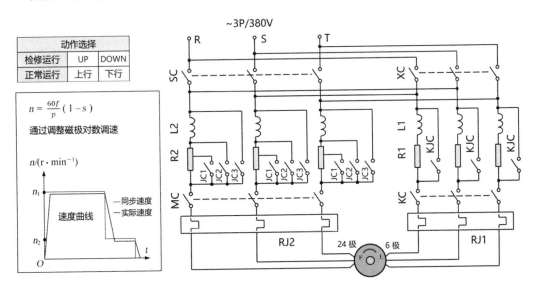

图 8-2　交流双速电动机拖动系统的电路原理

元件代号表	运行描述
SC —— 上行接触器 XC —— 下行接触器 KC —— 快车接触器 MC —— 慢车接触器 KJC —— 启动加速接触器 JC1 —— 1级减速制动接触器 JC2 —— 2级减速制动接触器 JC3 —— 3级减速制动接触器 RJ1 —— 高速绕组热保护器 RJ2 —— 慢速绕组热保护器 L1、L2 —— 电感器 R1、R2 —— 电阻器	**检修上(下)行** ■ 点按上(下)行按钮，SC(XC)、MC、JC3吸合，慢速绕组(24极)通电，电梯点动上(下)行； ■ 松开按钮，SC(XC)、MC、JC3断开，电梯停止。 **正常上(下)行** ■ SC(XC)、KC吸合，高速绕组(6极)串接L1、R1通电，电梯上(下)行启动； ■ KJC延时吸合，短接L1、R1，电梯全速运行； ■ 电梯接近目的层时减速，KC、KJC释放，MC吸合。此时高速绕组断电，慢速绕组串接L2、R2通电(减小制动强度)，然后JC1、JC2、JC3依次延时吸合，电梯进入稳定慢速运行状态。 ■ 运行至平层，全部接触器释放，电梯停止。

图 8-3　交流双速电动机拖动系统的工作运行过程

变极调速是一种有级调速，调速范围不大，由于采用变极调速方式的电梯的舒适性差以及其他的缺点，随着高性能、新技术的元件成本的降低，变极调速将逐步被淘汰和取代。

二、交流变压调速拖动系统

交流变压调速拖动系统通过改变交流异步电动机定子电压可实现变压调速。常用反并联晶闸管或双向晶闸管组成变压电路，通过改变晶闸管的导通角来改变输出电压的有效值，从而改变转速。交流变压调速拖动系统电路原理和工作运行过程分别如图 8-4、图 8-5 所示。

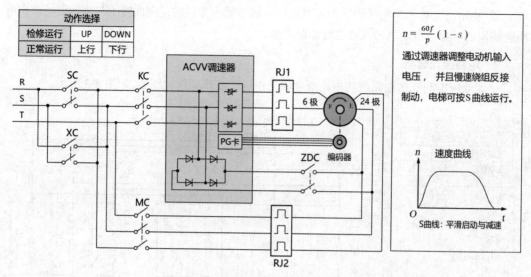

图 8-4 交流变压调速拖动系统电路原理

元件代号表

SC —— 上行接触器

XC —— 下行接触器

KC —— 快车接触器

MC —— 慢车接触器

ZDC —— 制动接触器

RJ1 —— 高速绕组热保护器

RJ2 —— 慢速绕组热保护器

运行描述

检修上(下)行

SC(XC)、MC吸合，慢速绕组(24极)通电，电梯点动上(下)行；

SC(XC)、MC断开，电梯停止。

正常上(下)行

■ SC(XC)、KC、高速绕组(6极) 接通交流电（驱动电流）；

　ZDC吸合，慢速绕组(24极) 接通直流电（制动电流）；

■ 在电梯运行中，通过控制可控硅触发角，实时调整驱动及制动

　电压，达到理想S曲线运行效果；

■ 运行至平层，全部接触器释放，电梯停止。

图 8-5 交流变压调速拖动系统工作运行过程

交流变压调速拖动系统在恒定交流电源与电动机之间接入晶闸管作为交流电压控制器，用相位控制方式来控制改变输出电压的有效值以达到改变和调节转速的目的，这种调速系统多采用带测速反馈的闭环控制（如编码器速度反馈）。交流变压调速电动机如图 8-6 所示。

交流变压调速系统调速方法简单，但是普遍存在电动机发热严重、效率低、负载能力差、噪声大，易产生故障等问题。这些问题不仅限制了系统调速范围的扩大，而且影响电梯乘坐舒适性和平层精度的提高，目前仅在一些老旧电梯中还有使用。

图 8-6 交流变压调速电动机

三、交流变压变频调速拖动系统

交流变压变频调速拖动系统在恒定交流电源与电动机之间接入变频装置，同时改变供电

电源的电压和频率，以达到改变和调节转速的目的。

从（公式 8-1）中可看出，电动机的转速 n 与电源频率 f 成正比，与磁极对数 p 成反比。当磁极对数不变时，连续均匀地改变供电电源的频率 f，就可平滑地调节异步电动机的同步转速，从而实现无级调速，获得平滑流畅的速度曲线。

1. 交流变压变频调速原理分析

电动机的转速 n 除与电源频率 f 成正比，与磁极对数 p 成反比之外，根据电机学的原理，三相交流异步电动机的转速还与电源频率、磁通、电动机输入电压、定子电流、转矩、电动机输出功率存在着以下关系：

$$\Phi = K_1 \frac{U_1}{f} \qquad\qquad （公式 8\text{-}2）$$

$$M = K_2 \Phi i_1 \qquad\qquad （公式 8\text{-}3）$$

$$P = K_3 M n \qquad\qquad （公式 8\text{-}4）$$

式中：

f——电源频率；

Φ——磁通；

U_1——电动机输入电压；

i_1——定子电流；

M——转矩；

n——电动机转速；

P——电动机输出功率；

K_1、K_2、K_3——常数。

由（公式 8-2）可见，如果仅仅改变供电电源的频率 f，磁通 Φ 也将改变。磁通与输入电压成正比，与频率成反比。电压不变时，频率越大，磁通越小。

而由（公式 8-3）可见，转矩与磁通和定子电流成正比，磁通变小，转矩也跟着变小。而电梯是恒转矩负载，按电梯的使用要求，在调速时需保持电动机的最大转矩不变，这样就会使电动机定子电流大大增加，过大的电流使电动机发热，甚至有可能烧毁电动机。

因此，为了维持磁通不变，就必须在改变频率的同时，对电动机的输入电压也做相应的改变，使电压频率比保持为一个常数。

而由（公式 8-4）可见，电动机的输出功率与转矩和电动机转速成正比，转矩不变时，则转速越大，输出功率越大。

由以上可见，当电压频率比保持为常数时，磁通保持不变。此时，转矩仅与定子电流有关，而与频率和电压的改变无关。

因此，在改变电动机频率时，应对电动机的电压进行协调控制，以维持电动机磁通的恒定。为此，用于电梯交流电动机传动中的调速变频器实际上是变压（Variable Voltage，VV）和变频（Variable Frequency，VF）器，即 VVVF。所以，通常也把这种变频器调速叫作 VVVF 调速装置或 VVVF 调速拖动系统。

2. 电梯变压变频调速拖动电路

由以上交流变压变频调速原理分析可见，电梯运行要求电动机的变频装置应具有能同时改变供电频率和电压的功能，这就是电梯交流变压变频调速拖动系统，如图 8-7 所示。

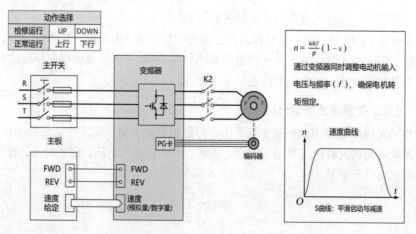

图 8-7 交流变压变频调速拖动系统

根据电梯使用要求，变压变频调速拖动系统可采用异步曳引机和同步曳引机进行控制，曳引机外形如图 8-8、图 8-9 所示。

图 8-8 变压变频系统的异步曳引机

图 8-9 变压变频系统的同步曳引机

交流变压变频调速拖动系统的曳引机采用单绕组电动机，可根据指令确定运行方向，可用参数设定电梯的加速、减速运行速度，调整运行曲线；不需要电机散热风扇，零速下闸，平层精度高，抱闸皮不易磨损；传动效率高，节能环保，得到了广泛的应用。

四、【产品延伸】永磁同步电动机拖动系统

1. 永磁同步电动机简介

采用永磁同步电动机的电梯拖动系统通常为无齿轮曳引方式，这样可以充分发挥永磁同步电动机易于实现低转速、大功率的优点。图 8-10 中为永磁同步无齿轮曳引机外形和抱闸制

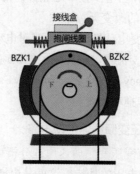

图 8-10 永磁同步无齿轮曳引机外形和抱闸制动示意

动示意。永磁同步无齿轮曳引机结构紧凑、功能齐全，集曳引电动机、曳引轮、电磁制动器于一体，易于安装、便于使用。

同时，由于永磁同步无齿轮电动机没有减速机构，电动机直接带动曳引轮运转，因而结构紧凑、体积小、重量轻。曳引电动机可固定在井道顶部（或下部）侧面轨道上，而变频器则可置于顶层电梯层门的小型控制柜内，可实现无机房或小机房电梯结构。

2. 永磁同步电动机拖动电路

永磁同步电动机拖动系统的主回路原理如图 8-11 所示。

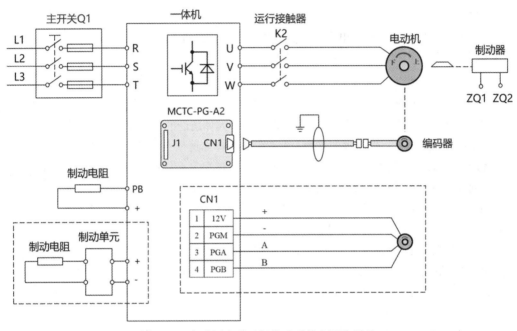

图 8-11　永磁同步电动机拖动系统主回路原理

在交流变压变频调速拖动系统中，采用永磁同步电动机代替异步电动机即成为交流永磁同步电动机变压变频调速拖动系统。将其应用在电梯中可以实现无齿轮曳引功能，即永磁同步电动机直接带动曳引轮曳引电梯运行，无须机械减速装置，使无齿轮曳引机的机械结构变得非常紧凑、简单，可以大幅减小体积、降低功耗和噪声，是目前电梯拖动系统的主流。

通过电梯控制系统、变频器和永磁同步无齿轮曳引机的配合，永磁同步电动机拖动系统可以实现平稳的运行转矩、高精度、宽调速范围，调速范围可大于 1∶1000，远高于异步电动机的 1∶100 的调速范围，使电梯运行更平稳、顺畅。

8.3　电梯运行速度曲线

8.3.1　电梯运行的主要要求

电梯的运行主要要满足安全、可靠、快速、舒适的性能要求。其中，安全、可靠贯穿电梯总体设计、生产制造、安装维护、操作使用等各个环节。电梯运行涉及人们的生命安全，有一定的危险性，因此，电梯性能可靠、保证乘客基本人身安全是最基本也是最主要的要求。

而电梯的快速性、舒适性通常又与电梯的速度特性、工作噪声、平层准确度等指标密切相关。电梯快速性和乘坐的舒适性是相互矛盾的两个方面，必须要同时兼顾，做到既有比较高的运行速度，又有比较令人满意的乘坐舒适性。

1. 快速性

电梯的快速性，主要是指乘客从走进电梯至目的楼层走出电梯这段时间的长短。时间越短，说明电梯的运行效率越高，即电梯的快速性越好。提高电梯的运行速度，缩短电梯的运行时间，可提高电梯的快速性。

2. 舒适性

电梯的舒适性主要体现在电梯加速启动和减速制动这两个过程当中。

根据牛顿第二定律的力学原理：

$$F=ma \qquad\qquad（公式 8-5）$$

式中：F 为物体所受的合力，m 为物体的质量，a 为物体的加速度。

由此可见，在电梯轿厢上升加速或下降减速时，人体所受的加速度合力就叠加在重力上，会产生超重感，身体将承受更大的重力；而在电梯下降加速或上升减速时，人体所受的减速度合力就抵消了部分的重力，会产生下坠失重感。以上情况都会使乘客感觉不舒适，严重的会使乘客感到头晕目眩、恶心或心脏剧烈跳动等，加、减速度越大，反应越强烈。

因此，国家标准中对电梯的加速度及加速度变化率（加加速度）都做了严格限制，在 GB/T 10058—2009《电梯技术条件》中规定如下。

第 3.3.2 条规定"乘客电梯起动加速度和制动减速度最大值均不应大于 1.5m/s²"。

第 3.3.3 条规定"当乘客电梯额定速度为 1.0m/s＜v≤2.0m/s 时，按 GB/T 24474—2009 测量，A95 加、减速度不应小于 0.50m/s²；当乘客电梯额定速度为 2.0m/s＜v≤6.0m/s 时，A95 平均加、减速度不应小于 0.70m/s²"。

对加速度变化率（加加速度）要求：加速度变化率较大时，人的大脑会感到晕眩、痛苦，加速度变化率对电梯乘坐舒适性的影响甚至比加速度还大，电梯行业一般限制加速度变化率不超过 1.3m/s³。

8.3.2　电梯速度曲线的构成及特点

为了同时兼顾电梯运行的快速性、舒适性两个方面，运行速度曲线要达到均衡升降、快速运行、平滑过渡等几个方面的要求，做到既有较高的运行速度，又有比较令人满意的乘坐舒适性；同时，速度曲线的设计和调试要分启动、加速、匀速、减速、慢停等几个阶段进行，如图 8-12、图 8-13 所示。

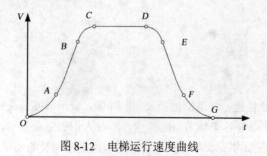

图 8-12　电梯运行速度曲线　　　　图 8-13　启动和加速段速度曲线

- *OA* 段速度曲线（启动段，加速度、加加速度曲线）。
- *AB* 段速度曲线（加速段，加速度曲线）。
- *BC* 段速度曲线（加速段，加速度、加加速度曲线）。
- *CD* 段速度曲线（匀速段，是电梯的额定设计速度）。
- *DE*、*EF*、*FG* 段速度曲线（大致与 *OA*、*AB*、*BC* 段过程相反）。

由此可见，电梯的速度曲线从静止启动、加速到匀速运行，再到减速、制动和停止，通常是一条对称的运动曲线。

而在速度较高的电梯中，由于额定速度高，在相邻的短距离楼层运行时，电梯速度还没有加速到额定速度就要减速停车了，这时速度曲线就没有进入水平的匀速阶段。通常，电梯的控制系统会根据电梯接收到的指令计算行驶距离，自动设计出多条速度曲线，以达到最优的运行效果，如图 8-14 所示。

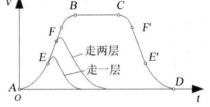

图 8-14 根据行驶距离设计的多段速度曲线

理想的电梯运行速度曲线应该是：为了提高电梯运行的快速性，除提高电梯的额定速度以外，电梯在启动、加速、减速、刹车制动等阶段不能太慢，加速度、减速度数值不能太小。为了获得好的舒适性，速度曲线在转折处必须是平滑过渡的，并且加速度和减速度不应大于 1.5m/s²，加速度变化率不超过 1.3m/s³。电梯整个运行过程做到无级调速，以获得平滑、流畅的速度曲线。

GB 相关国家标准对接

◆GB/T 10058—2009《电梯技术条件》中的相关规定如下。

3.3.1 当电源为额定频率和额定电压时，载有 50%额定载重量的轿厢向下运行至行程中段（除去加速和减速段）时的速度，不应大于额定速度的 105%，宜不小于额定速度的 92%。

3.3.2 乘客电梯起动加速度和制动减速度最大值均不应大于 1.5m/s²。

3.3.3 当乘客电梯额定速度为 1.0m/s＜v≤2.0m/s 时，按 GB/T 24474.1—2020 测量，A95 加、减速度不应小于 0.50m/s²；当乘客电梯额定速度为 2.0m/s＜v≤6.0m/s 时，A95 加、减速度不应小于 0.70m/s²。

3.3.5 乘客电梯轿厢运行在恒加速度区域内的垂直（z 轴）振动的最大峰峰值不应大于 0.30m/s²，A95 峰峰值不应大于 0.20m/s²。

乘客电梯轿厢运行期间水平（x 轴和 y 轴）振动的最大峰峰值不应大于 0.20m/s²，A95 峰峰值不应大于 0.15 m/s²。

3.3.7 电梯轿厢的平层准确度宜在±10mm 范围内。平层保持精度宜在±20mm 范围内。

4.1 整机可靠性

整机可靠性检验为起制动运行 60000 次中失效（故障）次数不应超过 5 次。每次失效（故障）修复时间不应超过 1h。由于电梯本身原因造成的停机或不符合本标准规定的整机性能要求的非正常运行，均被认为是失效（故障）。

4.2 控制柜可靠性

控制柜可靠性检验为被其驱动与控制的电梯起制动运行 60000 次中，控制柜失效（故障）次数不应超过 2 次。由于控制柜本身原因造成的停机或不符合本标准规定的有关性能要求的非正常运行，均被认为是失效（故障）。

【任务总结与梳理】

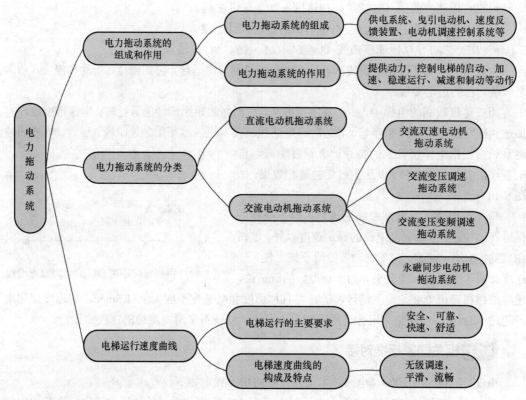

【思考与练习】

一、判断题（正确的填√，错误的填 X）

（1）（　　　）常见的交流电动机拖动系统可分为异步和同步两类。

（2）（　　　）一般来讲，异步电动机调速方式可分为变极调速、交流变压（ACVV）调速和变压变频（VVVF）调速 3 种。

（3）（　　　）采用变极调速的电梯专用双速电动机，由于是有级调速，因而运行的平衡性与乘坐的舒适性相对较好。

（4）（　　　）交流双速电梯，是通过改变电动机的转差率来实现调速的。

（5）（　　　）交流双速电梯，速度一般较快。

（6）（　　　）交流变压（ACVV）调速电梯，是通过改变三相异步电动机定子供电电压，来实现调速的。

（7）（　　　）交流变压变频调速的电梯，运行平稳，效率更高。

（8）（　　　）变压变频（VVVF）调速属于恒转矩调速。

（9）（　　　）无齿轮曳引机的机械结构紧凑、简单，可以大幅减小体积，降低功耗和噪声，是目前电梯拖动系统的主流。

（10）（　　　）电梯的快速性要求永远是设计电梯速度曲线时考虑的第一要素。

二、填空题

（1）电梯的电力拖动系统包括（　　　　　　　　　　　　）和（　　　　　　　　　　　　）。

（2）按照曳引电动机是采用直流或交流电动机，电梯电力拖动系统又可分为（　　　　　）系统和（　　　　　）系统。

（3）双速交流异步电动机拖动系统采用（　　　　）调速的电梯专用双速电动机，由于是有级调速，运行的平衡性与乘坐的舒适性相对较（　　　　）。

（4）在设计电梯运行全过程的速度曲线时，既要考虑（　　　　　　）的要求，也要考虑乘坐（　　　　　）的要求。

三、多选题

（1）按拖动方式来分，电梯可分为（　　　　）电梯。

    A．交流　　　　　　B．直流　　　　　　C．液压　　　　　　D．人力

（2）交流三相异步电动机，具有（　　　　）等优点

    A．结构简单　　　B．坚固耐用　　　　C．工作可靠　　　　D．维修方便

（3）交流三相异步电动机，由（　　　　）两个基本部分组成。

    A．定子　　　　　B．转子　　　　　　C．电源线　　　　　D．地线

（4）电梯电力拖动系统，主要由电动机、供电系统和（　　　　）等装置组成。

    A．速度反馈　　　B．电机调速　　　　C．超速保护装置　　D．安全保护装置

四、简答题

（1）简述永磁同步电动机拖动系统的结构和特点。

（2）理想的电梯运行速度曲线应该是什么样的？

第 *9* 章
电气控制系统

【学习任务与目标】

- 了解电梯运行的过程。
- 掌握电梯电气控制系统的组成。
- 了解电气控制系统的分类及常见的几种控制方式。
- 掌握 PLC 及一体机控制系统的基本原理及简单故障排除方法。
- 了解并联控制、群控和目的楼层选层控制等不同控制方式的功能和应用特点。

【导论】

电梯是高度机电一体化的产品，从大的结构上可分为机械系统和电气控制系统两大部分。当一台电梯的用途、尺寸、载重量和额定速度确定后，机械系统就基本确定成型了，而电气控制系统则有比较大的选择空间，可以根据电梯的使用性质和对象进行多种选择。甚至一些老旧电梯还可以保留完好的机械部分，而对电气控制系统进行更换和改造，重新让老旧电梯焕发新活力，提高电梯设备的使用效率。

电气控制系统的性能决定了电梯的基本性能，新的电力拖动系统和电气控制系统的出现，改善和提高了电梯的整体性能，而技术的不断完善也提高了电梯运行的可靠性，使电梯使用起来更加安全、可靠、快速和舒适！

9.1 电梯运行过程分析

与电梯的电力拖动系统类似，电梯的电气控制系统的控制对象也有两个：一个是电梯轿厢的升降运动（控制电力拖动系统中曳引机的速度、行程、位置等），另一个是电梯的开关门运动（包括轿厢门与层门的联动、开关门到位确认等）。开关门运动方式在第 5 章的门系统中已有介绍，本章不再叙述，下面主要介绍控制电梯轿厢升降运动的电气控制系统。

在介绍电梯的电气控制系统前，我们先分析一下电梯的运行过程。

9.1.1 电梯的运行过程

根据使用场景的不同，我们分两种情况分析电梯的运行过程。

1．单次行驶的运行过程

通常，电梯单次行驶的运行过程如下（以全集选方式为例）。

乘客在候梯厅进入电梯轿厢→按键选层登记→电梯控制系统接收、选向、确定楼层→电梯关门→启动、加速→稳速运行→减速、制动→平层、自动开门（有的电梯有预开门和再平层功能）→乘客到站→自动关门→执行下一个运行指令。

整个运行过程都由电梯电气控制系统实现自动控制。

2．一个完整的同向行驶运行过程

一个完整的电梯同向行驶运行过程通常如下。

乘客在候梯厅进入电梯轿厢后，依次逐一按下选层按键，电梯接收选层预登记，控制系统根据已登记的选层信息和楼层自动判定运行方向，电梯自动关门。当门完全关闭后，门锁微动开关闭合，使锁继电器吸合，电梯开始启动、加速，直至稳速运行。

当电梯到达选层登记的最近目的层站前方的预定位置时，通过井道传感器向电梯控制系统发出换速信号，电梯自动减速准备停靠；当轿厢进入平层区域时，平层传感器动作，控制系统发出平层信号控制轿厢平层制动，并消除本层登记的信号，自动开门；延时大约 6s 后自动关门，执行下一个登记的运行指令。有的电梯有预开门和再平层功能，就是说在电梯进入平层区域时慢速滑行提前开门；如果在平层时平层精度超出标准要求，则电梯进行校正运行，以很低的速度运行到准确平层位置。

如果继续同向运行，则电梯按照预登记的楼层逐一自动停靠，自动开门。在电梯运行过程中，如果候梯厅外有人按下召唤按钮，电梯可逐一登记各楼层厅外召唤信号，对符合运行方向的召唤信号，将逐一应答，自动停靠，自动开门，自动消号。只有符合电梯运行方向的召唤信号才能让电梯被顺向截停。当同向登记指令全部执行后，电梯便自动换向运行，执行另一方向的运行登记指令。在运行过程中，在完成全部同向登记指令以后，如有反向厅外召唤信号，则电梯自动换向运行，应答反向厅外召唤信号。如果没有召唤信号，电梯便自动关门停靠。如果某一楼层再有新的召唤信号，电梯就自动启动前往，执行新的运行。

如果电梯在某一层站关门时，有人或物触碰了安全触板或遮挡光幕，电梯便停止关门并立即改为开门动作。如果有乘客正逢电梯关门，可按下厅外顺向召唤按钮，电梯便立即开门（此种操作称为本层开门）；或者关门过程中有轿厢内乘客按下开门按键，电梯也立即转向开门。如果由于乘客过多而超载，则电梯超载保护装置显示超载信号，发出声光提示，电梯开门并停止运行，直到满足限载要求，电梯才能恢复正常运行。

9.1.2　电梯电气控制系统的功能

由上面的电梯运行过程可以看出，电梯的电气控制系统是较为复杂的逻辑控制系统。电气控制系统的性能直接影响和决定电梯的基本性能、自动化程度和运行的可靠性、舒适性，是电梯运行的关键要素。

电梯电气控制系统的功能是：对电梯的运行过程实行操纵和控制，实现各种电气动作功能，同时完成运行状态显示、照明及报警等功能，保证电梯的安全运行。

随着社会的发展和科技的进步，电梯控制技术得到了快速的发展，电梯的电力拖动系统和电气控制系统也经过了多次的更新换代，使电梯的整体性能得到了很大的提升，产业不断升级，电梯工业提高到一个新的水平。

9.2 电梯电气控制系统的组成

9.2.1 电梯电气控制系统的主要部件

电梯电气控制系统由操纵装置、位置显示装置、选层器、控制柜、平层装置等电气部件和轿厢位置检出电路、轿内选层电路、厅外呼梯电路、开关门控制电路、门联锁电路、自动定向电路、启动电路、运行电路、换速电路、平层电路等多个控制电路组成。

图 9-1 所示是一体化电梯电气控制系统的主要部件。

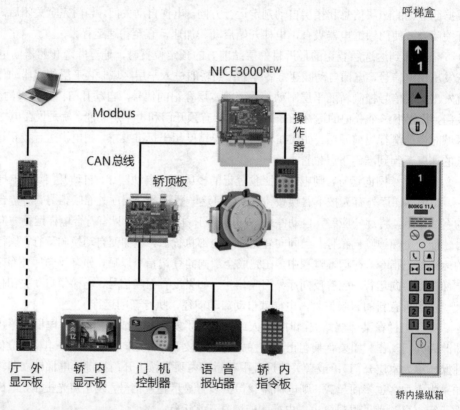

图 9-1 一体化电梯电气控制系统的主要部件

在图 9-1 所示的电梯电气控制系统中,各种呼梯信号和楼层指令登记由厅外呼梯盒和轿内操纵箱输入,各种开关控制信号及门机控制运行反馈信号通过轿顶板送到一体机,一体机把接收到的所有指令及开关状态信号通过各种逻辑判断后,输出指令控制曳引机及门机的运行,完成电梯的运行过程控制。

9.2.2 电梯电气控制系统的主要装置

电梯电气控制系统由各种电气控制部件和电器元件组成,这些部件和元件根据各自的功能和作用又组合成多个基本控制电路,分别安装在井道、机房、控制柜、呼梯盒和操纵箱等中。电梯电气控制系统的主要装置如下。

1. 操纵装置

操纵装置包括操纵箱、呼梯盒、楼层显示器、控制柜、轿顶检修盒等，它们的安装位置包括轿厢、层站、机房、井道等，如图9-2所示。

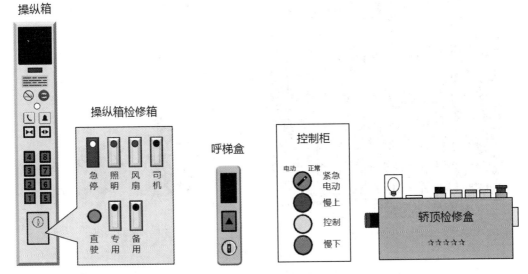

图9-2　电梯电气控制系统的操纵装置

图9-2中，呼梯盒和操纵箱一般都装有楼层显示器，电梯楼层显示器用于指示电梯轿厢目前所在的位置及运行方向。有的电梯还配有语音提示（语音报站、到站钟等）。

信号控制、集选控制的电梯，其检修状态的运行操纵可以在轿厢内、轿顶或控制柜上进行。

轿顶优先：在轿顶设有电梯检修装置，供电梯检修时使用，在轿顶操纵时，轿内及控制柜的检修操纵不起作用，以确保轿顶操纵人员的人身安全和设备安全。

2. 控制柜

控制柜一般安装在机房，在无机房电梯中则安装在顶层的层门旁边并嵌入墙中，有的则直接安装在井道内。

控制柜是电梯实现控制功能的主要装置，电梯电气控制系统中绝大部分的继电器、接触器、控制器、变压器、变频器、按钮开关、各种电缆及控制总线等均集中安装在控制柜中。控制柜是整个电气控制系统的核心部件，如图9-3所示。

3. 平层装置

（1）平层装置的结构及原理。

平层装置一般安装在轿顶上，当电梯轿厢上行接近预选的层站时，电梯运行速度提前由快速减为慢速继续上行，装在轿厢顶上的上平层感应器先进入隔磁板，此时电梯仍继续缓慢上行接近目的层站。当上、下平层感应器全部进入隔磁板时，说明电梯达到平层要求（电梯轿厢地坎与层门地坎齐平），上、下平层感应器发出平层信号，电梯停车制动，开门继电器吸合，电梯自动开门。

电梯下行平层时的原理与上行平层时的原理相同，即当电梯轿厢下行接近预选的层站时，电梯运行速度提前由快速减为慢速继续下行，装在轿厢顶上的下平层感应器先进入隔磁板，此时电梯仍继续缓慢下行接近目的层站。当上、下平层感应器全部进入隔磁板时，说明电梯达到平层要求（电梯轿厢地坎与层门地坎齐平），上、下平层感应器发出平层信号，电梯停车制动，开门继电器吸合，电梯自动开门。

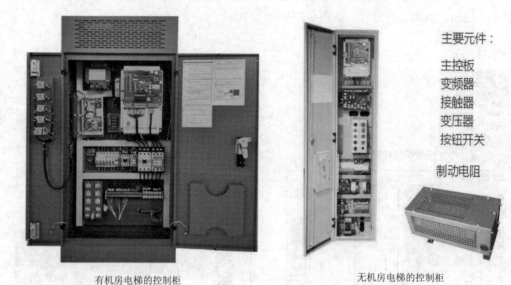

有机房电梯的控制柜　　　　　　　无机房电梯的控制柜

主要元件：

主控板
变频器
接触器
变压器
按钮开关

制动电阻

图 9-3　控制柜

提前换速点与停靠站点楼层的距离和电梯的额定速度有关，速度越快，距离越长。一般额定速度为 0.5m/s≤v≤1.0m/s 时，提前换速距离为 750mm≤s≤1800mm；额定速度为 1.0m/s≤v≤2.0m/s 时，提前换速距离为 1800mm≤s≤3500mm。

平层装置一般有磁感应器或光电感应器两种形式，平层装置的结构如图 9-4 所示。

平层停车：电梯开始减速时，就进入了自动平层停车阶段，控制系统发出平层停车信号，从而使电梯制动，准确地停在目的楼层平面上。

再平层功能：若因某种原因使平层磁感应器故障或轿厢超出开门区范围时，门区桥板不能完全遮挡平层开关，控制系统接收不到全部平层开关信号，控制系统则自动反向低速运行，直至在隔磁板外的平层感应器重新进入隔磁板为止。电梯井道的门区桥板（遮光板或隔磁板）如图 9-5 所示。

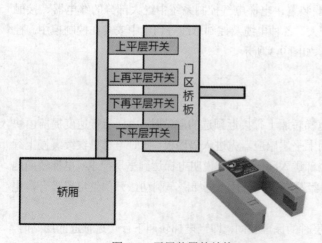

图 9-4　平层装置的结构

图 9-5　电梯井道的门区桥板
（遮光板或隔磁板）

（2）在门开着的情况下的平层和再平层运行。

根据国家标准的相关规定，具备下列条件时，允许层门和轿门打开时进行轿厢的平层和再平层运行。

① 运行只限于开锁区域：应至少由一个开关防止轿厢在开锁区域外的所有运行。该开关装于门及锁紧电气安全装置的桥接或旁接式电路中；该开关应是满足国标要求的安全触点，或者其连接方式满足对安全电路的要求；如果开关的动作是依靠一个不与轿厢直接机械连接的装置，例如绳、带或链，则连接件的断开或松弛，应通过一个符合国标要求的电气安全装置的作用，使电梯驱动主机停止运转；平层运行期间，只有在已给出停站信号之后才能使门电气安全装置不起作用。

② 电梯的平层速度不大于 0.8m/s；再平层速度不大于 0.3m/s。

4. 门机控制器及开关门机构

门机控制器及开关门机构控制电梯的轿门和层门的联锁联动装置，实现自动开、关门控制和速度调节。电梯关门时间一般为 3～5s，而开门时间一般为 2.5～4s。

5. 检修装置

检修装置包括轿顶检修装置、轿内检修装置和控制柜的检修装置等几种，其中电梯控制系统在设计时应保证轿顶检修装置优先。同时，轿顶检修装置通常还装有急停按钮、对讲子机、电源插座、轿顶照明灯等，供电梯检修时使用，如图 9-6 所示。

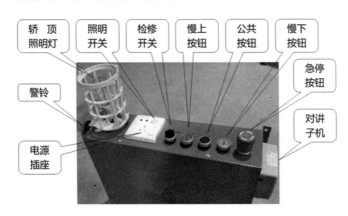

图 9-6　轿顶检修装置

电梯的检修运行优先于电梯的其他运行方式（包括正常运行、紧急电动运行、消防运行等）。

9.2.3 电梯的检修运行控制与特点

1. 电梯的检修运行控制

为便于检修和维护，在电梯的轿顶上安装有一个易于检修人员接近的检修装置（见图9-6）。该装置应由一个能满足相关国标电气安全装置要求的开关（检修开关）操作。

检修开关应是双稳态的，并设有防止误操作的防护，同时应满足下列条件。

（1）优先原则：一经进入检修运行，应取消正常运行（包括任何自动门的操作）、紧急电动运行和对接操作运行，只有再一次操作检修开关，才能使电梯重新恢复正常运行。这也体现了电梯的检修运行优先于电梯的其他运行方式（包括正常运行、紧急电动运行、消防运行等）。

如果取消上述运行的开关装置不是与检修开关机械组成一体的安全触点，则应采取措施，防止发生电气安全故障时轿厢的一切误运行操作。而且，其中的任何单一电梯电气设备故障，其本身不应成为电梯危险故障发生的原因。

（2）点动操作：轿厢运行应依靠持续按压按钮，此按钮应有防止误操作的保护，并应清楚地标明运行方向。

（3）易于接近：控制装置也应包括一个符合规定的、易于检修人员接近的停止装置。

（4）慢车运行：轿厢的运行速度不应大于 0.63m/s（俗称慢车），运行行程不应超过轿厢的正常行程范围。

（5）安全装置有效：电梯的运行应仍依靠安全装置。

（6）控制装置也可以与防止误操作的特殊开关结合，从轿顶上控制门机构。

2. 检修运行的特点

从上面的分析可以看出，电梯检修运行的特点如下。

（1）检修运行在各项安全保护装置功能有效及安全保护电路工作正常的状态（即机械保护及电气保护均起作用）下才能进行操作。

（2）检修运行时切断自动开关门电路和正常快速运行电路，检修状态下的开关门操作和检修运行的操作均只能是点动操作。

（3）检修运行的行程不应超过正常的行程范围，并只能以检修速度（≤0.63m/s）运行（慢车运行）。

9.3 电梯电气控制系统的分类

电梯电气控制系统的发展历程主要经历了早期的继电器控制系统、PLC 控制系统、微机控制系统和一体机控制系统等几个阶段。而电梯的继电器控制系统早已不再生产，仅在一些尚未被淘汰的货梯或老旧的客货两用电梯中使用，或仅仅为教学使用。

电梯电气控制系统的类别比较多，有多种不同的分类方式。

9.3.1 按控制方式分类

1. 按电梯电气控制系统的控制方式分类

（1）继电器控制系统。

继电器控制系统具有原理简单、线路直观、易于理解、易于掌握等优点。继电器控制系统通过触点的开、合进行逻辑状态的判断和处理，进而控制电梯的运行。由于继电器触点易受电弧损害、寿命短、工作可靠性差，因而继电器控制系统的故障率高、维修工作量大，而且具有设备体积大、动作速度慢、控制功能少、接线复杂、扩展性与灵活性差等缺点，不能满足社会发展的需求。因此继电器控制方式已基本被淘汰，逐渐退出历史舞台。

（2）PLC 控制系统。

PLC 或称 PC［可编程逻辑控制器，不过为了避免与个人计算机（Personal Computer，PC）相混淆，一般称为 PLC］控制系统具有编程方便、抗干扰能力强、工作可靠性高、扩展性强、易于构成各种应用系统,以及安装、维护方便等优点,而且编程直观,采用电气软触点代替继电器触点的功能,一经出现就迅速取代了继电器控制系统应用在电梯及其他自动控制领域。

目前国内已有多种采用 PLC 控制系统的电梯产品,而且越来越多的在用电梯也已采用 PLC 技术进行改造。PLC 控制虽然没有微机控制功能多、灵活性强,但它综合了继电器控制与微机控制的许多优点,使用简便、易于维护,使控制柜的体积大为缩小,可靠性大大提高。但随着性能更强、功能更丰富的微机控制系统和一体机控制系统的出现,PLC 控制系统也已逐步淡出。

PLC 控制系统的控制柜结构如图 9-7 所示。

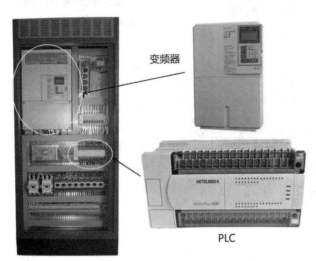

PLC控制系统:采用PLC进行逻辑判断和处理以控制电梯运行的一种控制系统。

■ 大大提高了电梯可靠性、可维护性以及灵活性,延长了使用寿命。
■ PLC控制系统比继电器控制系统更容易完成复杂的控制任务。
■ PLC技术为开放性技术,便于维护。但需用户编程。
■ 多为数字量控制,不易实现直接停靠,运行效率略低。

图 9-7　PLC 控制系统的控制柜结构

(3)微机控制系统。

微机是在大规模集成电路的基础上发展起来的。与 PLC 控制系统相比较,微机控制系统控制更灵活、功能更强、应用范围更广。

微机控制系统以强大的数据处理能力和良好的性能,很快被应用到电梯的电气控制系统当中。微机控制系统的控制算法不再由"硬件"逻辑所固定,而是通过存储在"程序存储器"中的程序(软件)来控制。因此对于有不同功能要求的电梯控制系统,只要修改"程序存储器"中的软件和参数即可,而无须变更或减少"硬件"系统的布线。对于不同层站的电梯产品,只需要选用不同的接口板和扩展板,也无须增加控制元件和复杂的布线,只需要改动具体的参数数据即可,方便使用与管理。

微机控制系统可以实现串行总线通信和管理,减少了大量的并行布线接口和电缆的使用,系统结构更加简单、抗干扰能力强、日常维护方便。

微机控制系统还是一个"智能化"的控制系统,凭借强大的运算、存储和检测能力,微机控制系统可以设定不同的控制代码和故障代码。当系统故障发生时,通过查阅故障代码,可以快速确定故障范围,方便技术人员对故障的维修处理。

同时,微机控制系统的应用,也使多台电梯的群控管理得以轻松实现,可实行最优调配、提高运行效率、减少乘客的候梯时间、节约能源。

微机控制系统的控制柜结构如图 9-8 所示。

(4)一体机控制系统。

在以上介绍的电梯控制系统中,最初的"继电器+驱动控制"形式的电梯控制系统,接线复杂繁多、故障率高，随着集成电路的高速发展，已退出历史舞台。后来发展出"PLC+变频器"的形式，虽然系统性能大为改善，但功能相对简单，对多层站的运行和复杂的并联、群控等系统的控制显得有些力不从心。因此后来发展出"微机+变频器"的形式，系统控制性能强大，但结构分离、调试比较复杂、参数众多、可靠性一般，难以满足现代电梯的控制要求，而且成本较高。

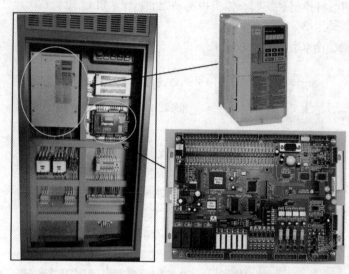

微机控制系统：采用专用微机进行逻辑判断和处理以控制电梯运行的一种控制系统。

■ 与PLC控制系统相比，功能更强大，可实现复杂的控制任务（并联、群控等）。

■ 非开放性技术，需专用微机。

■ 可实现模拟量控制，电梯直接停靠，运行效率高。

■ 用户只需设定参数即可，调试方便。

图 9-8　微机控制系统的控制柜结构

如今，电梯控制技术经过不断的发展，已经发展成为"控制+变频驱动一体化"的形式，集合了 PLC 控制的可靠性和微机控制的众多优点，接线简单、调试容易、可靠性高、系统控制功能强，而且体积小、功耗低、性价比高，减小了控制柜和机房占用的空间，使小机房和无机房的电梯控制成为可能。

电梯的一体机控制系统，把以往电梯的微机控制主板和变频器的驱动部分结合到一块专用的控制主板上，省去了控制主板与变频器接口的连接信号线，在方便使用的同时又减少了故障点，控制板与变频器的信息交换不再局限于几根连线，可以实时进行大量的信息交换。通过系统总线通信还可以减少大量的随行电缆和控制信号线的使用，并实现同步、异步驱动的一体化控制。

同时，一体机控制系统的调试简单，修改参数仅需通过一个操作器即可实现。可以在机房控制柜修改系统参数，也可以在轿厢通过外接调试器修改控制柜内的参数，具有功能丰富的人机交互界面，对故障的判断更加准确，维护和管理更加方便、灵活。

一体化电梯电气控制系统的主要部件见图 9-1。

2. 按电梯操作控制方式分类

电气控制系统按电梯操作控制方式可分为手柄控制、按钮控制、信号控制、集选控制、并联控制、楼群控制等多种，如表 9-1 所示。

表 9-1　电气控制系统按电梯操作控制方式分类

序号	类别	简述	场所
1	手柄控制	电梯司机在轿内控制操纵盘手柄开关，实现电梯的启动、上升、下降、平层、停止	建筑电梯

续表

序号	类别	简述	场所
2	按钮控制	一种简单的自动控制系统,具有自动平层功能。 有轿外按钮控制、轿内按钮控制两种方式	杂物电梯
3	信号控制	是一种自动控制程度较高的控制系统,将外召唤信号、轿厢内选信号和其他各种信号加以综合分析判断,具有自动定向、顺向截车、自动平层、自动停靠、自动开门等功能	载货电梯
4	集选控制	一种乘客自己操作,或有时也可由专职司机操作的控制系统;与信号控制系统的主要区别在于是否实现无司机操纵。 全集选:外呼盒有上呼按钮和下呼按钮。 下集选:外呼盒只有下呼按钮	乘客电梯
5	并联控制	2~3台电梯的厅外召唤信号共享。 电梯本身具有集选功能。 根据智能调度原则,分配电梯服务	乘客电梯
6	楼群控制	多台电梯集中排列,共用厅外召唤按钮。 电梯本身具有集选功能。 根据智能调度原则,分配电梯服务	乘客电梯

9.3.2 按拖动系统类别分类

电气控制系统按电梯拖动系统类别分类,还可以分为以下几种:

- 交流单速电动机直接启动按钮控制电梯的电气控制系统(一般用于杂物电梯);
- 交流双速异步电动机手柄控制电梯的电气控制系统(一般用于建筑电梯);
- 交流双速、轿内外按钮开关控制电梯的电气控制系统;
- 交流双速、集选控制电梯的电气控制系统;
- 交流双速电动机交流变压拖动、集选控制电梯的电气控制系统;
- 直流电动机拖动、集选控制电梯的电气控制系统;
- 交流异步电动机变压变频拖动、集选控制电梯的电气控制系统;
- 永磁同步电动机变压变频拖动、集选控制电梯的电气控制系统;
- 交流异步电动机变压变频或永磁同步电动机变压变频拖动、2~3台电梯的并联控制系统;
- 3台以上集选控制电梯做群控运行的电梯电气控制系统;
- 目的地楼层选层控制(DSC)电梯群控系统(在9.5节有专门的介绍)。

按其他分类方式分类,还有按用途分类的载货电梯电气控制系统、病床电梯电气控制系统,以及按使用管理方式分类的有司机控制的电气控制系统和无司机控制的电气控制系统等。

9.4 电梯的并联控制与群控系统

在高层住宅或办公大楼、商场等人流量大的区域,通常情况下都要安装两台以上的电梯,此时若每台电梯单独运行,必然会增加候梯的时间和能源消耗。因此,为了提高电梯的运行效率，减少能源消耗和乘客候梯时间，必须对电梯的运行进行合理的调度，这种合理的调度按其调配功能的强弱可分为并联控制和群控两大类。下面对电梯的并联控制和群控功能及调度原则进行详细分析。

9.4.1 电梯的并联控制与群控功能

电梯并联控制是 2～3 台电梯共享厅外召唤信号，使电梯按照预先设定的调配原则调配某台电梯去应答厅外的召唤信号；电梯本身需具有集选功能且处于无司机的工作状态。

并联控制给人最直观的感觉是 2～3 台电梯并排设置且共享各个层楼的同一个外呼信号，并能按预定的规律进行各电梯间的自动调度工作。

电梯群控是 3 台以上的多台电梯除了共享一个厅外召唤信号外，还能根据厅外的召唤信号数的多少和电梯每次的负载情况，自动合理地调配各台电梯使之处于最佳的服务状态。同样的，电梯本身需具有集选功能且处于无司机的工作状态。

无论是并联控制还是群控，其最终目的是把对应于某一楼层召唤信号的电梯应运行的方向信号分配给最有利的一台电梯，也就是说自动调配的目的是把电梯的运行方向合理地分配给梯群中的某一台电梯，以共享电梯群组资源、提高电梯运行效率。群控系统的电梯配置简图如图 9-9 所示。

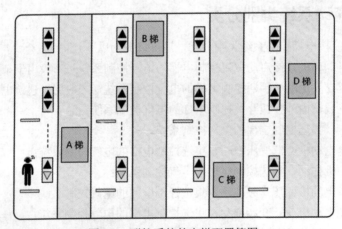

图 9-9 群控系统的电梯配置简图

9.4.2 电梯的智能调度原则

1. 两台电梯并联控制的调度原则

两台电梯共享厅外召唤信号，由控制系统自动调度电梯运行，当电梯无任务时，一台电梯自动返回基站，另一台电梯则停在其他楼层或停在设定的区域。

并联控制电梯的调度原则最简单直接的就是就近原则、先到先行原则和顺向原则。

（1）在正常情况下，一台电梯停在底层（基站）待命，另一台电梯停留在最后停靠的层站，此梯常称"自由梯"（或称"忙梯"）。当某层站有召唤信号时，则"忙梯"立即定向运行到该层执行接站任务。

（2）当两台电梯因轿内指令而到达基站后关门待命时，则应执行先到先行原则。例如 A 电梯先到基站，而 B 电梯后到，则 A 电梯立即启动运行至事先指定的中间楼层待命，并成为自由梯，而 B 电梯则成为"基站梯"。

（3）当 A 电梯正在向上运行时，如果其上方出现任何方向的召唤信号，或是其下方出现向下的召唤信号，则均由 A 电梯的一周行程中去完成，而 B 电梯留在基站不予应答。但如果在 A 电梯的下方出现向上召唤信号（下方同向上行）时，则在基站的 B 电梯应答该信号并发车上行接客。此时 B 电梯也成为自由梯。

（4）当 A 电梯正在向下运行时，如果其上方出现任何向上或向下的召唤信号，则在基站的 B 电梯应答该信号并发车上行接客。但如果在 A 电梯的下方出现任何方向的召唤信号，则 B 电梯不应答，而由 A 电梯去完成。

（5）当 A 电梯正在运行，其他各楼层的厅外召唤信号又很多，但在基站的 B 电梯又不具备发车条件，而在 30～60s 后召唤信号仍存在，则通过延时时间继电器而令 B 电梯发车运行。同理，如果本应由 A 电梯应答厅外召唤信号而运行的，但由于出现如电梯关门障碍、门锁故障等而不能运行时，也经 30～60s 的延时时间后，控制系统调度 B 电梯发车运行。

3 台电梯并联与 2 台电梯并联控制的调度原则相仿，目的都是提高运行效率，避免重复应召。

2. 多台电梯的群控调度原则

3 台以上的群控电梯在接收到厅外的共享召唤信号后，由控制系统自动控制和集中调度电梯的运行、停车及返回基站或区域中心，主要用于高层或超高层建筑中。

电梯的群控调度要比并联控制调度的功能更强，工作状态及运行控制也更复杂。总的来说，群控电梯以最大最小、区域优先、优先调度、特别层楼服务与集中控制、运行模式控制、节能控制等原则进行最优化的智能调度。

（1）最大最小原则：系统指定一台电梯应召时，使候梯时间最小，并预测可能的最大等候时间，可均衡候梯时间，防止长时间等候。

（2）区域优先原则：当出现一连串召唤时，区域优先控制系统首先检出"长时间等候"的召唤信号，然后检查这些召唤附近是否有电梯。如果有，则由附近电梯应召，否则由最大最小原则控制。

（3）优先调度原则。

- 已接受指令优先——在候梯时间不超过规定值时，对某楼层的厅召唤，由已接受该层内指令的电梯应答。
- 已启动电梯优先——对某一楼层的召唤，按应答时间最短原则应由最近停层待命的电梯负责。但此时系统先判断若不启动停层待命电梯，而由其他电梯应答时乘客候梯时间是否过长。如果不过长，就由其他已启动的电梯应答，而不启动停层待命电梯。

（4）特别层楼服务与集中控制原则。

- 特别楼层服务——当特别楼层有召唤时，将其中一台电梯解除群控，专为特别楼层服务。
- 特别层楼集中控制——对餐厅、会议厅等特别楼层则根据轿厢负载情况和召唤频度确定是否拥挤，在拥挤时，调派两台电梯专职为这些楼层服务，并在拥挤时自动延长开门时间；拥挤情况恢复正常后，转由最大最小原则控制。

（5）运行模式控制原则。

群控系统根据客流量的大小、楼层高度及停站数等因素通过计算判断，按照预先设定的程序运行模式给出最优的调度方案，通常的运行模式有以下几种。

① 常规模式：在客流量正常，电梯上下较为均衡的情况下，电梯按"心理性等候时间"或最大最小原则运行。

② 上行高峰模式：在上行高峰期间，所有空闲电梯驶向主层基站等候召唤，随时将大量乘客运送至大楼各层，避免拥挤。

③ 下行高峰模式：与上行高峰模式方向相反，在下行高峰期间，将大楼各层的大量乘客运送至基站，并加强拥挤层服务。

④ 午间服务：加强餐厅层、会议层的服务。

⑤ 低峰模式：在凌晨、深夜、假日等空闲时段的客流量非常少，可设定电梯进入低峰模式。

（6）节能控制原则。

当客流量不大时，电梯控制系统根据召唤频率计算出候梯时间低于预定值，即表明服务已超过需求。群控系统则将部分空闲的电梯停止运行，关闭轿厢照明和风扇；或实行限速运行，进入节能运行控制状态。当需求量增大时，则又陆续启动电梯投入运行。

3. 群控系统中电梯紧急工作状态的注意事项

值得注意的是，在群控系统中，当电梯处于故障、司机运行、检修运行、驻停、消防状态或专用状态等紧急工作状态时，群控系统可将该台电梯解除群控控制，转为独立运行，不会影响群控系统的工作。但如果处理不及时，脱离群控系统的时间较长或脱离群控系统的电梯增多，则会影响群控系统的调度能力，降低电梯运行管理的效率。

9.5 目的楼层选层控制（DSC）群控系统

本节介绍一种全新的电梯群控系统——目的楼层选层控制（Destination Selection Control，DSC）群控系统。

9.5.1 目的楼层选层控制群控系统简介

目的楼层选层控制群控系统以乘客的到达楼层为目标进行计算，实现电梯的群控调度。目的楼层控制器可以帮助乘客更加快捷地到达目的楼层。

目的楼层控制器是智能化控制器，它能自动识别上班高峰和下班高峰。在高峰段，目的楼层控制器充分利用群组中的电梯动态分布服务区域，以最短的时间响应乘客，分散派梯使乘客到达目的楼层的时间更短，电梯按照最短响应时间和最短送达时间这两项分配。

传统的电梯群控系统是离散的，依靠轿顶的数据总线连接轿厢控制板和外呼盒，根据外呼和内呼的呼梯信号进行电梯调度，不能提前获得乘客的目的楼层信息，也不知晓乘客的数量，不能很好地发挥电梯的运输效能，不能有效地提高电梯的利用效率，尤其是高峰期会出现较为严重的拥堵情况。

目的楼层选层控制群控系统因为能提前获得乘客的目的楼层信息，尽量把去同一目的楼层的乘客分派进同一电梯轿厢，使得电梯实际停站次数减少，进而提升了电梯运输效能，节约了乘客的时间，运输效率大为提高。另外，目的楼层选层控制群控系统可与各种应用场景（如身份识别、闸机派梯等）结合使用，与门禁系统实现无缝对接，更便于楼层常驻人员的日常乘梯，因此越来越受市场的欢迎，在新兴的酒店、大型写字楼电梯市场中发展潜力巨大，具有良好的应用前景。

9.5.2 目的楼层选层控制群控系统的应用特点

1. 快捷、智能化的目的楼层选层控制群控系统

采用目的楼层选层控制群控系统，乘客可以在进入电梯层站之前选择各自的目的楼层，控制系统将计算出哪一台电梯能最快将乘客送达指定楼层，系统会直接显示为乘客所分配的电梯编号。系统会将人数适当的乘客及某个特定楼层停靠区域分配给同一台电梯。这样不仅减少了停站的次数，还可以减少人员拥挤，乘客可以井然有序地登梯，同时最大限度缩短乘客到达目的地的乘梯时间，提高电梯运输效率。

目的楼层选层控制群控系统取消了电梯外呼盒的上下选择按钮，只在候梯厅设立若干个目的楼层选层装置（也可以称为呼梯盒或选层器）。目的楼层选层装置一般有数字按键式输入和刷卡式输入两种形式，也可以与门禁闸机联网整合，系统预置的人员进入闸机刷卡时就直接完成登记和指派电梯编号，如图 9-10 所示。

数字按键式呼梯盒

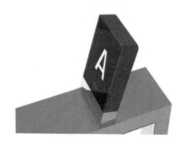
闸机呼梯-门禁整合

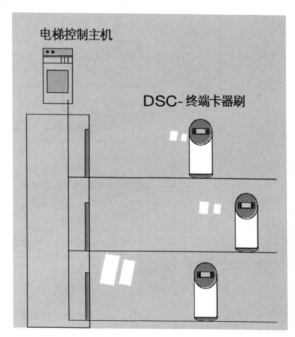
刷卡式呼梯盒

图 9-10 几种目的楼层选层装置

在采用目的楼层选层控制群控系统的电梯乘梯过程中，乘客在目的楼层选层装置输入目的楼层并得到派梯的过程被称为登记（registration）。登记也可以指目的楼层选层控制群控系统确认收到乘客输入的目的楼层并给出反馈的过程。

呼梯和乘梯流程如下（见图 9-11）。

（1）乘客需在目的楼层选层装置上登记。

（2）如果输入的目的楼层为群组电梯服务楼层，目的楼层选层控制群控系统登记该目的楼

层，并指派一台电梯响应该召唤，同时目的楼层选层装置将显示系统所指派的电梯梯号，乘客根据系统指派信息到达指派电梯入口处等候电梯。如果输入的目的楼层不属于群组电梯服务楼层，目的楼层选层装置将显示错误提示信息。

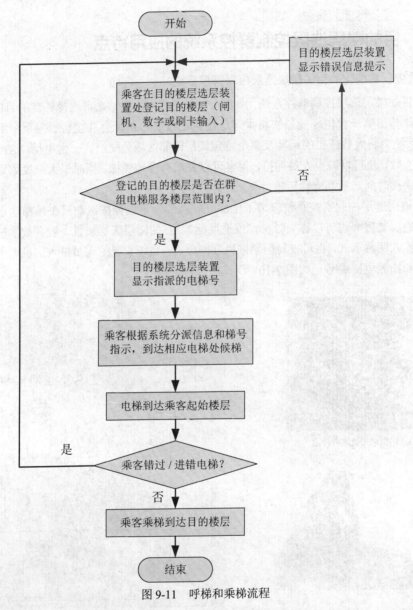

图 9-11　呼梯和乘梯流程

（3）指派电梯到达起始楼层并开门后，目的楼层指示装置将向乘客按序显示或播报该梯将要停靠的楼层名。

（4）乘客进入轿厢后，无须再进行登记，电梯自动前往目的楼层。

（5）如果乘客进错电梯，可以在轿厢内按开门按钮离开轿厢，乘客退出轿厢后重新选择目的楼层或返回主楼层后重新选择目的楼层。

（6）如乘客错过乘梯，需在目的楼层选层装置上再次输入目的楼层。

在目的楼层选层控制群控系统中，要求目的楼层选层装置至少有 2 个，当该电梯群组内电梯数量大于 2，在某个操作装置失效的情况下，其所在层会有其他至少 1 个操作装置可继续服务该楼层的乘客。而且，楼层输入方式可以有键盘式、触摸式、刷卡式、二维码式、人脸识别式或蓝牙式等一种或多种方式。同时，当电梯处于故障或检修状态时，电梯应脱离目的楼层选层控制群控系统的群控控制，可以返回消防员操作、地震运行或其他特殊运行状态。

目的楼层选层控制群控系统的轿厢内不设楼层按钮，乘客进入电梯后也不需要再按选层按钮，轿厢内已经显示出乘客要到达的目的楼层，乘客只需要观看轿厢内的运行方向和楼层显示（见图 9-12），直到到达乘客需要的目的楼层后，电梯开门，结束乘梯过程。

图 9-12　轿厢内的运行方向和楼层显示

2. 目的楼层选层控制群控系统的第三方系统对接功能

目的楼层选层控制群控系统具备与第三方系统对接的功能，可实现第三方系统与目的楼层选层控制群控系统的集成使用，大大提高大楼安保系统的管理水平和管理效率。常见的第三方系统如表 9-2 所示。

表 9-2　常见的第三方系统

序号	第三方系统	实现的功能
1	安防系统	身份识别后开闸、派梯
2	一卡通系统	访客登记
3	公安系统	用户使用信息反传
4	外部身份识别系统	使用第三方系统的身份识别设备（如二维码、人脸识别等）
5	机器人	与机器人（快递机器人、接待机器人等）提供数据对接

【任务总结与梳理】

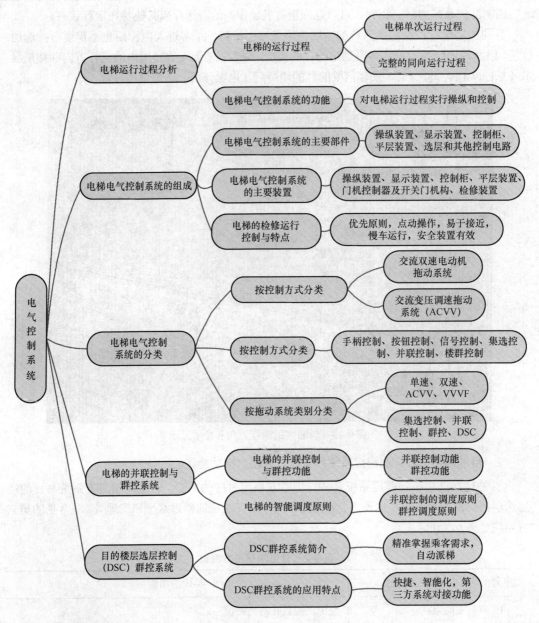

【思考与练习】

一、判断题（正确的填√，错误的填Ｘ）

（1）（　　）检修运行的行程不应超过正常的行程范围，并只能以检修速度运行（俗称慢车运行）。

（2）（　　）操纵装置包括操纵箱、呼梯盒、层楼指示器、机房控制柜的检修或应急操纵箱、轿顶检修盒等装置，它们的安装位置包括轿厢、层站、机房、井道等。

（3）（　　）如果由于乘客过多而超载，则电梯超载保护装置显示超载信号，发出声光提示，电梯可以继续运行。

（4）（　　　）在轿顶设有电梯检修装置，供电梯检修时使用。在轿顶操纵时，轿内及控制柜的检修操纵不起作用。

（5）（　　　）检修运行特点：在各项安全保护装置功能有效及安全保护电路工作正常的状态下（即机械保护及电气保护均起作用）才能进行操作；切断自动开关门电路和正常快速运行电路，检修状态下的开关门操作和检修运行的操作均只能是点动操作。

二、填空题

（1）操纵装置包括（　　　　）、（　　　　）、楼层指示器、机房控制柜的检修或应急操纵箱、（　　　　）等装置。

（2）按电梯电气控制系统的控制方式分类，电梯电气控制系统可分为继电器控制系统、（　　　）系统、（　　　）系统、（　　　）系统等几种。

（3）DSC 群控系统的全称是（　　　　　　　）（Destination Selection Control）群控系统。

（4）如果在平层时平层精度超出标准要求，则电梯进行校正运行，以很低的速度运行到准确平层位置，这个过程称为（　　　　）。

三、单选题

（1）集选控制方式是一种（　　　）操纵的控制方式。
  A．有司机　　　　B．有司机或无司机　　　　C．安全管理员　　　　D．无司机

（2）信号控制方式是一种由（　　　）操纵的控制方式。
  A．乘客　　　　B．司机（电梯驾驶员）　　　　C．维修人员　　　　D．领导

（3）电气控制系统由操纵装置、平层装置、位置显示装置、选层器和（　　　）等组成。
  A．制动器　　　　B．限速器　　　　C．控制柜　　　　D．门锁

（4）电梯是机电一体化的产品，由机械和（　　　）两大部分组成。
  A．电气　　　　B．限速器　　　　C．控制柜　　　　D．操纵箱

（5）轿厢无运行指令时，指定停靠待命运行的层站为（　　　）。
  A．基站　　　　B．下端站　　　　C．二楼　　　　D．上端站

四、简答题

（1）简述电梯电气控制系统的功能。

（2）描述电梯单次行驶的运行过程。

（3）简述电梯平层装置的结构及原理。

第 *10* 章

安全保护系统

【学习任务与目标】

- 了解电梯安全保护系统的组成和作用。
- 掌握限速器和安全钳的动作原理和内部结构。
- 掌握行程终端限位保护开关的安装位置和保护作用。
- 掌握缓冲器的类型和使用要求。
- 了解轿厢意外移动保护装置的组成和作用。
- 掌握安全回路、门锁回路的组成，分别包含哪些电气安全开关。
- 理解和掌握电梯安全保护系统的动作关系。

【导论】

电梯安全保护系统中所配备的安全保护装置一般分为机械安全保护装置和电气安全保护装置两大类。机械安全保护装置主要有限速器、安全钳、缓冲器、制动器、层门门锁、轿门安全触板、安全门和安全窗等；电气安全保护装置一般是指安全回路及门锁回路的电气保护开关、曳引电动机过载过热保护装置、电源接地保护装置等。其他安全保护装置有运动部件防护罩、轿顶防护栏杆、轿厢护脚板、层门护脚板、底坑对重侧的防护栅等。有一些机械安全保护装置往往还需要和电气安全保护装置配合联动使用，才能实现其动作和功效的可靠性。例如层门的机械门锁必须和电气开关连接在一起才能组成层门联锁保护装置。另外，机械安全保护装置往往同时和电气安全开关相连接，在机械安全保护装置动作前，该装置的电气安全开关部分先触发或同时断开，切断电梯安全回路，电梯抱闸制动，使电梯停止运行。

10.1 安全保护系统概述

从上面导论的描述中我们知道，电梯的机械安全保护装置、电气保护安全装置和其他安全保护装置共同构成完善的电梯安全保护系统，以应对可能发生的各种危险情况，保障电梯的安全运行，保护电梯乘客和工作人员的人身安全，同时保障电梯设备和乘客财产的安全。

10.1.1 电梯的不安全状态和易发故障、事故分析

1. 电梯的不安全状态

电梯的不安全状态主要有失控、超速、终端越位、冲顶、蹲底、不安全运行、非正常停止、

关门障碍等。

（1）失控、超速。

当电梯电磁制动器失灵，减速器中的轮齿、轴、销、键等折断，以及曳引绳在曳引轮绳槽中磨损、打滑等情况发生时，正常的制动手段已无法使电梯停止运行，轿厢失去控制，造成运行速度超过额定速度。

（2）终端越位。

由于平层控制电路出现故障，轿厢运行到顶层端站或底层端站时，未及时停车而继续运行或超出正常的平层位置。

（3）冲顶、蹲底。

上端站限位开关、极限开关故障等，造成轿厢或对重冲向井道顶部，称为冲顶；下端站限位开关、极限开关故障等，造成电梯轿箱或对重坠落井道底坑，称为蹲底。

（4）不安全运行。

限速器故障、层门和轿门不能完全关闭或门锁电气开关短接，造成电梯非正常运行；或超载保护装置失灵造成轿厢超载运行，曳引电动机在缺相、错相等状态下运行等。

（5）非正常停止。

电梯控制电路出现故障、安全钳误动作、制动器误动作或电梯停电等，造成在运行中的电梯突然停止。

（6）关门障碍。

电梯在关门过程中，门扇受到人或物体的阻碍，使门无法正常关闭，电梯处于保护状态不能正常运行。

2. 电梯的易发故障、事故分析

电梯事故，按发生事故的系统位置，可分为门系统事故、冲顶或蹲底事故、其他事故等。据统计，各类事故发生的数量占电梯事故总数量的概率分布为：门系统事故占 80% 左右，冲顶或蹲底事故占 15% 左右，其他事故占 5% 左右。由此可见，电梯门系统事故占了电梯事故的绝大部分。

电梯门系统事故发生率最高，是由电梯系统的结构特点造成的。因为电梯的每一次运行过程要经过两次开门和关门动作，这使电梯门系统的一系列部件工作频繁，门联锁机构或电气安全保护装置磨损和老化速度加快，故障隐患多，如果维护不及时就会很容易发生事故。同时，电梯门系统的故障还可能造成电梯困人、剪切、挤压等事故的发生。冲顶或蹲底事故一般是电梯的制动器、限速器、安全钳等发生故障，以及超载、钢丝绳打滑等所致，制动部件失效将使电梯处于失控状态，造成事故的发生。

电梯的不安全状态容易造成电梯发生的故障或事故通常有以下几种。

（1）电梯困人。

电梯困人是最常见的一种故障（或事故），是指由于各种原因电梯突然停机，人员被困在电梯轿厢内。而且，通常电梯困人大多发生在非开门区，需要专业人员的救援。

（2）剪切。

剪切是指人员的身体或物品一部分在轿厢内，另一部分在轿厢外的层站中，电梯在开门或关门过程中没有完全关闭而突然失控运行，造成人员身体或物品被剪切。

（3）挤压。

挤压是指如人员遇到故障被困电梯时自行脱困，造成身体卡在轿厢和井道，或者轿厢与层门之间而被挤压。

（4）坠落。

坠落是指人员或物品从井道、层站或轿厢掉入电梯井道内，造成伤亡等事故。

（5）冲顶或蹲底。

冲顶或蹲底通常是指由于电梯超载、钢丝绳打滑、控制和制动部件失效等造成电梯故障，轿厢失控上升或突然下滑，直至对重或轿底压到缓冲器上为止。

（6）火灾或地震等自然灾害。

火灾是指电梯载物起火，或外界建筑物火灾造成的影响，或地震等自然灾害造成的影响。

（7）电击。

电击是电梯的控制系统受雷击，或电梯部件漏电、电网电压波动等造成的影响。

（8）材料失效。

材料失效是指由于磨损、腐蚀、损伤等，电梯零部件损坏或失效。

（9）意外卷入。

意外卷入是指电梯运动旋转部件如曳引轮、导向轮、返绳轮、限速器轮等保护罩未盖好或松动、脱落，导致人员或物品被卷入运动部件。

以上种种危险状态，都会造成电梯事故的发生，对人们的生命、财产安全造成严重的影响。因此，电梯在设计、制造、安装、保养的各个环节中，都要有完善的电梯安全保护系统。

10.1.2　电梯安全保护系统的组成

电梯安全保护系统主要由机械安全保护装置、电气安全保护装置两大部分组成。这些安全保护装置包括以下几种。

1. 轿门入口的安全保护装置——防夹保护

在轿门入口设置的光电检测（光电式保护装置）或超声波检测装置、门安全触板等安全保护装置。

2. 层门与轿门门锁电气联锁装置——门联锁回路

层门与轿门门锁电气联锁保护装置组成门联锁回路，能确保电梯在层门与轿门没有完全关闭时防止电梯运行。

3. 电梯超载保护装置

电梯超载运行的危险很大，若超载后没有报警提示或提示不明显，乘客继续进入轿厢导致超载，容易引发溜梯事故。电梯超载保护装置必须调整正确、安全有效。

4. 下行超速保护装置——限速器与安全钳

当电梯下行速度超过额定速度的115%时，限速器电气开关动作，切断安全回路。若电梯仍未停止继续下行，限速器机械联锁动作，带动安全钳制停轿厢。

当限速器钢丝绳伸长或断绳，则断绳开关动作，切断安全回路。

5. 上行超速保护装置

上行超速保护装置通过双向限速器与双向安全钳，或通过夹绳器动作，当电梯上行速度超过一定值时，制停轿厢。

6. 防越程保护装置——端站开关

端站开关包括上端站开关和下端站开关两组开关，每一组端站开关又包括强迫减速开关、限位开关和极限开关 3 个开关，起到强迫减速、切断控制电路、切断动力电源三级保护的作用。

7. 防冲顶和蹲底保护装置——缓冲器

为防止轿厢超越允许的运行行程发生冲顶或蹲底，电梯除设有行程终端限位保护开关之外，在轿厢和对重的下部都设有缓冲器保护，当冲顶和蹲底时缓冲器能吸收撞击能量，减少对电梯内部人员和电梯设备造成的损害。

8. 电梯不正常状态处理系统

机房曳引机的手动盘车、自备发电机以及轿门手动开关门设备等。

9. 供电系统缺相、错相保护装置——相序保护继电器

10. 曳引电动机的保护——过载过热继电器保护和短路保护开关

11. 急停开关、检修开关等安全回路开关

通过按下设置于电梯轿厢、轿顶、底坑与机房等处的急停开关，紧急状态时可以切断安全回路，使曳引机的电磁制动器失电，制停电梯。

12. 停电或电气系统发生故障时，轿厢的慢速移动装置——自动应急救援（Auto Rescure Device，ARD）

13. 轿厢意外移动保护装置

当电梯轿厢意外移动时，轿厢意外移动保护（Unintended Car Movement Protections，UCMP）装置可防止乘客在进出电梯轿厢时受到伤害。

14. 报警装置

轿厢内与外界联系的警铃、五方通话系统、报警电话等。

15. 其他安全保护装置

除上述安全保护装置外，电梯的安全保护装置还有旋转运动部件保护装置、轿顶安全护栏、轿厢护脚板、层门护脚板、底坑对重侧防护栅栏等。

10.2 电梯超速保护装置

电梯的超速保护装置主要由限速器-安全钳保护装置组成（见图 10-1、图 10-2），当电梯在正常运行过程中无论何种原因使轿厢发生超速（超过电梯额定速度的 110%）时，限速器超速开关首先被触动，使安装在限速器上面的电气开关断开，切断电梯安全回路，曳引机电磁制动器断电制动，制停电梯；若电梯仍未停止继续下行，速度超过电梯额定速度的 115% 时，则限速器机械联锁动作，限速器操纵杆和安全钳发生联动，带动安全钳将轿厢夹持，将轿厢制停在导轨上。

在电梯超速保护装置中，限速器起着检测速度和操纵的作用，而安全钳是在限速器操纵杆联动下的执行机构。

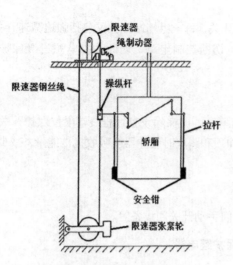

图 10-1 限速器-安全钳保护装置

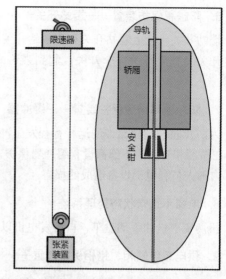

图 10-2 限速器-安全钳保护装置示意

从图 10-1、图 10-2 中可以看出，限速器-安全钳保护装置由限速器、安全钳、限速器钢丝绳、限速器张紧轮及操纵杆、拉杆等部件组成。限速器一般安装在机房内，限速器钢丝绳绕过限速器张紧轮后，穿过机房地板与装设于电梯底坑中的限速器张紧轮形成回路；限速器操纵杆连接到位于轿厢顶的拉杆与安全钳相连。电梯正常运行时，电梯轿厢带动限速器钢丝绳以相同的速度升降；当电梯出现超速并达到限速器设定的超速值时，限速器动作先将电气开关断开，后机械联锁动作拉动安全钳制动元件，利用安全钳的摩擦力将轿厢制停在导轨上，保证电梯的安全。

对重（或平衡重）安全钳的限速器动作速度应大于规定的轿厢安全钳的限速器动作速度，但不得超过 10%。

电梯的超速保护包括单向超速保护和双向超速保护，单向超速保护一般是指电梯下行超速保护，而双向超速保护是指电梯上、下行超速保护。

10.2.1 限速器

限速器是电梯安全保护系统中的重要部件之一。

限速器按其动作原理可分为摆锤式限速器和离心式限速器两种，按其功能又可分为单向限速器、双向限速器、无机房限速器、双向动作限速器、下置式限速器和后旋张紧装置等多种类型。下面简要介绍几种常用的限速器。

1. 摆锤式限速器

摆锤式限速器轮在转动时，其摆杆不断地摆动，因此被称为"摆锤式"限速器。摆锤式限速器按结构形式的特点又称为凸轮式限速器，也称为惯性式限速器。根据摆杆与凸轮的相对位置，可分为下摆杆凸轮棘爪式限速器和上摆杆凸轮棘爪式限速器。

摆锤式限速器通常配合瞬时式安全钳使用，多用在速度小于 1.0m/s 的电梯上。

2. 离心式限速器

离心式限速器以其旋转所产生的离心力反映电梯的实际速度，当电梯的运行速度达到设定值时，限速器绳轮上的离心重块就会被抛出，触发限速器动作。

离心式限速器又可分为甩锤式（包括刚性甩锤式和弹性甩锤式）和甩球式两种。特点是结构简单、可靠性高、安装所需空间小，得到了较多的使用。离心式限速器如图10-3所示。

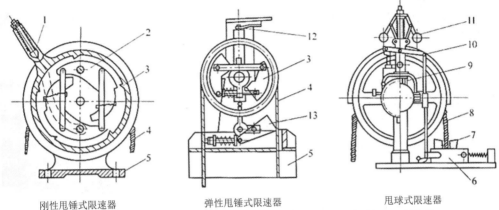

刚性甩锤式限速器　　　弹性甩锤式限速器　　　甩球式限速器

1. 压绳舌；2. 抛锤；3. 锤罩；4、8. 钢丝绳；5、6. 底座；7. 卡爪；9. 三性齿轮；
10. 连杆；11. 抛球；12. 电气开关；13. 夹绳钳

图10-3　离心式限速器

3. 无机房限速器

无机房限速器由于安装在井道顶部，工作人员无法方便地进入井道顶部复位限速器开关，因此，无机房限速器设置了远程复位电磁阀，可以远程电动复位限速器开关，电梯超速触发限速器动作后可通过远程控制释放恢复，使限速器复位。无机房限速器如图10-4、图10-5所示。

图10-4　186无机房限速器

图10-5　208无机房限速器

- 安装位置：安装在井道的顶部。
- 限速器复位：必须在控制柜先转入紧急电动运行操作状态，然后通过限速器远程复位按钮进行故障复位。
- 无机房限速器动作测试：在紧急电动运行下操作，通过动作测试按钮进行限速器动作测试，限速器由吸合变为释放，再通过远程复位按钮可以将远程复位电磁阀恢复吸合。

4. 单向限速器和双向限速器

根据限速器的动作方向，限速器可分为单向限速器和双向限速器。

（1）单向限速器。

单向限速器仅对电梯下行超速起保护作用，当电梯下行速度超过额定速度的115%时，限速器内部机械部件动作，带动限速器操纵杆与安全钳联动，提拉安全钳将轿厢夹持在导轨上，使电梯制停。

（2）双向限速器。

双向限速器在电梯的上、下行超速时都动作，对电梯的上行超速和下行超速都起保护作用。双向限速器可与双向安全钳配合使用，也可以分开两组进行控制，或采用下行超速带动安全钳制动，上行超速触发夹绳器制动的形式。

双向限速器的下行制动与下行超速安全钳配合使用，上行制动与闸线式机械触发的夹绳器（一种上行超速保护装置）配合使用，由于采用了松绳保护机构，限速器上行动作拖动夹绳器后限速器绳轮可继续转动，不受闸线行程的影响，使上行超速保护装置更为安全可靠。

单向限速器、双向限速器分别如图 10-6、图 10-7 所示。

图 10-6　单向限速器

图 10-7　双向限速器

10.2.2　安全钳

一、安全钳的功能与原理

安全钳是一种使轿厢（或对重）停止运动的机械安全保护装置。

电梯安全钳的动作原理是：在限速器超速动作时，通过限速器操纵杆夹住限速器钢丝绳，随着轿厢向下运动，限速器操纵杆提拉安全钳连杆机构，带动安全钳制动元件与导轨摩擦接触，导轨两边的安全钳同时紧紧夹持在导轨上，将轿厢强制制停。同时，限速器和安全钳上配置的电气开关动作，切断控制系统的安全回路，使电梯停止运行。

从限速器操纵杆动作起至电梯轿厢被制停在导轨上止，轿厢所滑行的距离叫制停距离。

【知识延伸】动量与动量定理

动量和冲量：动量 $P=mv$，冲量 $I=Ft$。

动量定理：物体所受合外力的冲量等于它的动量的变化。

动量定理表达式：$F\Delta t=m\Delta v$ 或 $F=m\Delta v/\Delta t$。

式中：F 是物体所受的包括重力在内的所有外力的合力，t 为合外力的作用时间，m 为物体的质量，v 为物体的初速度。

从以上动量定理及表达式中可以看出，安全钳制动的接触时间越短，冲击力越大；制停距离越短，轿厢受到的冲击力也越大，对轿厢内人员的冲击就越严重。反之，安全钳制动的接触时间越长,冲击力越小;制停距离越长,轿厢受到的冲击力也越小,对轿厢内人员的冲击就越弱。

制停减速度是电梯被安全钳制停过程中的平均减速度,过大的制停减速度会造成剧烈的冲击,人体及电梯结构均会受到损伤,因此必须加以限制,制停减速度的范围为 $0.2\sim1.0g$。

二、安全钳的种类

目前电梯使用的安全钳从制停减速度(制停距离)上划分可分为瞬时式安全钳和渐进式安全钳,下面分别介绍。

1. 瞬时式安全钳

瞬时式安全钳也称为刚性安全钳。由于钳座是刚性的,从楔块夹持导轨到电梯制停的时间极短,动作时产生很大的制停力,能使轿厢立即停止,但因此也造成很大的冲击力,电梯轿厢和人体承受的冲击严重。因此瞬时式安全钳一般只适用于额定速度不超过 0.63m/s 的电梯。瞬时式安全钳结构如图 10-8 所示。

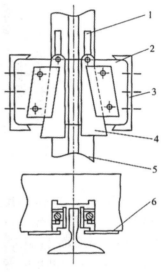

瞬时式安全钳的动作元件有楔块或滚柱。瞬时式安全钳的工作特点是制停时间及制停距离都非常短,基本是瞬时制停,在制停过程中楔块迅速地卡入导轨表面,从而使轿厢瞬间停止。滚柱瞬时式安全钳的制停时间约为 0.1s;而双楔块瞬时式安全钳的制停时间更短,制停距离也只有几十毫米乃至几毫米,轿厢最大制停减速度达到 $5\sim10g$,远远大于一般人员所能承受的程度(一般人员所能承受的瞬时减速度为 $2.5g$ 以下)。由于上述特点,电梯及轿厢内的乘客或货物会受到非常剧烈的冲击,导致人员或货物伤损。

1. 拉杆;2. 钳体;3. 轿架;4. 楔块;5. 导轨;6. 盖板
图 10-8　瞬时式安全钳结构

因此瞬时式安全钳一般只能用于轿厢额定速度小于等于 0.63m/s,或对重额定速度小于等于 1m/s 时的电梯中(对重安全钳作为轿厢上行超速保护装置除外)。

2. 渐进式安全钳

渐进式安全钳是使用非常广泛的安全钳。渐进式安全钳有双楔块和单楔块两种。

(1)双楔块渐进式安全钳。

双楔块渐进式安全钳钳体一般由铸钢制成,安装在轿厢的下梁上。每根导轨由两个楔形钳块(动作元件)夹持,如图 10-9 所示。

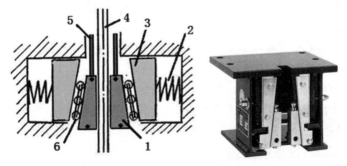

1. 活动楔块;2. 弹性元件;3. 导向楔块;4. 导轨;5. 拉杆;6. 导向滚柱
图 10-9　双楔块渐进式安全钳的结构和外形

从楔块夹持导轨到电梯制停，由于楔块之间有弹性元件，安全钳座受力张开，使楔块与钳座斜面发生位移，从而大大缓解了制动时的冲击力。

双楔块渐进式安全钳能适用于任何速度的电梯，轿厢额定速度大于 0.63m/s 或对重额定速度大于 1m/s 时必须采用双楔块渐进式安全钳。

（2）单楔块渐进式安全钳。

单楔块渐进式安全钳的结构和外形如图 10-10 所示。

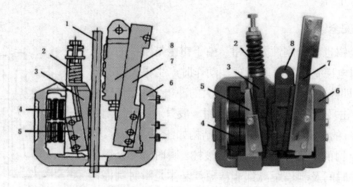

1. 导轨；2. 弹簧；3. 静楔块；4. 螺形弹簧；5、7. 滑槽；6. 钳座；8. 动楔块

图 10-10　单楔块渐进式安全钳的结构和外形

单楔块渐进式安全钳其实是把双楔块分成动楔块和静楔块，其中动楔块在右侧，静楔块在左侧，限速器动作时带动动楔块向下运行，通过限速器操纵杆提拉联动机构将动楔块上提，与导轨接触并沿斜面滑槽上滑，导轨被夹在动楔块与静楔块之间。安全钳最大的夹紧力由螺形弹簧决定，位于安全钳上方的弹簧用于安全钳动作后释放时楔块的复位。螺形弹簧在夹持过程中的作用使制动时的冲击力得到有效缓解。

单楔块渐进式安全钳适用于额定速度大于 0.63m/s 的各类电梯。

10.2.3　张紧轮

1. 张紧轮与限速器-安全钳组合结构的限速器钢丝绳张紧装置

张紧轮与限速器-安全钳配合使用。通常，限速器安装在机房内或井道顶部，张紧装置安装在底坑内，张紧轮的钢丝绳绕着限速器运动，并与安全钳连杆拉臂相连，组成限速器-安全钳保护装置。张紧装置下方设置有张紧轮电气安全保护开关，当钢丝绳松动、断裂，或钢丝绳伸长导致重锤下移并超过允许范围时，张紧轮电气安全保护开关动作，切断电梯控制系统的安全回路，使电梯停止运行。

限速器张紧轮有摆臂式限速器张紧轮和垂直式限速器张紧轮两种。其中，垂直式限速器张紧轮装置及其安装方式分别如图 10-11 和图 10-12 所示。

重锤在垂直方向与张紧轮连接，重锤位于张紧轮的垂直下方，起到张紧钢丝绳的作用，给限速器钢丝绳一个向下的拉力以加大钢丝绳与限速器轮间的摩擦力。张紧轮钢丝绳如果拉长或断裂，重锤下移并超过允许范围时，带动张紧轮电气安全保护开关动作，切断电梯安全回路，电梯停止运行。

2. 国家标准中对限速器及限速器钢丝绳张紧装置的相关规定

相关规定如下。

（1）限速器应由限速器钢丝绳驱动，限速器上应标明与安全钳动作相应的旋转方向。

图 10-11　垂直式限速器张紧轮装置

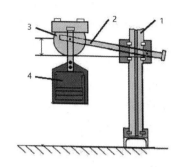

1. 导轨；2. 重锤摆臂；3. 张紧轮；4. 重锤

图 10-12　垂直式限速器张紧轮装置安装方式

（2）限速器绳的公称直径不应小于 6mm。

（3）限速器绳轮的节圆直径与绳的公称直径之比不应小于 30。

（4）限速器绳应用张紧轮张紧，张紧轮（或其配重）应有导向装置。

（5）在安全钳作用期间，即使制动距离大于正常值，限速器绳及其附件也应保持完整无损。限速器绳应易于从安全钳上取下。

（6）限速器动作时，限速器绳的张力不得小于以下两个值的较大者：安全钳起作用所需力的 2 倍或 300N。

10.2.4　轿厢上行超速保护装置

　　轿厢上行超速保护装置是安装在曳引驱动电梯上的重要安全部件。用于电梯轿厢上行超速保护的夹绳器是保障电梯安全运行的一个重要安全保护装置，它主要作用在曳引系统的钢丝绳上，可用于电梯轿厢的上行超速保护，也可以用作轿厢意外移动保护的制停子系统。

　　在电梯的实际运行过程中，电梯不但有超载和下行超速的危险，还存在着上行超速甚至冲顶的危险，主要的原因如下。

　　（1）经常处于空载、轻载运行的电梯，对重侧重量长期大于轿厢侧，而曳引式电梯是依靠曳引轮和钢丝绳之间的摩擦力带动轿厢上下运动的，当制动器弹簧松弛、制动器闸瓦和制动轮间的摩擦引起制动器闸瓦和制动轮过热时，导致制动能力下降。

　　（2）制动器卡死、制动器臂、轴、销断裂等故障导致制动器不能有效闭合。

　　（3）曳引机主轴、轴承、齿轮、蜗杆等机械部件断裂或损坏，曳引力严重下降。

　　（4）曳引轮和钢丝绳之间打滑或其他原因导致曳引条件被破坏。

　　（5）电气控制系统故障、曳引电动机过热烧坏、电源电压异常波动等原因引起超速。

一、轿厢上行超速保护装置的组成

　　在国家标准中对轿厢上行超速保护装置的组成、动作速度、制停减速度、验证电气安全触点和保护装置的作用方式等做了明确的规定。

　　上行超速保护装置的组成主要包括速度监控和减速元件。速度监控部件应是与下行超速保护装置一样的限速器，或是满足限速器特性要求、动作要求和选用要求的速度监控装置。目前大多数电梯都采用限速器作为上行超速保护装置的速度监控部件。

上行超速保护装置的减速元件则根据其作用部位不同有以下几种不同的类型。

（1）作用于轿厢的减速元件通常采用上行安全钳，目前主要有双向安全钳和在轿厢上部单独设置上行安全钳两种形式。

（2）作用于对重侧的对重下行安全钳。

（3）作用于钢丝绳系统上的钢丝绳夹绳装置（简称夹绳器）。夹绳器触发装置通常有限速器闸线拉动触发（机械触发式）和电磁铁通电触发（电磁触发式）两种类型。夹绳器中产生制动力的主要元件有压缩弹簧和楔形自锁等。

（4）直接作用在曳引轮或最靠近的曳引轮轴上的制动器装置。目前主要用在无齿轮曳引机上。用机电制动器兼作上行超速保护装置的减速元件，在监控部件检测出轿厢上行超速时动作，将轿厢制停或使轿厢减速。

（5）采用封星技术的永磁同步曳引机轿厢上行超速保护装置，这种上行超速保护装置可应用于以永磁同步曳引机作为驱动部件的电梯。当测速装置检测到轿厢发生上行超速时，发出信号使电梯封星接触器动作，封星接触器断开动力电路的同时将曳引电动机三相绕组短接，在电机内部形成一个独立的回路，电梯上行带动同步电机旋转，电枢绕组由于切割磁力线而产生感应电流，因此在电动机永磁体磁场作用下产生反向电磁力矩，从而形成反向制动力，促使轿厢减速运行，以达到上行超速保护的目的。

在上面介绍的几种减速元件中，作用于钢丝绳上的钢丝绳夹绳器是成本较低且比较容易实现的一种方式，其优点是安装简单，不影响井道布置，特别是对于旧梯改造加装轿厢上行超速保护的实现更具可操作性，多被行业所采用，下面主要介绍夹绳器。

二、夹绳器

夹绳器是作用于钢丝绳的制停或减速装置，根据触发方式的不同可分为机械触发式和电磁触发式两种类型，它主要依靠压缩弹簧驱动夹板来夹持钢丝绳以制停轿厢或使轿厢减速。

夹绳器通常安装在曳引轮侧或曳引轮与导向轮之间的曳引机机座上，安装角度可以调整，使制动夹板与钢丝绳中心线平行，并调节好制动夹板与钢丝绳的间隙。

夹绳器上行超速保护装置动作后需要人工释放复位。

1．机械触发式夹绳器

机械触发式夹绳器如图 10-13 和图 10-14 所示。

图 10-13　机械触发式夹绳器 A

图 10-14　机械触发式夹绳器 B

机械触发式夹绳器通过闸线拉索与双向限速器连接。当限速器上行超速动作后，拉动闸线联动触发夹绳器动作，夹绳器制动夹板在压缩弹簧的作用下压紧曳引钢丝绳，依靠两块制动夹板夹紧曳引钢丝绳以使电梯减速或制停超速的轿厢。同时，夹绳器电气开关断开，切断安全回路。

这种触发方式是直接的机械传动，相对于电磁触发式传动免除了中间环节，在一定程度上保证了传动的可靠性，如图 10-15 所示。但在拉索布线时要注意拉索的走向和闸线的弯曲半径，保证与限速器联动拉伸动作的顺畅性，防止闸线拉索卡住而使上行超速保护失效。

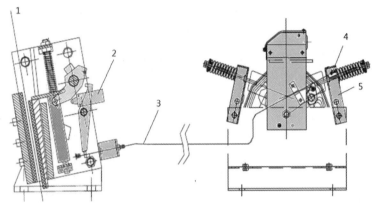

1. 钢丝绳中心线；2. 电气开关；3. 联动拉索；4. 调节螺栓；5. 上行支架

图 10-15　机械触发式夹绳器与限速器的拉索连接

2. 电磁触发式夹绳器

电磁触发式夹绳器是通过电气传动来触发制动的，需要用控制电源来驱动，如图 10-16、图 10-17 所示。

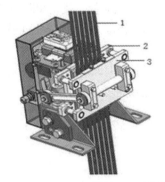

1. 曳引钢丝绳；2. 定制动板；3. 动制动板

图 10-16　电磁触发式夹绳器

图 10-17　电磁触发式夹绳器与控制电源

曳引钢丝绳穿过定制动板与动制动板中间，电梯超速后限速器发出上行超速电气信号，夹绳器控制电源接收到信号并控制夹绳器电磁铁动作，撞击夹绳器触发杆使夹绳器动作，夹绳器通过楔铁以及滚轮使得弹簧力放大，两制动板夹紧曳引钢丝绳使电梯减速、制停超速的轿厢。这种传动中间增加了电气系统，相应地增加了故障环节。同时为了保障在停电情况下制动也能起作用，还必须增加蓄电池备份电源，增加了相应的成本，而且也不能保证备份电源能随时有效，需要经常检查蓄电池的电量情况。

电磁触发式夹绳器需要与上行超速采用电气信号输出的双向限速器配合使用。

10.3 端站超越保护装置

10.3.1 行程终端限位保护开关

端站超越保护装置的行程终端限位保护开关（简称端站开关）是安装于电梯井道顶部和底部的两组终端越位保护开关，分上端站开关和下端站开关两部分，如图 10-18、图 10-19、图 10-20 所示。

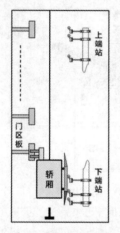
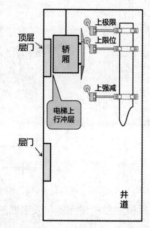
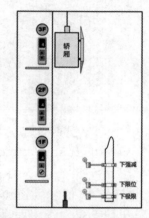

图 10-18 端站开关位置示意　　图 10-19 上端站开关位置示意　　图 10-20 下端站开关位置示意

端站开关的功能是防止电梯因失控使轿厢到达顶层或底层后仍继续行驶而导致电梯冲顶或蹲底事故的发生，保证电梯在运行于上、下两端站时不超越极限位置，避免造成超限运行的事故。端站开关由强迫减速开关、限位开关和极限开关及相应的碰板、碰轮和联动机构组成，分上下两组，每组 3 个。从电梯井道由上而下的顺序分别为上极限开关、上限位开关、上强迫减速开关、下强迫减速开关、下限位开关、下极限开关，呈中心对称布置。

强迫减速是电梯安全的重要保护手段之一，如电梯位置异常时，可以防止电梯在额定速度下发生冲顶或者蹲底事故。根据电梯额定速度的不同，强迫减速可分为 1 级强减、2 级强减和 3 级强减：

- $v \leqslant 1.75\text{m/s}$，1 级强减；
- $v \geqslant 2.0\text{m/s}$，2 级强减；
- $v \geqslant 3.0\text{m/s}$，3 级强减。

1. 强迫减速开关

强迫减速开关是电梯失控后防止超越行程的第一道保护防线，一般安装在正常换速开关之后。当电梯运行到最高层或最低层应减速的位置而没有减速时，装在轿厢边的上下开关碰弓会碰撞到上减速开关或下减速开关，使电气开关动作，切断快车运行，强迫轿厢减速运行到平层位置。

2. 限位开关

限位开关一般安装在越过端站平层位置 30～50mm 处。当轿厢处于端站平层位置不能停止，继续前行 30～50mm 时，限位开关动作，此时电梯不能继续按原来的方向运行，但能够反向慢速运行（可以用电梯检修开关点动慢速反向运行，退出行程位置）。限位开关是电梯失控后防止超越行程的第二道保护防线。

3. 极限开关

极限开关一般安装在越过端站平层位置约 150mm 处。当以上两个开关均不起作用时，轿厢上的打板最终会碰到上、下极限开关（防止超越行程的第三道保护防线）的碰轮，使终端极限开关动作，切断安全回路，同时切断主动力电源，使电梯不能运行，防止轿厢冲顶或蹲底。

在国家标准中规定：极限开关必须是符合安全触点要求的电气开关；极限开关必须在轿厢或对重接触缓冲器之前动作；极限开关动作后，电梯应不能自动恢复运行。

端站开关的外形如图 10-21 所示。

图 10-21 端站开关的外形

10.3.2 缓冲器

缓冲器是在端站越位行程终端保护开关和限速器-安全钳保护装置都失效，电梯失控而导致电梯冲顶或蹲底事故发生时使电梯减速、停止，并提供最后一道安全保护防线的电梯安全保护装置。当发生冲顶和蹲底时，缓冲器能吸收和消耗运动轿厢或对重的撞击能量，减少对电梯轿厢内部人员、物品和电梯设备造成的进一步损害。

电梯在运行过程中，由于安全钳失效、曳引轮绳槽摩擦力不足、抱闸制动力不足、曳引机出现机械故障以及控制系统失灵等，轿厢（或对重）超越终端层站底层，并以较高的速度撞向缓冲器时，由缓冲器起到缓冲作用，以避免电梯轿厢（或对重）直接撞击底坑，保护轿厢内乘客、物品及电梯设备的安全。

缓冲器安装在井道底坑内，在轿厢和对重装置的下方均设有缓冲器。要求缓冲器的安装牢固、可靠，承载冲击能力强，缓冲器应与地面垂直并正对轿厢轿架下梁缓冲板和对重架下侧的缓冲板。同一台电梯的轿厢缓冲器和对重缓冲器，其结构型式和规格参数应完全相同。

一、缓冲器的类型

缓冲器按照其工作原理的不同，可分为蓄能型缓冲器和耗能型缓冲器两大类。

缓冲器按结构型式和材质的不同又可分为弹簧缓冲器、聚氨酯缓冲器和液压缓冲器 3 种。其中弹簧缓冲器和聚氨酯缓冲器属于蓄能型缓冲器，液压缓冲器属于耗能型缓冲器。按照国家标准中对轿厢与对重缓冲器的规定，蓄能型缓冲器（包括线性和非线性）只能用于额定速度小于或等于 1m/s 的低速电梯，耗能型缓冲器可用于任何额定速度的电梯。

1. 弹簧缓冲器

弹簧缓冲器如图 10-22 所示，当缓冲器受到轿厢（或对重）的冲击后，利用弹簧的变形吸收轿厢（或对重）的动能，并储存于弹簧内部；当弹簧被压缩到最大变形量后，弹簧会将此能量释放出来，对轿厢（或对重）产生反弹，此反弹会反复进行，直至能量耗尽、弹力消失，轿厢（或对重）才会完全静止。

弹簧缓冲器一般由缓冲橡胶、上缓冲座、弹簧、弹簧座等组成，用地脚螺栓固定在底坑基座上。由于弹簧缓冲器在缓解冲击后有回弹现象，存在着缓冲不平稳的缺点，所以弹簧缓冲器仅适用于额定速度小于 1m/s 的低速电梯，特别是一些大吨位的货梯。

为了适应大吨位轿厢，压缩弹簧由组合弹簧叠合而成。行程高度较大的弹簧缓冲器，为了增强弹簧的稳定性，在弹簧下部设有弹簧套或在弹簧中设导向杆，如图 10-23 所示。

2. 聚氨酯缓冲器

聚氨酯缓冲器如图 10-24 所示。近年来，人们为了克服弹簧缓冲器容易生锈、腐蚀等缺陷，开发出了聚氨酯缓冲器。聚氨酯缓冲器是一种新型缓冲器，具有体积小、重量轻、软碰撞无噪声、防水、防腐、耐油、安装方便、易保养、好维护、可降低底坑深度等特点，在中低速电梯中得到了较多的应用。

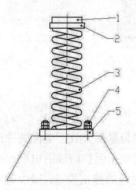

1. 缓冲橡胶；2. 上缓冲座；3. 弹簧；4. 地脚螺栓；5. 弹簧座

图 10-22　弹簧缓冲器

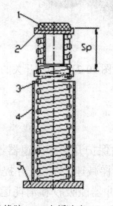

1. 缓冲橡胶；2. 上缓冲座；3. 弹簧；4. 弹簧套；5. 弹簧座

图 10-23　带弹簧套的弹簧缓冲器

图 10-24　聚氨酯缓冲器

聚氨酯与橡胶都是典型的非线性材料，聚氨酯缓冲器是利用聚氨酯材料的微孔气泡结构来吸收、缓冲能量的，缓冲过程相当于冲击一个带有多气囊阻尼的弹簧。聚氨酯缓冲器适用于货梯，最大允许电梯运行速度为 1m/s。

3. 液压缓冲器

液压缓冲器也叫油压缓冲器，是一种耗能型缓冲器，其利用液体流动的阻尼作用来缓解轿厢或对重的冲击，具有良好的缓冲性能。

常用的液压缓冲器的外形和结构如图 10-25 所示。液压缓冲器由液压缸体、缓冲橡胶垫和复位弹簧等组成，在缸体内注有缓冲器油。

当液压缓冲器受到轿厢或对重的冲击时，轴心向下运动，压缩缸体内的油，油通过环形节流孔喷向柱塞腔。当油通过环形节流孔时，流动截面积突然减小，

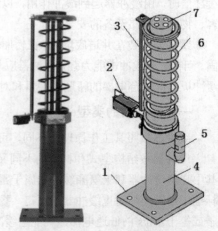

1. 底座；2. 缓冲器电气开关；3. 开关碰块；4. 液压缸体；5. 弯管；6. 复位弹簧；7. 缓冲橡胶垫及轴心

图 10-25　常用的液压缓冲器的外形和结构

就会形成涡流，使液体内的质点相互撞击、摩擦，将动能转化为热量散发掉，从而消耗轿厢或对重的冲击能量，使轿厢或对重以平缓的减速度缓慢地停下来。

当轿厢或对重离开缓冲器时，柱塞在复位弹簧的作用下向上复位，油重新流回缸体，恢复正常状态。

还有一种液压缓冲器的外形和结构如图 10-26 所示。这种液压缓冲器由液压缸座、油孔立柱、挡油圈、液压缸、密封盖、柱塞、复位弹簧、通气孔螺栓、橡皮缓冲垫等组成，其结构与常用的液压缓冲器虽有所不同，但基本原理是相同的。

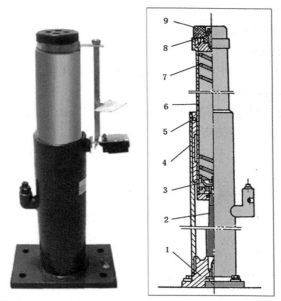

1. 液压缸座；2. 油孔立柱；3. 挡油圈；4. 液压缸；5. 密封盖；6. 柱塞；
7. 复位弹簧；8. 通气孔螺栓；9. 橡皮缓冲垫

图 10-26　另一种液压缓冲器的外形和结构

由于液压缓冲器是以耗能的方式缓冲的，故无回弹作用，同时由于液体流动的阻尼作用，阻尼系数近似为常数，能使电梯的缓冲接近匀减速运动。液压缓冲器的缓冲平稳，具有良好的缓冲性能，在使用条件相同的情况下，液压缓冲器所需的行程可以比弹簧缓冲器减少一半，所以液压缓冲器适用于快速和高速电梯，也可用于低速电梯。它是目前普遍采用的一种耗能型缓冲器。

二、缓冲器的选用

缓冲器使用的数量，要根据电梯额定速度和额定载重量确定。缓冲器在底坑中一般安装两个，其中对重架下安装一个，轿厢架下安装一个。有些电梯在轿厢架下面安装有两个缓冲器。

在轿厢架下面安装缓冲器时，两缓冲器顶面高度差≤2mm，撞板与缓冲器中心偏差≤20mm，缓冲器确保接地良好。液压缓冲器柱塞加油脂保护，铅垂度≤0.5%，缓冲器液压用油符合要求且在油标范围内，无渗漏。

弹簧缓冲器适用于速度不大于 1m/s 的电梯，最小行程不得小于 65mm，缓冲器的设计应能在静载荷为轿厢质量与额定载重量之和（或对重质量）的 2.5～4 倍时达到上述规定的行程。蓄能型缓冲器与对重或轿厢撞板的距离（越程距离）为 200～350mm。

聚氨酯缓冲器只能用于速度不大于 1m/s 的电梯，当达到额定载重量的轿厢自由下落，并以设计缓冲器时所取的冲击速度作用到缓冲器上时，平均减速度不应大于 1g，减速度超过 2.5g 以上时的作用时间不应大于 0.04s。

　　对于液压缓冲器，由于液压缓冲器具有缓冲平稳、有良好的缓冲性能的优点，在使用条件相同的情况下，液压缓冲器所需的行程可以比弹簧缓冲器减少一半，所以液压缓冲器适用于耗能型缓冲器规定下的任何额定速度的电梯（快速和高速电梯）。

　　耗能型缓冲器与对重或轿厢撞板的距离（越程距离）为 150～400mm。

　　液压缓冲器动作后，从轿厢离开缓冲器到缓冲器恢复原状所需要的时间应≤120s。

GB 相关国家标准对接

　　◆在 GB/T 7588.1—2020《电梯制造与安装安全规范 第 1 部分：乘客电梯和载货电梯》中，专门对轿厢和对重缓冲器做了如下规定。

　　5.8.1.1 缓冲器应设置在轿厢和对重的行程底部极限位置。

　　缓冲器固定在轿厢上或对重上时，在底坑地面上的缓冲器撞击区域应设置高度不小于 300mm 的障碍物（缓冲器支座）。

　　如果符合 5.2.5.5.1 规定的隔障延伸至距底坑地面 50mm 以内，则对于固定在对重下部的缓冲器不必在底坑地面上设置障碍物。

　　5.8.1.2 对于强制式电梯，除满足 5.8.1.1 的要求外，还应在轿顶上设置能在行程顶部极限位置起作用的缓冲器。

　　5.8.1.3 对于液压电梯，当棘爪装置的缓冲装置用于限制轿厢在底部的行程时，仍需设置符合 5.8.1.1 规定的缓冲器支座，除非棘爪装置的固定支撑座设置在轿厢导轨上，并且棘爪收回时轿厢不能通过。

　　5.8.1.4 对于液压电梯，当缓冲器完全压缩时，柱塞不应触及缸筒的底座。

　　对于保证多级液压缸同步的装置，如果至少一级液压缸不能撞击其下行程的机械限位装置，则该要求不适用。

　　5.8.1.5 蓄能型缓冲器（包括线性和非线性）只能用于额定速度小于或等于 1.0m/s 的电梯。

　　5.8.1.6 耗能型缓冲器可用于任何额定速度的电梯。

　　5.8.1.7 非线性蓄能型缓冲器和耗能型缓冲器是安全部件，应根据 GB/T 7588.2—2020 中 5.5 的规定进行验证。

　　5.8.1.8 除线性缓冲器（见 5.8.2.1.1）外，在缓冲器上应设置铭牌，并标明：

　　a）缓冲器制造单位名称；

　　b）型式试验证书编号；

　　c）缓冲器型号；

　　d）液压缓冲器的液压油规格和类型。

　　5.8.2 轿厢和对重缓冲器的行程

　　5.8.2.1 蓄能型缓冲器

　　5.8.2.1.1 线性缓冲器

　　5.8.2.1.1.1 缓冲器可能的总行程应至少等于相应于115%额定速度的重力制停距离的两倍，即：$0.135v^2$（m）。无论如何，此行程不应小于 65mm。

　　5.8.2.1.1.2 缓冲器应在静载荷为轿厢质量与额定载重量之和（或对重质量）的 2.5～4 倍时能达到 5.8.2.1.1.1 规定的行程。

　　5.8.2.1.2 非线性缓冲器

　　5.8.2.1.2.1 当载有额定载重量的轿厢或对重自由下落并以 115%额定速度撞击缓冲器时，非线性蓄能型缓冲器应符合下列要求：

a）按照 GB/T 7588.2—2020 的 5.5.3.2.6.1a）确定的减速度不应大于 $1.0g_n$；

b）$2.5g_n$ 以上的减速度时间不应大于 0.04s；

c）轿厢或对重反弹的速度不应超过 1.0m/s；

d）缓冲器动作后，应无永久变形；

e）减速度最大峰值不应大于 $6.0g_n$。

5.8.2.2 耗能型缓冲器

5.8.2.2.1 缓冲器可能的总行程应至少等于相应于 115%额定速度的重力制停距离，即：$0.0674v^2$（m）。

5.8.2.2.2 对于额定速度大于 2.50m/s 的电梯，如果按 5.12.1.3 的要求对电梯在其行程末端的减速进行监控，按照 5.8.2.2.1 规定计算缓冲器行程时，可采用轿厢（或对重）与缓冲器刚接触时的速度代替 115%额定速度。但在任何情况下，行程不应小于 0.42m。

5.8.2.2.3 耗能型缓冲器应符合下列要求：

a）当载有额定载重量的轿厢或对重自由下落并以 115%额定速度或按照 5.8.2.2.2 规定所降低的速度撞击缓冲器时，缓冲器作用期间的平均减速度不应大于 $1.0g_n$；

b）$2.5g_n$ 以上的减速度时间不应大于 0.04s；

c）缓冲器动作后，应无永久变形。

5.8.2.2.4 在缓冲器动作后，只有恢复至其正常伸长位置后电梯才能正常运行，检查缓冲器的正常复位所用的装置应是符合 5.11.2 规定的电气安全装置。

5.8.2.2.5 液压缓冲器的结构应便于检查其液位。

10.4　轿厢意外移动保护装置

轿厢意外移动是指轿厢在开锁区域内且开门状态下，轿厢无指令离开层站的移动，不包括装卸引起的移动，如图 10-27 所示。

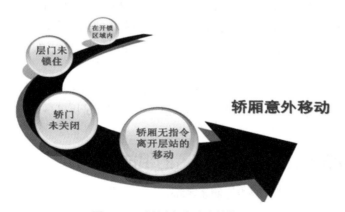

图 10-27　轿厢意外移动的情况

轿厢意外移动保护（UCMP）装置，是在电梯层门未被锁住且轿门未关闭的情况下，由于轿厢安全运行所依赖的驱动主机或驱动控制系统的任何元件失效引起轿厢离开层站的意外移动，电梯应具有防止移动或使移动停止的装置。

该装置应能够检测到轿厢的意外移动，并应制停轿厢且使其保持停止状态。

10.4.1 轿厢意外移动的原因

引起电梯意外移动原因是多方面的，主要有下面几方面的因素。

1. 电梯制动器失效

电梯制动器失效主要由两个因素引起，即电气装置方面的原因和机械装置方面的原因。

（1）电气装置原因。

电梯轿门完全打开以后，制动器没有完成制动工作，首要原因可能是门系统所对应门锁回路出现故障。而门锁回路出现故障的原因可能是门锁电气联锁失效或是人为短接未及时发现并做出处理。

其次，造成制动器失效的电气装置原因还有可能是制动器内部控制系统出现故障，电气控制失效，导致制动器无法正常工作，进而发生电梯轿厢意外移动事故。

（2）机械装置原因。

机械装置原因造成制动器失效，可能是制动器内部器件失效。一方面，在电梯运行过程中，制动弹簧磨损失效或压力不足而对制动功能造成影响。另一方面，使用时间长的制动轮和制动钳也容易出现磨损现象，摩擦表面会逐渐变硬，造成制动弹簧的压力不足。

2. 电梯的曳引机或钢丝绳有缺陷

电梯轿厢与对重装置通过曳引机的曳引轮与钢丝绳相连，钢丝绳紧紧嵌在曳引轮绳槽内，曳引轮或钢丝绳磨损、变形、有油污等导致曳引力不足、打滑等。

曳引系统其他相关部件的损坏、失效等也会造成电梯轿厢的意外移动，对人员安全产生威胁。

3. 电梯的使用、管理不当

（1）电梯轿厢严重超载。

尽管电梯有超载保护装置，但是超载保护装置会随着电梯使用时间和频率的增加而出现老化甚至损坏的现象，当电梯出现超载现象时，超载保护装置无法实现应有的保护功能。另外，在电梯超载时，制动器需要承受的压力远远大于正常条件下的需要承受的压力，可能无法完成有效的制停。在制动力不足的情况下，电梯轿厢开关门上下人的时候极易发生轿厢意外移动事故。

（2）应急救援操作不当。

在对电梯困人进行应急救援时，由于电梯内空间狭小，不能对被困人员快速展开行动，救援人员在层门、轿门打开放人时，操作不当可能造成剪切、挤压等事故。

10.4.2 轿厢意外移动保护装置的组成

轿厢意外移动保护装置主要由检测子系统、制停子系统及自检测子系统 3 部分组成，如图 10-28 所示。

1. 检测子系统

轿厢意外移动保护装置的检测子系统主要由平层检测传感器、安全继电器电路板和编码器等组成，如图 10-29 所示。

检测子系统应能够检测到轿厢的意外移动，并对制停子系统发出制停轿厢的指令。检测系统通过平层检测传感器检测轿厢离开层站的位置信号，以及由安全回路反馈的层门、轿门关闭、验证信号，判断电梯意外移动距离是否超过允许范围，从而发出制停指令，使制停子系统制停轿厢并保持停止状态。

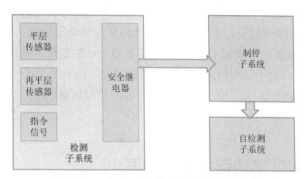

图 10-28　轿厢意外移动保护装置的组成

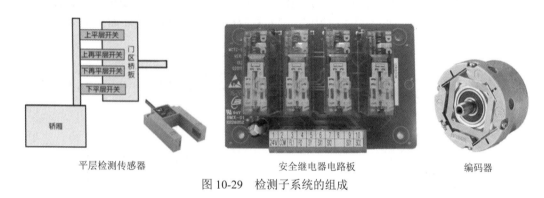

平层检测传感器　　　　　　安全继电器电路板　　　　　　编码器

图 10-29　检测子系统的组成

2. 制停子系统

制停子系统是轿厢意外移动保护装置的制停部件。制停子系统作用在轿厢、对重、钢丝绳、曳引轮或只有两个支撑的曳引轮轴上。制停子系统或保持轿厢停止的装置可与下行超速保护装置和上行超速保护装置共用，用于上行和下行方向的制停部件可以不同。

常见的制停子系统有作用于钢丝绳的夹绳器，作用于轿厢或对重的双向安全钳（或夹轨器），作用于曳引轮或曳引轮轴的驱动主机制动器等，如图 10-30 所示。

夹绳器　　　　　　　　双向安全钳　　　　　　　驱动主机制动器

图 10-30　常见的制停子系统

3. 自检测子系统

轿厢意外移动保护装置的自检测子系统是指：在使用驱动主机制动器作为制动元件的情况下，对机械装置正确提起（或释放）的验证和（或）对制动力验证的检测装置，以及监测制动力（制动力矩）的系统或装置，主要完成制动力验证及制动器功能。

对于采用对机械装置正确提起（或释放）验证和对制动力验证的检测装置，制动力自检测的周期不应大于 15 天；对于仅采用对机械装置正确提起（或释放）验证的检测装置，则应在定期维护保养时检测制动力；对于仅采用制动力验证的检测装置，则制动力自检测周期不应大于 24h。

10.4.3 轿厢意外移动保护装置的要求

在 GB/T 7588.1—2020《电梯制造与安装安全规范 第 1 部分：乘客电梯和载货电梯》中，对轿厢意外移动保护装置做了相关的规定：该装置应在下列距离内制停轿厢（见图 10-31）。

单位为 m

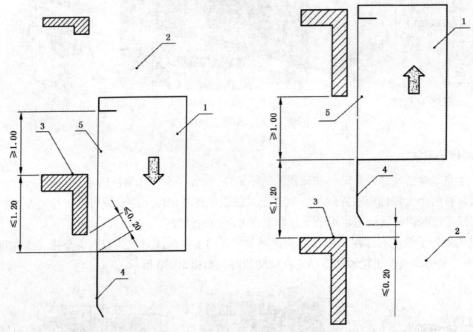

1. 轿厢；2. 井道；3. 层站；4. 轿厢护脚板；5. 轿厢入口

图 10-31 轿厢意外移动时的制停距离

- 与检测到轿厢意外移动的层站的距离不大于 1.20m。
- 层门地坎与轿厢护脚板最低部分之间的垂直距离不大于 0.20m。
- 设置井道围壁时，轿厢地坎与面对轿厢入口的井道壁最低部分之间的距离不大于 0.20m。
- 轿厢地坎与层门门楣之间或层门地坎与轿厢门楣之间的垂直距离不小于 1.00m。

轿厢载有不超过 100% 额定载重量的任何载荷，在平层位置从静止开始移动的情况下，均应满足上述值。

10.5 电梯电气安全保护装置

10.5.1 电梯安全保护电路

　　电梯安全保护电路包括由电气安全开关组成的安全回路，由层门、轿门联锁开关组成的门锁回路和检修及紧急电动运行电路等几部分。

　　为了保证电梯的安全运行，在电梯上安装了许多安全检测开关（包括相序开关、限速器开关、安全钳开关、上行超速开关、上下极限开关、缓冲器开关、盘车手轮开关、各种急停开关等），这些开关串联在一起构成电梯的安全回路。只有在所有安全开关都闭合的情况下，安全回路接通，安全继电器吸合或者安全模块收到正确信号后，电梯才能正常运行。

　　门锁回路是检测所有层门和轿门上安装的机电联锁开关是否接通、验证门扇闭合的电气安全装置，其中的电气开关应该是安全触点式的，应确保电梯所有层门和轿门完全关闭后电气联锁电路可靠接通。门锁回路通常串联在安全回路的末端。

　　当电梯门关闭到位后，门锁继电器吸合或者安全模块收到关门到位信号后，电梯才能正常启动运行。运动中的电梯轿厢离开闭合位置时，电梯立即停止运行。

　　检修及紧急电动运行电路是电梯安全保护电路的重要组成部分。紧急电动运行开关动作后，除由该开关控制的运行以外，应防止轿厢的一切运行。检修运行一旦实施，则紧急电动运行应失效。紧急电动运行开关安装在机房控制柜内，紧急电动运行时，临时短接安全钳开关、限速器开关、轿厢上行超速保护开关、极限开关和缓冲器开关。紧急电动运行应慢速点动运行，轿厢运行速度不应大于 0.63m/s。

　　电梯安全保护电路的开关明细、安装位置示意和原理分别如图 10-32～图 10-34 所示。

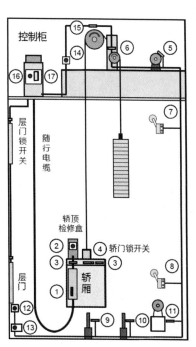

明细	
层门、轿门联锁开关	
1. 轿厢急停开关	10. 对重缓冲器开关
2. 轿顶急停开关	11. 限速器胀绳开关
3. 轿厢锁紧开关	12. 底坑入口急停开关
4. 安全钳开关	13. 底坑急停开关
5. 限速器开关	14. 机房高台急停开关
6. 上行超速保护开关	15. 盘车手轮开关
7. 上极限开关	16. 控制柜急停开关
8. 下极限开关	17. 相序继电器
9. 轿厢缓冲器开关	

图 10-32　电梯安全保护电路的开关明细　　　　图 10-33　电梯安全保护电路的开关安装位置

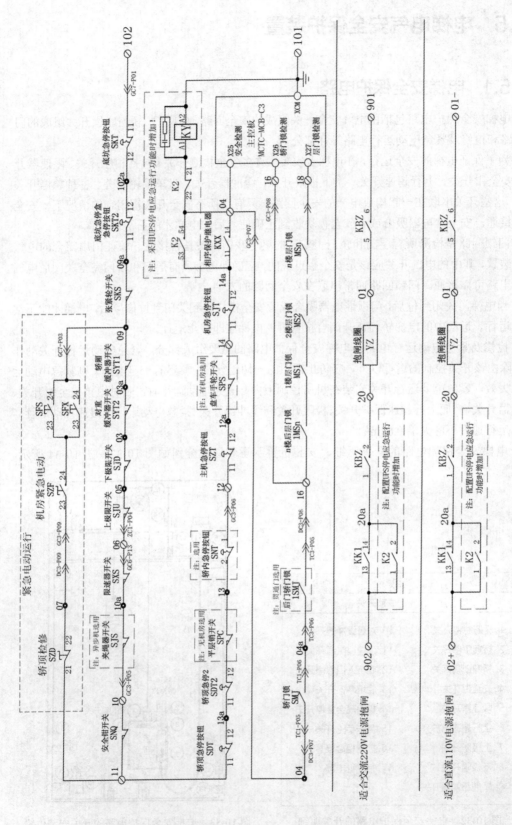

图 10-34 电梯安全保护电路的原理

10.5.2　检修运行装置与紧急停止开关

1．检修运行装置

检修运行装置是电梯维修人员对电梯进行维修、保养和故障处理时用来控制电梯慢速运行的装置。电梯在轿顶、轿厢和机房控制柜 3 个地方都装有检修运行装置，其中轿顶检修装置与轿厢检修装置如图 10-35 所示。

图 10-35　电梯轿顶检修装置与轿厢检修装置

由于轿顶是检修电梯最常用和工作最危险的地方，因此，它具有检修操作的优先权，3 个检修操作的优先顺序为轿顶检修→轿厢检修→机房检修，并且各自互锁，任一时间内只能在一个地方进行检修操作。当轿顶检修开关打在检修位置时，轿顶检修优先，由轿顶检修开关接管操作控制权，此时轿厢检修和机房检修开关无效。

电梯的检修运行优先于电梯的其他运行方式（包括正常运行、紧急电动运行、消防运行等）。检修运行时，电梯只能以点动方式慢速运行，轿厢运行速度不应大于 0.63m/s。

电梯运行状态的优先级别顺序是检修运行→紧急电动运行→消防运行→正常自动运行，检修运行是最高级别，只有当检修运行撤销时，电梯才能进入其他运行状态。

2．紧急停止开关

紧急停止开关也称为紧急停止装置、急停按钮或急停开关，是在电梯维修过程中或紧急情况下的主动停止开关。急停开关一旦被按下，就立即切断电梯安全回路，使电磁制动器断电抱闸，电梯停止，不能运行，直到急停开关被人工复位后方可继续进行检修操作和其他运行操作。

急停开关安装在电梯轿厢操纵箱、轿顶检修盒、机房控制柜和底坑。为了易于操作以应对紧急状态，急停开关应设置在距检修或维护人员入口不大于 1m 的易接近位置，也可设置在紧邻距入口不大于 1m 的检修运行控制装置的位置。急停开关的操作装置（如有）应是红色，并标以"停止"字样加以识别，以不会出现误操作危险的方式设置。急停开关应由符合规定的电气安全装置组成。急停开关应为双稳态，误动作不能使电梯恢复运行。

为方便维修人员的操作，保障底坑工作人员的安全，底坑内一般装有两个急停开关，一个位于底坑入口附近，另一个置于底坑下面易于操作的地方。底坑急停开关的外形如图 10-36 所示。

机房急停开关安装在控制柜内，无机房电梯的急停开关也安装在控制柜内，其他轿顶、轿厢的急停开关见图 10-36。

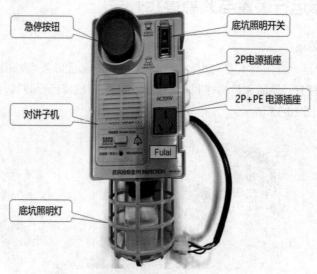

图 10-36　底坑急停开关的外形

　　急停开关没有优先次序之分，所有急停开关被直接串联在安全回路之中，可一键停止电梯的运行。

10.6　其他安全保护装置

　　除了上述的安全保护装置外，电梯还有其他的安全保护装置，例如旋转运动部件保护装置、轿顶安全护栏、轿厢护脚板、层门护脚板、底坑对重侧防护栅栏以及前文提过的层门门锁、层门自闭装置、门入口保护装置（安全触板、光电式保护装置）、超载保护装置、监控系统、报警装置和制动器扳手、盘车手轮等。

　　另外还有供电系统的断相和错相保护装置、电气系统的短路和过载保护装置、电气设备的接地保护，以及各种起保护作用的电器开关（如消防开关、层门开关、安全门开关、超载开关、钢带轮的断带开关等）。

　　下面主要介绍一下轿顶安全护栏、轿厢护脚板和底坑对重侧防护栅栏。

1. 轿顶安全护栏

　　轿顶安全护栏如图 10-37 所示，是电梯维修人员在轿顶作业时的安全保护栏。当离轿顶外侧边缘有水平方向超过 0.3m 的自由距离时，轿顶应装设护栏，护栏应满足下列要求。

　　护栏应由扶手、0.1m 高的护脚板和位于护栏高度一半处的中间栏杆组成。

　　考虑到护栏扶手外缘水平方向的自由距离，扶手高度如下。

- 当自由距离不大于 0.85m 时，扶手高度不应小于 0.70m。
- 当自由距离大于 0.85m 时，扶手高度不应小于 1.10m。

　　扶手外缘和井道中的任何部件［对重（或平衡重）、开关、导轨、支架等］的水平距离不应小于 0.10m。

　　护栏的入口应能使人员安全和容易地通过，以进入轿顶。

　　护栏应装设在距离轿顶边缘 0.15m 之内。

图 10-37 轿顶安全护栏

2. 轿厢护脚板

轿厢护脚板（见图 10-38）是在进行困人解救等其他救援时，为防止乘客或其他人员跌入井道、发生人身伤害事故而设置的安全保护装置。

图 10-38 轿厢护脚板

国家相关标准规定如下。

每一轿厢地坎上需装设护脚板，其宽度应等于相应层站入口的净宽。护脚板的垂直部分以下应成斜面向下延伸，斜面与水平面的夹角大于 60°，该斜面在水平面上的投影深度不小于 20mm。

护脚板垂直部分的高度应不小于 0.75m。

对于采用对接操作的电梯，其护脚板垂直部分的高度应在轿厢处于最高装卸位置时，延伸到层门地坎线以下不小于 0.1m。

护脚板用 2mm 厚的铁板制成，装于轿厢地坎下侧且用扁铁支撑，以加强机械强度。

3. 底坑对重侧防护隔障

为防止电梯维保人员在底坑工作时处于对重下侧而发生危险，应加强井道内的防护，为此国家相关标准规定如下。

对重（或平衡重）的运行区域应采用刚性隔障防护，该隔障从电梯底坑底面上不大于 0.30m 处向上伸延到至少 2.5m 的高度，其宽度应至少等于对重（或平衡重）宽度两边各加 0.10m。如果这种隔障是网孔型的，则应遵循国标中的相关规定。

在装有多台电梯的井道中，不同电梯的运动部件之间应设置隔障。如果这种隔障是网孔型的，则应遵循国标中的相关规定。

这种隔障应至少从轿厢、对重（或平衡重）行程的最低点延伸到最低层站楼面以上 2.5m 的高度。其宽度应能防止人员从一个底坑通往另一个底坑。

如果轿厢顶部边缘和相邻电梯的运动部件[轿厢、对重（或平衡重）]的水平距离小于 0.5m，这种隔障应该贯穿整个井道。其宽度应至少等于该运动部件或该运动部件需要保护部分的宽度每边各加 0.10m。

10.7 电梯安全保护系统的动作关系

通过前文的分析，我们总结出电梯安全保护系统各部分的动作关系如图 10-39 所示。

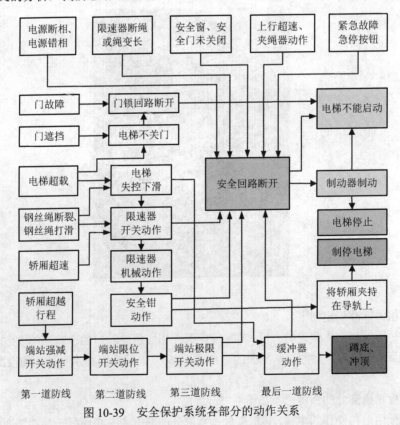

图 10-39 安全保护系统各部分的动作关系

由图 10-39 可见，整个电梯安全保护系统以安全回路为中心，通过安装于电梯各个部位的安全保护开关、安全保护装置对电梯的运行进行多方位的保护，能防止各种不安全情况的发生，有效地保障电梯的运行安全。

【任务总结与梳理】

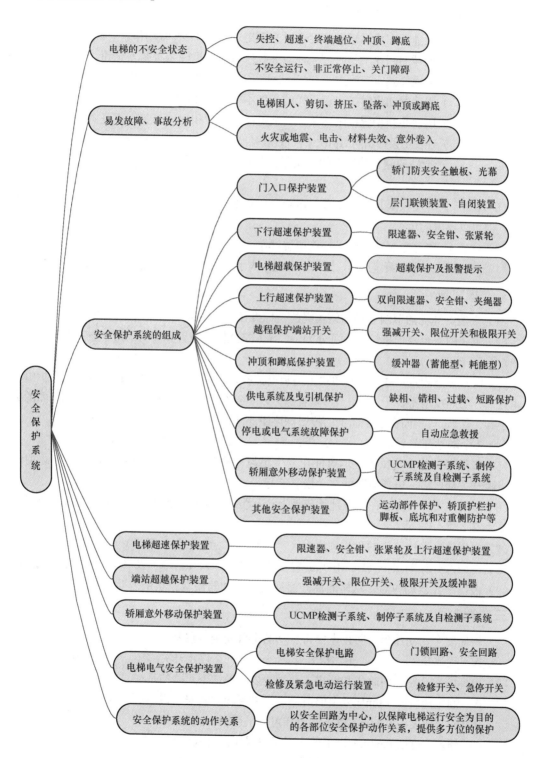

【思考与练习】

一、判断题（正确的填√，错误的填 X）

（1）（　　）限速器在电梯轿厢速度超过其额定速度的 115%时动作。

（2）（　　）当轿厢超速下行时，一种能够制停轿厢的机械装置是安全钳。

（3）（　　）当电梯额定速度大于 0.63m/s 时，应采用瞬时式安全钳。

（4）（　　）限速器动作时，限速器绳的张力不得小于 300N。

（5）（　　）电梯必须设置极限开关，而强迫减速开关和限位开关则不是必须设置的。

（6）（　　）在使用条件相同的情况下，液压缓冲器所需的行程可以比弹簧缓冲器减少一半。

（7）（　　）端站超越保护装置的作用是，保证电梯在运行于上、下两端站时不超越极限位置。

（8）（　　）终端极限开关动作时，切断安全回路，同时切断主动力电源，电梯不能同向运行，但可以反方向运行。

（9）（　　）聚氨酯缓冲器属于耗能型缓冲器。

（10）（　　）对于弹簧缓冲器，适用于速度不大于 1m/s 的电梯，最小行程不得小于 65mm。

二、填空题

（1）限速器绳轮的节圆直径与钢丝绳的公称直径之比不应小于（　　　）。

（2）电梯的安全保护系统一般可分为（　　）安全保护装置和（　　）安全保护装置两大部分。

（3）国家标准规定，每一轿厢地坎上需装设护脚板，其宽度是层站入口处的净宽。护脚板的垂直部分的高度应不少于（　　　），垂直部分以下部分成斜面向下延伸，斜面与水平面的夹角大于（　　），该斜面在水平面上的投影深度不小于（　　　）。

（4）3 个端站开关分别是（　　）开关、（　　）开关和（　　）开关。

（5）极限开关的安装位置应尽可能在发生超越行程时，轿厢或对重接触（　　　）之前动作；极限开关动作后，电梯应不能自动恢复运行。

（6）极限开关应当安装在轿厢地坎超越上、下端站平层位置约（　　　）处，且轿厢或对重接触缓冲器之前动作。

（7）电梯检修操作级别的优先顺序为（　　）→（　　）→（　　）。

（8）轿厢意外移动保护（UCMP）装置主要由（　　）、（　　）及（　　）3 部分组成。

（9）液压缓冲器动作后，从轿厢离开缓冲器到缓冲器恢复原状所需要的时间应（　　　）。

三、单选题

（1）轿厢安全钳动作后，防止电梯再启动的电气安全装置是（　　）。

　　A. 超载开关　　　　B. 检修开关　　　　C. 停止开关　　　　D. 安全钳开关

（2）电梯的安全钳有瞬时式和渐进式两种，以下说法不正确的是（　　）。

　　A. 额定速度在 1.0m/s 以上的电梯必须采用渐进式安全钳

　　B. 额定速度在 0.63m/s 以下的电梯可以采用瞬时式安全钳

　　C. 额定速度在 0.63m/s 以上的电梯可以采用瞬时式或渐进式安全钳

　　D. 额定速度在 0.63m/s 以上的电梯必须采用渐进式安全钳

（3）当电梯额定速度大于 0.63m/s 时，应采用（　　）。

　　A. 渐进式安全钳　　　　　　　　　　　B. 瞬时式安全钳
　　C. 带缓冲作用的瞬时式安全钳　　　　　D. 任何型式的安全钳

（4）电梯的安全钳有瞬时式和渐进式两种，以下说法正确的是（　　）。

　　A. 额定速度在 0.63m/s 以上的电梯必须采用渐进式安全钳

　　B. 额定速度在 0.63m/s 以上的电梯必须采用瞬时式安全钳

　　C. 额定速度在 0.63m/s 以上的电梯可以采用瞬时式或渐进式安全钳

　　D. 额定速度在 0.63m/s 以下的电梯必须采用渐进式安全钳

（5）限速器的运转速度反映的是（　　）的实时运行速度。

　　A. 曳引机　　　　B. 曳引轮　　　　C. 轿厢　　　　D. 曳引绳

（6）限速器上的电气安全开关，在轿厢（　　）时动作。

　　A. 超速　　　　B. 超载　　　　C. 停止　　　　D. 平层

（7）限速器动作时，限速器钢丝绳的张力应不小于安全钳起作用所需力的（　　）倍和 300N 两者中的较大者。

　　A. 1　　　　　　B. 2　　　　　　C. 3　　　　　　D. 4

（8）电梯限速器动作时，其电气联锁装置应该（　　）。

　　A. 动作并能自动复位　　　　　　　　　B. 动作并且需人工复位
　　C. 不动作　　　　　　　　　　　　　　D. 以上均不对

（9）电梯对重侧装有限速器，其动作速度应（　　）。

　　A. 小于轿厢侧限速器的动作速度，但不得超过 10%

　　B. 大于轿厢侧限速器的动作速度，但不得超过 10%

　　C. 等于轿厢侧限速器的动作速度

（10）当轿厢蹲底时，对轿厢起保护作用的安全部件是（　　）。

　　A. 轿底防震胶　　　B. 强迫减速开关　　C. 极限开关　　　　D. 缓冲器

（11）安全钳与（　　）配合使用，以防止电梯超速运行。

　　A. 缓冲器　　　　B. 限速器　　　　C. 限位开关　　　　D. 极限开关

（12）电梯底坑内应有以下装置：（　　）。

　　A. 停止装置、电源插座和底坑灯开关

　　B. 停止装置、过载保护装置和底坑灯开关

　　C. 停止装置、过载保护装置和灭火器

　　D. 停止装置、电源插座和灭火器

（13）轿顶停止装置（急停开关），应装在离层门入口不超过（　　）m 的位置。

　　A. 0.5　　　　　　B. 1.0　　　　　　C. 1.5　　　　　　D. 2.0

（14）保护安装、维修人员安全地进出轿顶的电气安全装置是（　　）。

　　A. 轿顶照明开关　　B. 轿顶停止开关　　C. 层门　　　　D. 门锁

（15）保护安装、维修人员安全地进出底坑的电气安全装置是（　　）。

　　A. 底坑照明　　　　B. 井道照明　　　　C. 井道爬梯　　　D. 底坑停止开关

（16）蓄能型缓冲器用于额定速度不大于（　　）m/s 的电梯。

　　A. 0.50　　　　　　B. 0.63　　　　　　C. 0.75　　　　　D. 1.00

（17）下列有关缓冲器表述错误的是（　　）。

　　A. 蓄能型缓冲器（包括线性与非性线）只能用于额定速度小于或等于 1m/s 的电梯

　　B. 轿厢在两端平层位置时，轿厢、对重装置的撞板与缓冲器顶面的距离，对于耗

能型缓冲器应为 150～400mm

  C．轿厢在两端平层位置时，轿厢、对重装置的撞板与缓冲器顶面的距离，对于蓄
能型缓冲器应为 200～350mm

  D．同一基础上的两个缓冲器顶部与轿底对应距离差不大于 4mm

（18）当电梯运行到顶层或底层平层位置后，以防电梯继续运行冲顶或蹲底造成事故的装
置是（ ）。

  A．供电系统断相、错相保护装置   B．行程终端限位保护开关

  C．层门锁与轿门电气联锁装置   D．慢速移动轿厢装置

（19）电梯速度超过额定速度的 115%时，下列哪个叙述是不正确的（ ）。

  A．限速器能限制电梯速度   B．限速器动作使安全钳动作

  C．限速器电气开关首先动作   D．安全钳动作将轿厢夹持在导轨

（20）电梯额定速度为 0.5～1.0m/s 时，对重底或轿厢下梁撞板至液压缓冲器的距离为
（ ）mm。

  A．150～400   B．200～350   C．150～250   D．150～200

（21）限速器钢丝绳的公称直径不应小于（ ）mm 。

  A．6   B．8   C．10   D．13

（22）轿厢在井道运动时，最先碰撞的保护开关是（ ）。

  A．缓冲器开关 B．强迫减速   C．极限开关   D．限位开关

（23）当极限开关动作时，下列装置中（ ）不能正常工作。

  A．轿厢对讲电话 B．轿厢报警按钮 C．轿厢应急照明 D．开门按钮

（24）弹簧缓冲器适用于额定速度为（ ）m/s 以下的电梯。

  A．1.0   B．1.5   C．2.0   D．2.5

（25）底坑中对重侧应设防护栅栏，其高度不低于（ ）m。

  A．1.5   B．1.8   C．2   D．2.5

（26）强迫减速开关动作后电梯应（ ）。

  A．继续运行   B．被强迫减速运行到平层位置

  C．被强迫停下，可检修慢速运行   D．被强迫停下且不能自动恢复运行

（27）限位开关动作后电梯应（ ）。

  A．继续运行   B．被强迫减速运行到平层位置

  C．被强迫停下，可检修慢速运行   D．被强迫停下且不能自动恢复运行

（28）极限开关动作后电梯应（ ）。

  A．继续运行   B．被强迫减速运行到平层位置

  C．被强迫停下，可检修慢速运行   D．被强迫停下且不能自动恢复运行

（29）限位开关应在轿厢超越平层位置（ ）mm 时动作。

  A．20～30   B．30～40   C．40～50   D．30～50

四、简答题

（1）电梯安全回路的主要功能是什么？包含哪些电气安全开关？

（2）电梯的不安全状态有哪些？

（3）电梯的不安全状态容易造成的故障或事故通常有哪些？

（4）简述轿厢意外移动保护装置的组成和作用。

第 *11* 章

自动扶梯和自动人行道

【学习任务与目标】

- 了解自动扶梯与自动人行道的定义和主要参数。
- 掌握自动扶梯的结构和传动原理。
- 掌握自动扶梯主要组成部件的功能和作用。
- 掌握自动扶梯主要安全保护装置的作用和安装位置。
- 了解自动人行道的分类和不同的应用场所。
- 了解自动人行道的主要组成部件和整体结构。

【导论】

《特种设备安全监察条例》(2003 年 6 月 1 日实施)对电梯的定义如下:指动力驱动,利用沿刚性导轨运行的箱体或者沿固定线路运行的梯级(踏步)进行升降或者平行运送人、货物的机电设备,包括载人(货)电梯、自动扶梯、自动人行道等。

从广义的电梯概念来说,自动扶梯和自动人行道都是国家标准 GB/T 7024—2008《电梯、自动扶梯、自动人行道术语》和 GB/T 7588.1—2020《电梯制造与安装安全规范 第 1 部分:乘客电梯和载货电梯》中定义的电梯范围。自动扶梯与自动人行道和电梯一样,都属于机电类特种设备。自动扶梯与自动人行道在机械结构、电气拖动控制、安全装置等诸多方面具有许多相似之处,所以把两者放在一章内做简要介绍。

虽然同为电梯品种,但自动扶梯与自动人行道的结构原理和运行模式与垂直电梯又有很大的不同。自动扶梯与自动人行道可以单向连续运行,无须等待,短时间内可以输送大量人流,被广泛应用于商场、车站、商业大厦、地铁站等人员流动密集的场所,是社会进步和人们物质文化水平迅速提高的标志之一。

11.1 自动扶梯和自动人行道概述

自动扶梯起源于 1859 年美国人内森·艾姆斯发明的一种"旋转式楼梯",它以电动机为动力驱动带有台阶的闭环输送带,让乘客从三角状装置的一边进入,到达顶部后从另一边下来。它更像是一种游艺机,被认为是现代自动扶梯的雏形,如图 11-1 所示。

1892 年,美国人乔治·韦勒设计出带有活动扶手的扶梯,活动扶手可以与梯级同步运行。这是一个里程碑式的发明,它实现了"电动楼梯"的实际使用,如图 11-2 所示。

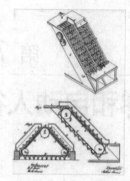

图 11-1　现代自动扶梯的雏形　　　　　图 11-2　"电动楼梯"的实际使用

　　1899 年，奥的斯公司成功研制出第一台自动扶梯。它是第一条有水平梯级、活动扶手和梳齿板的自动扶梯，在 1900 年举行的巴黎博览会上展出且大获成功，并被命名为"escalator"。从此，一个新的英文单词诞生了，它是 "escalade"（梯子）和 "elevator"（电梯）的组合——"escalator"（自动扶梯）。当时的自动扶梯虽然没有上下曲线段和上下水平段，但经过不断的改进和试验，性能和可靠性得到进一步提高，使自动扶梯得到了蓬勃的发展。

　　我国首个安装自动扶梯的城市是上海。1935 年，上海的大新百货公司安装了两台奥的斯单人自动扶梯，连接地面至二楼以及二楼到三楼。

1. 自动扶梯和自动人行道的定义

　　GB 16899—2011《自动扶梯和自动人行道的制造与安装安全规范》中对自动扶梯和自动人行道的定义如下。

　　自动扶梯（escalator）：带有循环运行梯级，用于向上或向下倾斜运输乘客的固定电力驱动设备。

　　注：自动扶梯是机器，即使在非运行状态下，也不能作为固定楼梯使用。

　　自动人行道（moving walk）：带有循环运行（板式或带式）走道，用于水平或倾斜角度不大于 12° 运输乘客的固定电力驱动设备。

　　注：自动人行道是机器，即使在非运行状态下，也不能作为固定通道使用。

2. 自动扶梯和自动人行道的特点

　　自动扶梯与自动人行道可以看作自动行走的代步工具，它们可以连续不断地运行而无须等待，也不会困人。其安全性能好、输送能力强、可以在短时间内输送大量人流。因此，在大型的商场、车站、商业大厦、地铁站等人员流动密集的场所，对于 2～4 层的人员运输，自动扶梯比垂直电梯的运输效率更高，能更快地疏散人流。自动人行道还可以运输乘客和乘客携带的行李、儿童车、轮椅、购物手推车等，可以向上或者向下连续运行，双向使用。

　　而且，自动扶梯无须井道，占用楼层有效面积小，外观时尚、富有时代感，能与现代化的建筑完美结合，自动扶梯流线型的造型和扶手带的灯光效果也给建筑大厦以良好的装饰效果。自动扶梯乘坐舒适，扶梯内视野宽阔，乘客乘坐时还可以观赏周围的环境和景色，十分适合大型的购物中心和商场使用。

　　对于并行排列的自动扶梯，通常一个向上一个向下，大部分中间还装有固定的楼梯，方便行人的通行。在人流高峰时，还可以调整运行方向，使全部扶梯向同一个方向运行，则可以成倍地提高输送效率，短时间疏散大量的人员，特别适合大型的车站、地铁站等人流密集的地方使用，如图 11-3 所示。

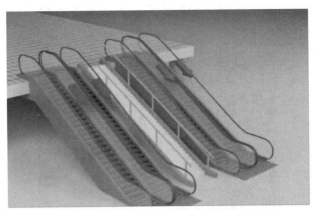

图 11-3　自动扶梯的同向运行可以快速疏散人群

11.2 自动扶梯

11.2.1 自动扶梯的分类

自动扶梯可以按照使用用途、安装地点、提升高度、机房位置、扶手护壁形式、梯级宽度、倾斜角度等不同的方式来进行分类。

1. 按使用用途分类

自动扶梯按使用用途分类可以分为普通型自动扶梯和公共交通型自动扶梯。

- 普通型自动扶梯：通常是指安装在商场、商业大厦、购物中心、图书馆、展览馆等公共场所的自动扶梯，一般它的载客量比较少，是使用量最大的自动扶梯。普通型自动扶梯的护壁板通常是玻璃的，比较美观。
- 公共交通型自动扶梯：通常是指安装在大型的公共车站、地铁站、人行天桥、交通隧道、交通枢纽等人流密集场所的自动扶梯，它的使用环境复杂、载客量大、使用频繁。这类扶梯的护壁板一般是不锈钢的，虽然不如透明玻璃美观，但是牢固耐用、安全性能好。

GB 16899—2011《自动扶梯和自动人行道的制造与安装安全规范》中对公共交通型自动扶梯的定义为：公共交通型自动扶梯（public service escalator）指适用于下列情况之一的自动扶梯。

（1）公共交通型自动扶梯是公共交通系统包括出口和入口处的组成部分。

（2）处于高强度使用的自动扶梯，即每周运行时间约 140h，且在任何 3h 的间隔内，其载荷达到 100%制动载荷的持续时间不少于 0.5h。（例如：名义宽度为 1m 的扶梯，每个梯级上的制动载荷为 120kg。）

2. 按安装地点分类

自动扶梯按安装地点分类可以分为室内型自动扶梯、室外型自动扶梯和半室外型自动扶梯。室内型自动扶梯是安装工作在室内的自动扶梯，使用非常广泛，不会受到雨雪、风沙和恶劣环境的影响；室外型自动扶梯安装在室外露天场所，具有抵御室外恶劣环境影响的能力；半室外型自动扶梯也安装在室外，但上方装有雨棚，可以抵御部分雨雪、阳光等不良环境的直接影响，其配备的保护措施比直接安装在露天场所的室外型自动扶梯要少，如图 11-4 所示。

图 11-4　半室外型自动扶梯

3. 按提升高度分类

自动扶梯按提升高度分类可以分为小提升高度自动扶梯（提升高度为 3～6m）、中提升高度自动扶梯（提升高度为 6～20m）和大提升高度自动扶梯（提升高度大于 20m）。

4. 按机房位置分类

自动扶梯按机房位置分类可以分为机房上置式自动扶梯、机房外置式自动扶梯和中间驱动式自动扶梯。

机房上置式自动扶梯为标准型结构，机房安装在扶梯上部；机房外置式自动扶梯也称为分离式机房自动扶梯，驱动装置安装在扶梯桁架外的建筑空间，动力机构与传动机构分隔设置；中间驱动式自动扶梯的驱动装置安装在扶梯桁架内，一般用作大提升高度自动扶梯。

5. 按扶手护壁形式分类

自动扶梯按扶手护壁形式分类可以分为全透明扶手护壁自动扶梯、半透明扶手护壁自动扶梯和不透明扶手护壁自动扶梯 3 种。

自动扶梯的扶手护壁材料通常有玻璃和不锈钢两种。普通型自动扶梯的护壁板通常采用玻璃制造，玻璃制造的扶手护壁可以根据需求做成全透明或半透明的形式，还可以配以不同的颜色增加美感。此外，一些新型的商业广场、展览馆、购物中心等商业大厦还在扶手带下面或护壁板下方配以不同的灯光效果，加强建筑物内部的装饰效果。

对于地铁站等人流量大的场所的公共交通型自动扶梯，一般采用不透明的不锈钢作为护壁板的材料，主要考虑的是机械强度高、安全性能好、牢固耐用。

6. 按梯级宽度分类

自动扶梯的梯级宽度有 600mm、800mm、1000mm 这 3 种，梯级宽度不同则扶梯的理论输送能力也不同，一般梯级宽度为 600mm 时可核定载 1 人，800mm 时可核定载 1.5 人，1000mm 时可核定载 2 人，如图 11-5 所示。

GB 16899—2011《自动扶梯和自动人行道的制造与安装安全规范》中规定如下。

自动扶梯的名义宽度不应小于 0.58m，也不应大于 1.10m。

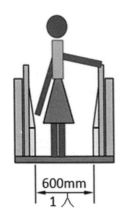

图 11-5　自动扶梯的梯级宽度与核定载人数

7. 按倾斜角度分类

自动扶梯的倾斜角度有 27.3°、30°、35° 这 3 种。

在 GB 16899—2011《自动扶梯和自动人行道的制造与安装安全规范》中规定如下。

自动扶梯的倾斜角度不应大于 30°，当提升高度不大于 6m 且名义速度不大于 0.50m/s 时，倾斜角允许增大至 35°。

同时，自动扶梯的倾斜角度不大于 30° 时，名义速度不应大于 0.75m/s；自动扶梯的倾斜角度大于 30° 但不大于 35° 时，名义速度不应大于 0.50m/s。

11.2.2　自动扶梯的参数

自动扶梯的参数主要有以下几种。

1. 提升高度（h）

提升高度是指出入口两楼层板的垂直距离，如图 11-6 所示的 h。

提升高度有小提升高度、中提升高度和大提升高度 3 种。

2. 名义宽度（z_1）

名义宽度是指梯级或踏板的宽度，如图 11-7 所示的 A。

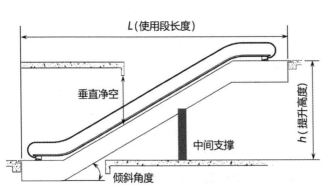

图 11-6　自动扶梯的提升高度

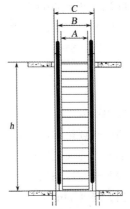

A. 名义宽度；B. 扶手带中心距；C. 扶梯宽度

图 11-7　自动扶梯的名义宽度

名义宽度有 600mm、800mm、1000mm 这 3 种。

3. 名义速度（v_1）

名义速度是由制造商设计确定的，自动扶梯或自动人行道的梯级、踏板或胶带在空载（例如：无人）情况下的运行速度。（而额定速度则是指在额定载荷时的运行速度。）

名义速度通常有 0.50m/s、0.65m/s 和 0.75m/s 这 3 种。

4. 倾斜角（α）

倾斜角是指梯级、踏板或胶带运行方向与水平面构成的最大角度。

自动扶梯的倾斜角通常有 27.3°、30° 和 35° 这 3 种。在相同提升高度的情况下，倾斜角越大，扶梯长度越短，如图 11-8 所示。

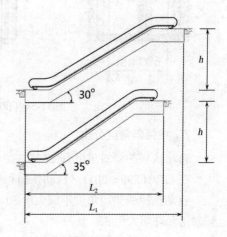

5. 最大输送能力（C_1）

最大输送能力是指在运行条件下，可达到的最大人员流量。

在 GB 16899—2011《自动扶梯和自动人行道的制造与安装安全规范》中，提出了最大输送能力的概念，是指用于交通流量的规划时，自动扶梯或自动人行道每小时能够输送的最多人员数量，如表 11-1 所示。

图 11-8　自动扶梯的提升高度与倾斜角

表 11-1　自动扶梯的最大输送能力

名义宽度 z_1/m	最大输送能力 C_1/(人·小时$^{-1}$)		
	v_1=0.5m/s	v_1=0.65m/s	v_1=0.75m/s
0.60	3600	4400	4900
0.80	4800	5900	6600
1.00	6000	7300	8200

注：使用购物车和行李车时将导致输送能力下降约 80%；对踏板宽度大于 1.0m 的自动人行道，其输送能力不会增加，因为使用者需要握住扶手带，其额外的宽度原则上是供购物车和行李车使用的

GB 16899—2011 虽然取消了理论输送能力的名称，但理论输送能力也是衡量输送能力的一个重要参考数据。理论输送能力按梯级上站满乘客并以额定速度运行 1h 所输送的人数计算，用以下公式表示：

$$C_1 = \frac{v_1}{0.4} \times 3600 \times k \qquad （公式 11-1）$$

式中：

C_1——理论输送能力；

v_1——名义速度；

k——宽度系数。

当 z_1=600mm 时，k=1；当 z_1=800mm 时，k=1.5；当 z_1=1000mm 时，k=2。

例如：当 v_1=0.5m/s，z_1=1000mm 时，k=2。

则：理论输送能力 C_1=0.5×3600×2/0.4=9000（人/小时）。

表 11-2 所示为自动扶梯理论输送能力参考数据。

表 11-2　自动扶梯理论输送能力参考数据

名义宽度 z_1/mm	最大输送能力 C_1/(人·小时$^{-1}$)		
	v_1=0.5m/s	v_1=0.65m/s	v_1=0.75m/s
600	4500	5850	6750
800	6750	8775	10125
1000	9000	11700	13500

对表 11-2 中自动扶梯理论输送能力参考数据的说明如下。

（1）实际上在使用时不会出现梯级上全部站满乘客的情况，人们由于安全保护的本能，总会留出一定的空间。

（2）梯级宽度超过 1.0m 时，其输送能力不会增加，因为使用者需要握住扶手带。

（3）并不是速度越快输送能力越大，由于人们反应时间的限制，速度越快，前后梯级间留下的空隙越大。因此，理论输送能力只能作为参考值。

（4）理论输送能力是根据理论计算出的输送能力。而最大输送能力是根据理论分析与经验总结所得，更多表示经验值。

11.2.3　自动扶梯的型号组成

自动扶梯的型号由 5 部分参数代号组成，分别表示产品品种、倾斜角度、水平梯级、梯级宽度和提升高度，如下：

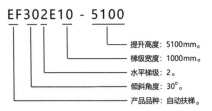

自动扶梯在实际运行中，为了保证乘客进出扶梯的安全，使乘客有一个过渡、适应的过程，自动扶梯在出入口设置了一个水平段，水平段的设置长度（水平梯级的数量）必须满足国家标准的要求。出入口水平段如图 11-9 所示。

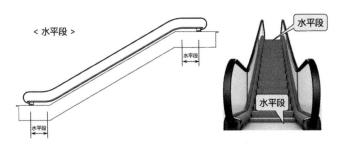

图 11-9　自动扶梯的出入口水平段

11.2.4 自动扶梯的布置形式

自动扶梯可根据扶梯的用途、安装地点和使用性质的不同来布置，以达到最佳的使用效果。通常的布置形式有以下几种。

- 单台布置：这是基本的布置形式，如图 11-10（a）所示。
- 两列交叉布置：循环连续转换乘梯，转换乘梯方便；各楼层间有 2 台扶梯，上下人流可以分开，避免乘梯口的拥挤和混乱；适合上下行人流量较大的地方，如图 11-10（b）所示。
- 单列连续布置：各楼层间只有 1 台扶梯，上行或下行依据交通情况切换方向；循环连续转换乘梯，转换乘梯方便；适合人流量不大、小规模的场合，如图 11-10（c）所示。
- 单列重叠（平行）布置：循环断续转换乘梯，转换乘梯不方便；但占用面积较小，能在乘客转换乘梯的过程中宣传产品；适用于小型百货公司和展览会场，如图 11-10（d）所示。
- 连续一线布置：在直线方向上连续转换，转换乘梯顺畅、方便；要求场地大，如图 11-10（e）所示。

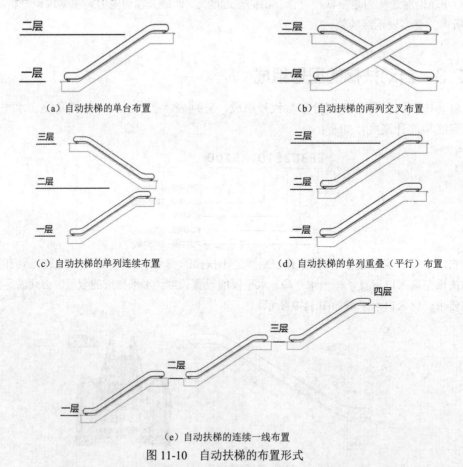

（a）自动扶梯的单台布置   （b）自动扶梯的两列交叉布置

（c）自动扶梯的单列连续布置   （d）自动扶梯的单列重叠（平行）布置

（e）自动扶梯的连续一线布置

图 11-10 自动扶梯的布置形式

- 对于部分客流量大的场所，还可以采用两列连续布置和两列平行布置的形式，则可以成倍地提高输送效率，输送更大的上下行人流，适合大型百货公司、大型车站和展览馆等使用，如图 11-11 所示。

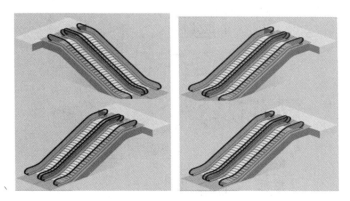

图 11-11 自动扶梯的两列连续布置和两列平行布置

11.2.5 自动扶梯的结构组成

自动扶梯是由链式（或齿轮）输送机和胶带输送机组合而成的电力驱动的机械运输设备，是用于两个相邻楼层间上、下连续运载乘客的机电类特种设备。自动扶梯是机械结构与电气控制系统紧密结合的机电一体化设备。常见的自动扶梯由金属桁架、驱动系统、导轨及运载系统、扶手装置、自动润滑系统、电气控制系统和安全保护系统等组成，如图 11-12 所示。

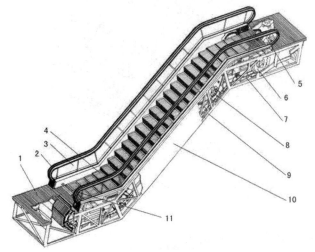

1. 楼层板；2. 扶手带；3. 护壁板；4. 梯级；5. 端部驱动装置；6. 牵引链轮；
7. 牵引链条；8. 扶手带压紧装置；9. 金属桁架；10. 裙板；11. 梳齿板

图 11-12 自动扶梯的结构组成

一、金属桁架

自动扶梯及自动人行道的金属桁架也称金属骨架，它是扶梯的基础承载构件，主要用来安装和支撑扶梯的各种部件、承受各种载荷以及连接两个不同楼层的层面。要求其结构牢固、紧凑，并留有装配和维护保养的空间。

一般自动扶梯的桁架结构示意如图 11-13 所示。

自动扶梯的金属桁架两端支撑在建筑物的两个不同楼层层面，为避免振动与噪声的传导，应用隔振材料隔离。

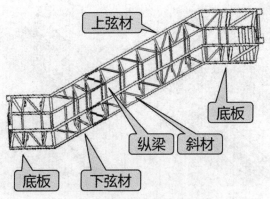

图 11-13　自动扶梯的桁架结构示意

二、驱动系统

驱动装置是自动扶梯及自动人行道的动力来源，自动扶梯的驱动系统通常由电动机、V 形皮带、减速器、主驱动轴、制动器、驱动链轮及驱动链条等组成。常见的链条式自动扶梯端部驱动装置结构如图 11-14 所示。

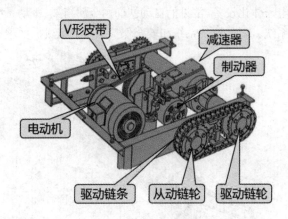

图 11-14　链条式自动扶梯端部驱动装置结构

1. 驱动主机

驱动系统的驱动主机是自动扶梯的核心部件，驱动主机按结构型式又分为立式主机和卧式主机两种。驱动主机主要由电动机、减速器和制动器等组成。

（1）电动机：自动扶梯及自动人行道的电动机通常采用三相交流异步电动机。图 11-14 所示的是卧式主机，驱动主机与减速器之间通过 V 形皮带传动，结构简单、噪声较低、启动和制动性能较好。

（2）减速器：减速器根据驱动主机的结构也有立式和卧式两种。立式减速器是采用蜗轮蜗杆变速的减速器，具有结构紧凑、减速比大、运行平稳、体积较小等优点，但传动效率较低；卧式减速器是采用齿轮传动实现减速的减速器，具有传动效率高且运行平稳等优点，但加工精度要求较高。立式主机及立式减速器结构分别如图 11-15 和图 11-16 所示。

（3）制动器：为确保运行安全，一台自动扶梯应至少设置一个制动器，自动扶梯的制动器包括工作制动器和附加制动器。

图 11-15 立式主机结构

图 11-16 立式减速器结构

- 工作制动器：工作制动器安装在驱动主机的高速轴上，依靠摩擦原理使自动扶梯有效
  地制动减速直至停车，并使其保持静止状态。工作制动器是自动扶梯必须配置的主制
  动器，其控制至少应由两套独立的电气装置来完成。自动扶梯停车以后，电气装置中
  任何一个没有断开，则自动扶梯将不能重新启动。如果用手释放制动器，应用手的持
  续力才能保持制动器的松开状态。

工作制动器是机-电式制动器，在通电时保持释放状态，断电时立即制动，以保证在动力
电源失电或控制电路失电时，能以几乎匀减速的过程制停扶梯并使其保持停止状态。工作制动
器有带式制动器、盘式制动器和块式制动器 3 种形式。

盘式制动器外形如图 11-17 所示。

块式制动器类似于电梯曳引机上的抱闸式制动器。图 11-18 所示为块式制动器和主机盘车
手轮结构。

块式制动器

主机盘车手轮结构

图 11-17 盘式制动器　　　　图 11-18 块式制动器和主机盘车手轮结构

- 附加制动器：附加制动器是为保障自动扶梯安全运行而设计的安全装置，是自动扶梯
  安全系统中起附加保险作用的制动器，尤其是在大提升高度自动扶梯满载下行时，附
  加制动器的安全作用更为显著。工作制动器是自动扶梯必备的制动器，而附加制动器
  是可选配的。

在 GB 16899—2011《自动扶梯和自动人行道的制造与安装安全规范》中规定如下。

在下列任何一种情况下，自动扶梯应设置一个或多个附加制动器，该制动器直接作用于梯
级驱动系统的非摩擦元件上（不能认为单根链条是一个非摩擦元件）。

- 工作制动器与梯级、踏板或胶带驱动装置之间不是用轴、齿轮、多排链条或多根单排
  链条连接的。
- 工作制动器不是符合规定的机-电式制动器。

- 提升高度超过 6m。
- 公共交通型自动扶梯。

附加制动器能使具有制动载荷向下运行的自动扶梯和自动人行道有效地减速停止，并使其保持静止状态。减速度不应超过 $1m/s^2$。附加制动器动作时，不必保证对工作制动器所要求的制停距离。

附加制动器应为机械式的（利用摩擦原理），附加制动器在下列任何一种情况下都应起作用。

- 在速度超过名义速度 1.4 倍之前。
- 在梯级、踏板或胶带改变它们的规定运行方向时。

附加制动器在动作开始时应强制地切断控制电路。

如果电源发生故障或安全回路失电，允许附加制动器和工作制动器同时动作，此时制停条件应符合制停距离的规定要求。

2. 自动扶梯的制停距离

在 GB 16899—2011《自动扶梯和自动人行道的制造与安装安全规范》中规定如下。对于空载和有载向下运行的自动扶梯，其制停距离应符合表 11-3 中的规定。

表 11-3　自动扶梯的制停距离

名义速度 $v_1/(m \cdot s^{-1})$	制停距离/m
0.5	0.20～1.00
0.65	0.30～1.30
0.75	0.40～1.50
制停距离不包括端点数值	

3. 自动扶梯的制动载荷

在 GB 16899—2011《自动扶梯和自动人行道的制造与安装安全规范》中，关于自动扶梯制动载荷的确定如表 11-4 所示。

表 11-4　自动扶梯制动载荷的确定

名义宽度 z_1/m	每个梯级上的制动载荷/kg
$z_1 \leqslant 0.60$	60
$0.60 < z_1 \leqslant 0.80$	90
$0.80 < z_1 \leqslant 1.10$	120

制动载荷是指梯级上的载荷，自动扶梯对乘客的重量计算与垂直电梯是一样的，为 75 千克/人，表 11-4 中自动扶梯制动载荷是按 80%的满载率来确定的。对于名义宽度为 1.00m 的扶梯，平均每个梯级按 1.6 人计算。

三、导轨及运载系统

1. 导轨及运载系统的组成

导轨及运载系统由梯级、牵引机组、传动链轮、传动链条、牵引链条、驱动主轴、扶手带、扶手带驱动轮、扶手带压紧装置等部分组成，如图 11-19 所示。

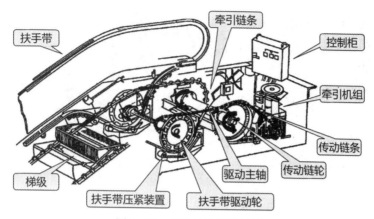

图 11-19 自动扶梯运载系统

2. 自动扶梯的运行传动原理

自动扶梯的运行传动原理如图 11-20 所示。自动扶梯运行时，电动机通过齿轮和链条将驱动主机的动力传递给梯级，牵引梯级沿着梯级轮导轨运行；同时，扶手带驱动轮和扶手带压紧装置驱动扶手带与梯级同步运行。梯级通过梯级轮导轨循环运行，梯级和扶手带共同组成一个同步循环运行的闭环系统，安全、快速地运送乘客。这就是自动扶梯运行传动的原理。

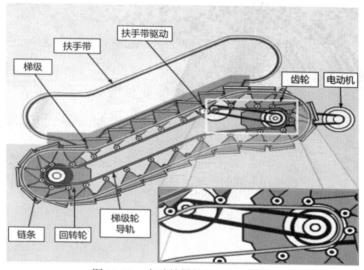

图 11-20 自动扶梯的运行传动原理

3. 导轨及运载系统的主要部件

（1）梯级与梯级链。

梯级是供乘客站立的一种特殊结构型式的 4 轮小车，其中有 2 个主轮和 2 个副轮。2 个主轮固定在梯级上，2 个副轮安装在梯级链上，在维护和更换时可以方便地把梯级从扶梯上拆卸下来。梯级及梯级链结构分别如图 11-21 和图 11-22 所示。

（2）梯级导轨。

梯级导轨的设计保证梯级按一定轨迹运行，并支撑梯路的负载和防止梯级跑偏，保持梯级始终处于水平状态。当一个梯级从上或从下运行到尽头时，它就会反转过来倒挂运行，通过导轨系统走回底部，循环不断。梯级链与梯级导轨实物如图 11-23 所示。

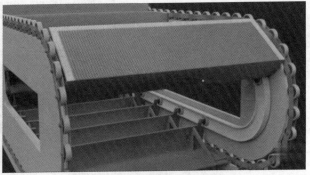

图 11-21   自动扶梯的梯级　　　　　　　　图 11-22   自动扶梯的梯级链结构

（3）牵引齿条。

牵引齿条的结构如图 11-24 所示。牵引齿条是中间驱动装置所使用的牵引构件，这种齿条分一侧有齿和两侧均有齿两种。

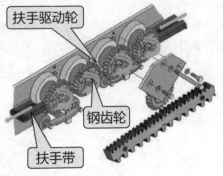

图 11-23   梯级链与梯级导轨实物　　　　　图 11-24   自动扶梯牵引齿条的结构

（4）张紧装置。

张紧装置通常位于自动扶梯下端的回转区域，目前大多数自动扶梯的梯级链采用压簧式张紧装置，如图 11-25 所示。

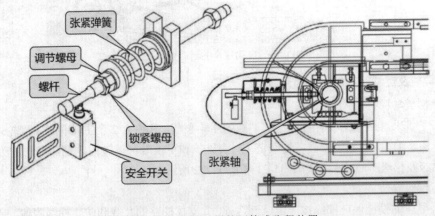

图 11-25   自动扶梯的压簧式张紧装置

自动扶梯在连续的运行过程中，会造成梯级链的磨损和伸长。为了补偿梯级链的伸长，使自动扶梯的梯级链获得一定的张力，需要对梯级链进行张紧。通过调节张紧弹簧的压力给梯级链一个恒定的张力,使梯级链始终处于张紧的状态;同时,在张紧弹簧的末端还装有电气安全开关,当梯级链伸长或断裂时,电气安全开关动作,断开扶梯的安全回路,使自动扶梯停止运行,保证扶梯和乘客的安全。

(5)梳齿板。

梳齿板安装于上、下端站的前沿盖板前端,在自动扶梯的出入口处。它通过梳齿与梯级踏板的齿槽啮合,防止异物卡在梳齿与梯级踏板之间。梳齿板是确保乘客安全上下扶梯的机械构件,是电梯的安全保护装置。在梳齿板的后面有微动开关,当有异物卡入梳齿板与梯级踏板之间时,触发安全电气开关动作,使电梯停止运行。

梳齿板是易损件,在损坏时更换方便。自动扶梯梳齿板如图 11-26 所示。

图 11-26 自动扶梯梳齿板

在靠近梳齿板的梯级下方,通常还有绿色的灯光,提醒乘客扶梯即将结束或开始上下行,注意乘梯安全,如图 11-27 所示。

图 11-27 梳齿板下方的提示灯光

四、扶手装置

扶手装置是安装在自动扶梯和自动人行道两侧,与自动扶梯和自动人行道同步运行,对乘客起安全保护作用的装置,是一种重要的安全部件。

扶手装置由扶手带、扶手支架及导轨、护壁板、围裙板、内盖板、外盖板、斜盖板、扶手带驱动装置、扶手带张紧装置等组成。垂直扶手装置结构如图 11-28、图 11-29 所示。

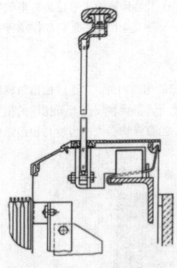

图 11-28 垂直扶手装置结构 1

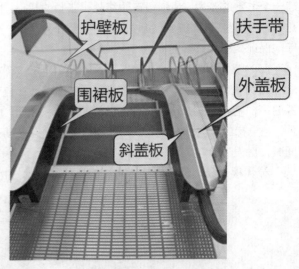

图 11-29 垂直扶手装置结构 2

扶手装置对自动扶梯的安全运行有非常重要的作用。自从有了与自动扶梯同步运行的活动扶手带之后，自动扶梯和自动人行道才真正进入实际应用的阶段。扶手装置使乘客在乘梯时能紧握扶手带，也便于乘客站立扶稳，让乘客有安全感。同时，扶手带和护壁板也是自动扶梯的一种装饰，它们对整台自动扶梯和整座建筑物都能起到装饰的作用。

1. 扶手带

扶手带是一种边缘向内弯曲的、封闭成型的橡胶带。它由外橡胶层、内钢丝层、摩擦层等组成，外层通常由橡胶材料制作，中间层包含钢丝带或薄钢材料，具有一定的抗拉和耐磨强度，能承受长期的弯曲循环运行。常见的平面型扶手带结构如图 11-30 所示。

图 11-30 平面型扶手带结构

2. 扶手支架及导轨

扶手支架大多采用合金或不锈钢制作加工而成，是支撑扶手带、连接扶手导轨、固定护壁板及扶手照明装置的机件。

扶手导轨一般采用冷拉型材，或用不锈钢经压制而成。它安装在扶手支架上，起着导向扶手带的作用。

3. 护壁板

护壁板根据自动扶梯的用途和安装地点而采用不同的材料制作，一般商用扶梯的护壁板多采用钢化玻璃拼装而成；在高强度使用场所的护壁板则多采用不锈钢板材制作。

4. 围裙板、内盖板、外盖板、斜盖板

围裙板是与梯级（踏板或胶带）两侧相邻的围板部分；内盖板是连接围裙板和护壁的盖板；外盖板是扶手带下方的外装饰板上的盖板；内盖板与围裙板用斜盖板连接。

围裙板一般用 1～2mm 厚的不锈钢板材制作，它既是装饰部件又是安全部件。内、外盖板和斜盖板则一般用铝合金型材或不锈钢板材制成，起到安全、防尘和美观的作用。

5. 扶手带驱动装置

扶手带驱动装置就是驱动扶手带运行的机电运动装置，如图 11-31 所示。

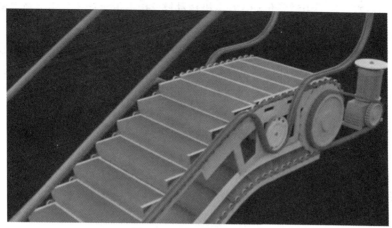

图 11-31 扶手带驱动装置

在 GB 16899—2011《自动扶梯和自动人行道的制造与安装安全规范》中，对扶手带系统做了相应的规定如下。

每一扶手装置的顶部应装有运行的扶手带，其运行方向应与梯级、踏板或胶带相同。在正常运行条件下，扶手带的运行速度相对于梯级、踏板或胶带实际速度的允许误差为 0%～+2%。

应提供扶手带速度监测装置，在自动扶梯和自动人行道运行时，当扶手带速度偏离梯级、踏板或胶带实际速度大于–15%且持续时间大于 15s 时，该装置应能使自动扶梯或自动人行道停止运行。

扶手带驱动装置与扶梯的主驱动装置采用同一个驱动主机驱动（见图 11-19）。

6. 扶手带张紧装置

扶手带张紧装置是确保扶手带正常运行的机件。通过调整扶手带的张力可以消除因制造和环境变化产生的长度误差，避免因扶手带过长松弛而造成扶手带脱出导轨，或因扶手带过紧而造成表面磨损严重且运行阻力增大，以及扶手带与梯级同步性超标等。图 11-32 所示为过长松弛而脱落的扶手带。

图 11-32 过长松弛而脱落的扶手带

11.2.6 自动扶梯的润滑系统

自动扶梯基本上都采用链条传动，有主机传动链、扶手带传动链、梯级牵引链等，它们都需要合理的润滑来保证正常的工作。

自动扶梯是可以连续不断地循环运行的、可以连续输送大量人流的高效运输工具，它使用频繁，机械零部件经过长时间的运动摩擦后会产生机件磨损和发热，久而久之会影响设备的结构和性能，严重的会造成设备的损坏甚至造成事故的发生，因此必须配备自动加油润滑系统。

自动扶梯需要润滑的主要机械部件（润滑点）包括主驱动链、梯级驱动链、扶手带驱动链、梯级牵引链和导轨转向壁等。

自动扶梯配备自动加油润滑系统，可以有效提高活动部件的灵活性、减少机件摩擦的发热、降低运行的噪声、延长扶梯使用寿命。

自动扶梯润滑系统一般分为润浸式自动润滑系统、电磁阀控制的润滑系统和滴油式润滑系统 3 种。

自动扶梯润滑系统会根据事先设定的供油周期和用量，定期、定量地向润滑点供油。润滑系统的油壶安装在上机房，润滑油经过滤器和分配器后沿着输油管输送到各润滑点，通过输油管加注到各润滑点进行润滑。

11.2.7 自动扶梯电气控制系统

与垂直升降的电梯一样，自动扶梯也有与扶梯运行要求相适应的电气控制系统。自动扶梯的电气控制系统是根据自动扶梯的性能、使用要求及安全保护系统的设置而设计的。

电气控制系统的作用是对电动机实行驱动控制，并对自动扶梯的运行实行安全监测和安全保护，对自动扶梯的关停和运行方式实行操控。自动扶梯电气控制系统的基本结构组成有主控制电路、功能控制及安全保护线路等。

1. 主控制电路

自动扶梯的主控制电路是指控制自动扶梯拖动电动机的电路。自动扶梯电气控制系统的主控制电路如图 11-33 所示，它由主接触器（QC）、相序继电器（KDX）、变频器、运行接触器（YC）、热保护继电器（JR）以及相应的控制电路等组成。

2. 控制与驱动方式

目前，自动扶梯的控制方式基本上是 PLC 控制方式和微机控制方式，继电器控制方式已基本被淘汰。驱动方式通常为变频器驱动方式，可以进行多种速度控制。通过在扶梯的上下出入口安装红外传感器检测装置或乘客检测装置，在没人乘梯时，采用低速节能的方式运行，以达到节约能源、减少扶梯运行的磨损、延长设备使用寿命的目的，如图 11-34、图 11-35 所示。

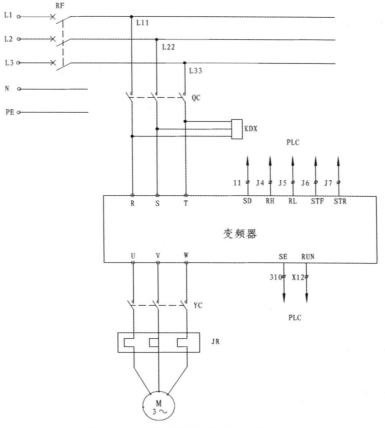

图 11-33　自动扶梯控制系统的主控制电路

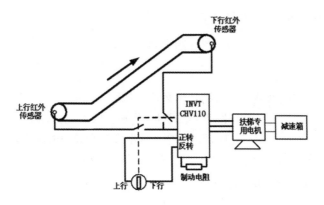

图 11-34　自动扶梯的红外传感器检测装置

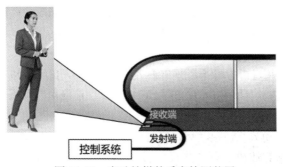

图 11-35　自动扶梯的乘客检测装置

11.2.8　自动扶梯安全保护系统

自动扶梯是一种开放的、连续运行的高效运输设备。人们在乘梯时，与自动扶梯部件的接触、碰撞，以及自动扶梯突然的速度变化等，都存在人员安全隐患。因此自动扶梯及自动人行道必须设置可靠的机电安全保护装置，避免各种危险事故的发生。

虽然自动扶梯运行时的状态变化不多，但由于它是运送大量人员的设备，因此设计中首先需要考虑的是系统运行的安全性和可靠性。应考虑在自动扶梯的连续运行中是否能保障人员的安全，以及在某些部件出现异常情况时能否预防事故的发生，在确保安全的前提下再进行功能的设计。

一、自动扶梯的安全保护系统组成

自动扶梯的安全保护系统包括安全保护电路和其他安全保护装置。

1. 安全保护电路

自动扶梯的安全保护装置有很多。与垂直电梯类似，把自动扶梯安全保护装置的电气开关串联起来，就形成了自动扶梯的安全保护回路。安全回路与其他辅助电路一起组成功能完善的自动扶梯安全保护电路，如图 11-36 所示。

2. 其他安全保护装置

由于不同的自动扶梯生产厂家的控制系统不同，各生产厂家的安全保护电路也有所不同，但是都应按照国家标准进行设置，如表 11-5 所示。

此外，还有扶手盖板防滑行装置、启动测试保护装置、制停距离监测安全装置、附加制动器（如有）制停装置等。

二、自动扶梯主要安全保护装置

自动扶梯主要安全保护装置的设置如图 11-37 所示。

1. 工作制动器

工作制动器也称主制动器，是自动扶梯必备的制动器，是确保扶梯正常停车的制动器。

工作制动器采用机-电式制动器，机-电式制动器应持续通电保持正常释放。制动器电路断开后，制动器应立即制动。制动力应通过一个（或多个）带导向的压缩弹簧来产生。

供电的中断应至少由两套独立的电气装置来实现。这些电气装置可以是切断驱动主机供电的装置。当自动扶梯或自动人行道停机时，如果这些电气装置中的任意一个未断开，自动扶梯或自动人行道应不能重新启动。

在 GB 16899—2011《自动扶梯和自动人行道的制造与安装安全规范》中规定如下。

（1）自动扶梯和自动人行道应设置一个制动系统，该制动系统使自动扶梯和自动人行道有一个接近匀减速的制停过程直至停机，并使其保持停止状态（工作制动），制动系统在使用过程中应无故意延迟。

（2）如果制停距离超过国家标准所规定最大值的 1.2 倍，自动扶梯和自动人行道应在故障锁定被复位之后才能重新启动。如果有必要，在手动复位前应对制动系统进行检查、采取纠正措施。

（3）自动扶梯和自动人行道启动后，应有一个装置监测制动系统的释放。

（4）制动系统在下列情况下应能自动工作：动力电源失电或控制电路失电。

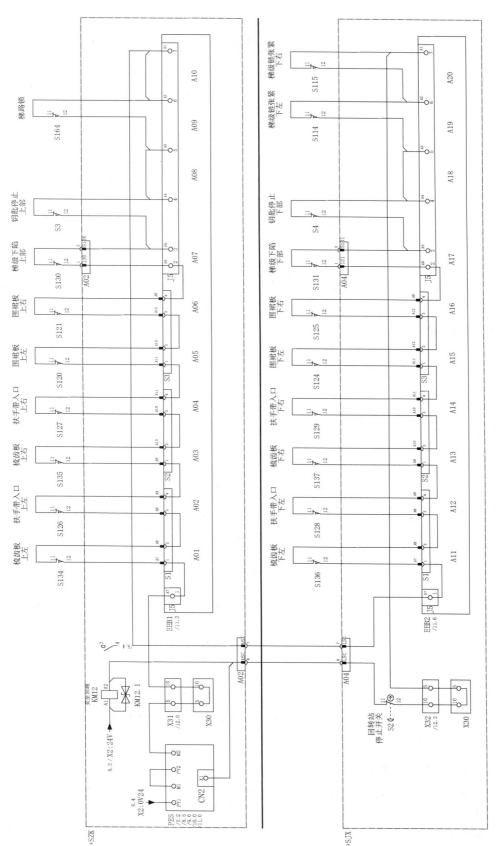

图 11-36 自动扶梯的安全保护电路

表 11-5　自动扶梯的安全保护装置设置

序号	安全保护装置名称	安装位置	在图中的名称代号
1	主电源短路、漏电保护装置	上机房	—
2	电源错相、断相保护装置	上机房	—
3	主机制动器保护装置	上机房	—
4	主机过载保护装置	上机房	—
5	防逆转保护装置	上机房	—
6	检修控制装置	上机房	—
7	电动机热保护装置	上机房	—
8	超速保护装置	上机房	—
9	驱动链保护装置	上机房	—
10	梯级链保护装置	下机房梯级回转区（下左、下右）	S114、S115
11	梯级下陷保护装置	扶梯前端、扶梯后端（上部、下部）	S130、S131
12	梯级缺失保护装置	梯级下陷附近，扶梯前端、扶梯后端	—
13	梳齿板保护装置	梯级进出口（上左、上右，下左、下右）	S134、S135、S136、S137
14	围裙板保护装置	围裙板内侧（上左、上右，下左、下右）	S120、S121、S124、S125
15	扶手带入口保护装置	扶手带入口（上左、上右，下左、下右）	S126、S127、S128、S139
16	光电检测装置	扶梯出入口（上左、上右，下左、下右）	—
17	扶手带测速保护装置	扶梯上部左、右	—
18	扶手带断带保护装置	扶梯下部左、右	—
19	梯级、扶手带防静电保护装置	桁架内静电刷、金属条	—
20	前沿板保护装置	扶梯上部、下部前沿板下方	—
21	紧急停止装置	检修盒、控制柜、扶梯出入口	—
22	防爬保护装置	位于地平面上方（1000±50）mm 处	—

（5）工作制动应使用机-电式制动器或其他制动器来完成。如果不采用机-电式工作制动器，则应提供符合国标规定要求的附加制动器。

（6）能用手释放的制动器，应由手的持续力使制动器保持松开状态。

2. 紧急制动器和附加制动器

紧急制动器直接作用在主驱动轴上，是确保扶梯能在紧急情况下有效地减速停车，并保持静止状态的制动器；附加制动器直接安装在主驱动轴上，在工作制动器失效时动作，以加强制动力矩，是确保扶梯停止运行的制动器。

3. 超速保护和防逆转保护装置

自动扶梯的超速保护装置在实际运行速度超过名义速度的 1.2 倍之前自动停止电梯运行。防逆转保护装置是防止扶梯改变规定运行方向的自动停止扶梯运行的控制装置，能使自动扶梯在梯级、踏板或胶带改变规定运行方向时自动停止运行。防逆转保护装置有机械式和电子式两种。当扶梯发生逆转时，该装置能使工作制动器或附加制动器动作，使扶梯停止运行。

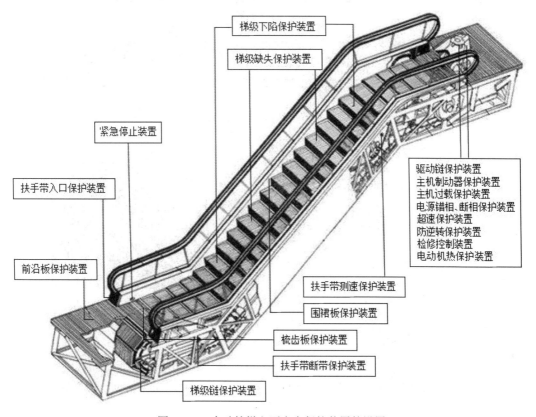

图 11-37 自动扶梯主要安全保护装置的设置

在 GB 16899—2011《自动扶梯和自动人行道的制造与安装安全规范》中规定如下。

自动扶梯应在速度超过名义速度的 1.2 倍之前自动停止运行。如果采用速度限制装置，该装置应能在速度超过名义速度的 1.2 倍之前切断自动扶梯或自动人行道的电源。

如果自动扶梯的设计能防止超速，则可不考虑上述要求。

4. 梯级链保护装置

梯级链保护装置是当梯级链伸长超出允许范围或其中一条链条发生断裂时，安装在扶梯上的安全保护开关动作，使扶梯停止运行的装置。图 11-25 所示的自动扶梯梯级链采用的是压簧式张紧装置。

5. 梳齿板保护装置

梳齿板保护装置是当异物卡在梯级踏板与梳齿之间造成梯级不能与梳齿板正常啮合时，避免梳齿弯曲或折断的装置。异物卡入梯级踏板与梳齿之间时会将梳齿板抬高，梳齿板保护微动开关动作，使自动扶梯或自动人行道停止运行。梳齿板保护装置如图 11-38 所示。

6. 扶手带入口保护装置

在通常情况下，人的手指并不会碰触扶手带的出入口，但有些小孩因为好奇有可能会用手去摸，手指和手臂有可能被扯入扶手带的出入口中。因此，为防止类似的安全事故发生，在扶手转向端的扶手带入口处设置手指和手的保护装置。当扶手带入口夹入异物时，会使微动开关动作，扶梯停止运行，如图 11-39 所示。

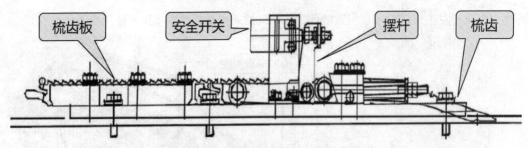

图 11-38　自动扶梯的梳齿板保护装置

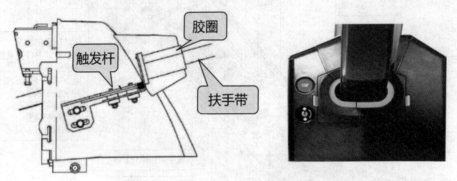

图 11-39　自动扶梯的扶手带入口保护装置

7. 扶手带断带保护装置

在前文介绍的扶手带张紧装置中，自动扶梯同时还设有扶手带断带保护装置。如果扶手带发生断裂或松弛，紧靠在扶手带内表面的滚轮摇臂就会下跌，使微动开关动作，断开安全回路，自动扶梯停止运行。

8. 围裙板保护装置

自动扶梯和自动人行道在正常运行时，允许梯级、踏板或胶带与围裙板之间有一定的间隙。为了防止异物被夹入梯级与围裙板之间的间隙中，在围裙板的反面机架上装有微动开关，一旦围裙板被异物挤夹而变形，微动开关动作，断开安全回路，自动扶梯停止运行，如图 11-40 所示。

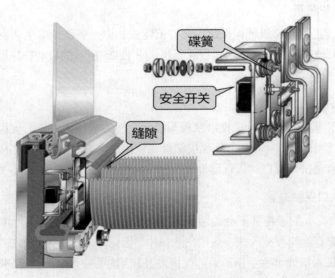

图 11-40　自动扶梯的围裙板保护装置

在 GB 16899—2011《自动扶梯和自动人行道的制造与安装安全规范》中规定如下。

自动扶梯或自动人行道的围裙板设置在梯级、踏板或胶带的两侧，任何一侧的水平间隙不应大于 4mm，在两侧对称位置处测得的间隙总和不应大于 7mm。

9. 梯级下陷保护装置

梯级下陷保护装置安装于上、下梳齿前，在规定的工作制动器最大制停距离之外，由撞杆与安全开关组成，如图 11-41 所示。

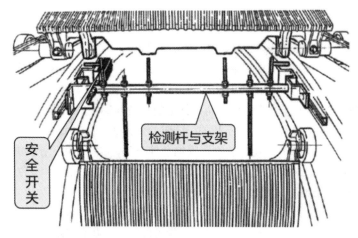

图 11-41　自动扶梯的梯级下陷保护装置

当自动扶梯的梯级出现下陷变形或断裂时，运动中的梯级碰撞到检测杆使安全开关动作，使自动扶梯停止运行。可在损坏的梯级到达梳齿前就使扶梯停止运行。

在 GB 16899—2011《自动扶梯和自动人行道的制造与安装安全规范》中规定如下。自动扶梯和自动人行道应能通过装设在驱动站和转向站的装置检测梯级或踏板的缺失，并使自动扶梯在缺口（由梯级或踏板缺失而导致的）从梳齿板位置出现之前停止。

10. 驱动链保护装置

如图 11-42 所示，驱动主机通过驱动链条带动驱动链轮转动，为自动扶梯提供动力来源。

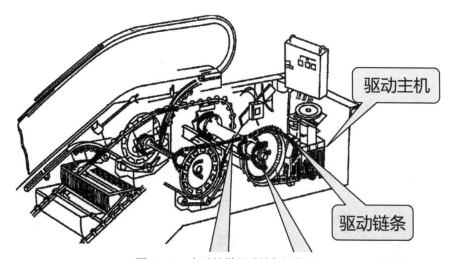

图 11-42　自动扶梯驱动链保护装置

当驱动链条伸长、下沉超过某一允许范围或驱动链条断裂时，驱动链保护装置的安全开关动作，切断驱动主机电源，制停扶梯，并以机械方式阻止自动扶梯下滑，确保自动扶梯停止下行，保证扶梯和乘客的安全。

11. 启动测试保护装置（制动状态检测开关）

自动扶梯启动后，通过制动状态检测开关检测制动状态，当制动系统未释放时，扶梯停止运行。启动测试保护装置应能防止扶梯的启动。

12. 紧急停止装置

紧急停止装置（紧急停止开关），通常也称急停开关。急停开关的功能是使自动扶梯紧急停止。急停开关应为符合安全规范要求的电气安全装置。

急停开关（急停按钮）设置为红色，安装在驱动站、转向站、出入口附近等明显并且易接近的位置，当遇到紧急情况时，按下开关即可立即停止扶梯运行。

在 GB 16899—2011《自动扶梯和自动人行道的制造与安装安全规范》中规定如下。在自动扶梯的两端必须设置手动操作的急停开关。同时急停开关之间的距离不应超过 30m。

为满足上述距离的要求，必要时应设置附加急停开关。也就是说，在提升高度大的自动扶梯上，如果两端的距离超出上述范围要求，需要在自动扶梯中部增加一个急停开关。

急停开关的设置如图 11-43 和图 11-44 所示。

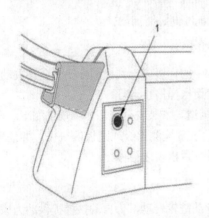

图 11-43　自动扶梯出入口的急停开关的设置 1　　图 11-44　自动扶梯出入口的急停开关的设置 2

13. 前沿板保护装置

前沿板保护装置（也叫盖板安全开关）包含上盖板安全开关和下盖板安全开关两个，分别安装在上下两块前沿盖板下面，用于检测盖板是否打开。如果盖板被打开，盖板安全开关断开，切断安全回路，使自动扶梯停止运行。

14. 其他安全保护装置

（1）机械锁紧装置。

自动扶梯在运输过程中或长期不用时，为了安全起见，可按用户要求增设一套机械锁紧装置，将驱动机组锁定。

（2）梯级黄色警示边框。

为确保扶梯的使用安全，在梯级上装设有黄色警示边框。提醒乘客注意"黄色区域为警示边框"，乘梯时双脚应站立在黄色区域内，如图 11-45 所示。

（3）裙板保护毛刷。

自动扶梯和自动人行道的梯级、踏板或胶带与围裙板之间有一定的间隙。为了防止异物被夹入梯级与围裙板之间的间隙中，除在围裙板的内部装有围裙板保护装置以外，在围裙板靠近梯级的地方还安装有裙板保护毛刷，防止乘客靠得太近造成摩擦，也防止乘客穿着的衣服或橡胶软质鞋被围裙板卷入，如图 11-46 所示。

图 11-45　梯级黄色警示边框

图 11-46　自动扶梯的裙板保护毛刷

（4）防爬保护装置。

在 GB 16899—2011《自动扶梯和自动人行道的制造与安装安全规范》中规定如下。

扶手装置应没有任何部位可供人员正常站立。如果存在人员跌落的风险，应采取适当措施阻止人员爬上扶手装置外侧。

为确保这一点，自动扶梯和自动人行道的外盖板上应装设防爬装置，防爬装置位于地平面上方(1000±50)mm，下部与外盖板相交，平行于外盖板方向上的延伸长度不应小于 1000mm，并应确保在此长度范围内无踩脚处。该装置的高度应至少与扶手带表面齐平，并符合 GB 16899—2011 的相关规定。

（5）防滑行保护装置。

GB 16899—2011《自动扶梯和自动人行道的制造与安装安全规范》中规定如下。

当自动扶梯或倾斜式自动人行道和相邻的墙之间装有接近扶手带高度的扶手盖板，且建筑物（墙）和扶手带中心线之间的距离 b_{15} 大于 300mm 时，应在扶手盖板上装设防滑行装置。该装置应包含固定在扶手盖板上的部件，与扶手带的距离不应小于 100mm，并且防滑行装置之间的间隔距离不应超过 1800mm，高度 h_{11} 不应小于 20mm。该装置应无锐角或锐边。

对相邻自动扶梯或倾斜式自动人行道，扶手带中心线之间的距离 b_{16} 大于 400mm 时，也应满足上述要求，如图 11-47 所示。

（6）安全标志（安全警示标志）。

自动扶梯和自动人行道安全标志的设计应符合 GB/T 2893.1—2013、GB/T 2893.3—2010 的规定，标志的最小直径应为 80mm，并张贴在指定扶梯出入口的显眼处，如图 11-48 所示。

图 11-47　自动扶梯防滑行保护装置　　　　　　图 11-48　乘坐自动扶梯的安全标志

11.3　自动人行道

　　自动人行道没有像自动扶梯那样阶梯式梯级的构造，结构上相当于将梯级拉成水平（或倾斜角不大 12°）的自动扶梯，结构比自动扶梯简单。自动人行道可以看作自动扶梯的分支产品，自动人行道的驱动装置及扶手装置与自动扶梯基本通用。自动人行道的桁架、运载系统、安全保护装置、润滑系统和电气控制系统与自动扶梯也基本相同。自动扶梯和自动人行道的主要区别是自动扶梯供乘客站立的是梯级，而自动人行道供乘客站立的是踏板或胶带。

　　自动人行道的踏板宽度一般比自动扶梯的要宽，可以运输乘客和乘客携带的行李推车、儿童车、轮椅、购物手推车等，主要应用于购物商场、机场、车站、码头等人员流量较大的场所。

11.3.1　自动人行道的分类

　　除与自动扶梯相类似的分类方式（如安装地点、护壁形式等）以外，自动人行道的分类可以按照使用场所、倾斜角度、结构型式等不同的方式来进行。

1. 按使用场所分类

　　（1）普通型自动人行道。

　　普通型自动人行道也称为商用型自动人行道，是根据一般商业场所的营业时间按每周工作 6 天、每天运行 12h 设计的，其载荷以 60% 左右的制动载荷计算，主要的零部件按 70000h 的工作寿命设计。

　　（2）公共交通型自动人行道。

　　在 GB 16899—2011《自动扶梯和自动人行道的制造与安装安全规范》中规定，公共交通型自动扶梯（自动人行道）public service escalator（moving walk），是指适用于下列情况之一的自动扶梯或自动人行道：是公共交通系统包括出口和入口处的组成部分；高强度的使用，即每周运行时间约 140h，且在任何 3h 的间隔内，其载荷达 100% 制动载荷的持续时间不少于 0.5h。它主要用于机场、枢纽车站等大型的公共场所。

2. 按倾斜角度分类

（1）水平型自动人行道。

水平型自动人行道指水平倾斜角度为 0°～6° 的自动人行道，这类自动人行道常见于机场、交通枢纽车站等人流量大的交通中转场所，如图 11-49 所示。

图 11-49　水平型自动人行道

（2）倾斜式自动人行道。

倾斜式自动人行道是指倾斜角度为 10°～12° 的自动人行道，带有倾斜段，常用于大型超市或购物广场，运送顾客从一层到另一层，可以运搭儿童车和购物车，如图 11-50 所示。

图 11-50　倾斜式自动人行道

3. 按结构型式分类

自动人行道按结构型式可分为踏板式自动人行道和胶带式自动人行道。

（1）踏板式自动人行道。

踏板式自动人行道是目前普遍采用的自动人行道，其结构类似于将自动扶梯的倾斜角从 30° 减到 12° 直至 0°，同时将自动扶梯所用的 4 轮梯级小车改为普通平板式小车——踏板，踏板与踏板之间不形成阶梯，而是形成平坦的路面。由于自动人行道的表面是平坦的路面，所以儿童车、购物车、行李箱等可以放置在上面，可极大地方便乘客与行人。

（2）胶带式自动人行道。

胶带式自动人行道的结构类似于工业上常见的带式输送机。它通过安装于自动人行道两端的滚筒驱动表面的胶带运行。胶带采用高强度钢带制成，表面平整并带有小槽，使输送带能进出梳齿板。为了减少噪声、保护行人和钢带，在高强度钢带的外面覆盖着橡胶层保护。

　　胶带式自动人行道的表面没有踏板式自动人行道的踏板缝隙，可使乘客感觉更舒适。胶带式自动人行道即使在较大的负载下，橡胶覆面的钢带也能够平稳而安全地进行工作，以保证乘客的安全。

11.3.2　自动人行道的主要参数

　　自动人行道的主要参数如下。

- 运行速度：自动人行道的运行速度一般有 0.5m/s、0.65m/s、0.75m/s 这 3 种。
- 踏板宽度：自动人行道的踏板宽度一般有 0.80m、1.0m、1.2m、1.4m 和 1.6m 等。
- 倾斜角：自动人行道常见的倾斜角有 0°、6°、10°、12° 等。
- 长度：踏板式自动人行道的长度通常在 50～100m；胶带式自动人行道的长度较长，可达 350m。

11.3.3　自动人行道的整体结构

　　自动人行道的整体结构与自动扶梯基本相同，主要由活动的踏板路面和扶手带两部分组成。踏板式自动人行道的活动路面在倾斜情况下也是平整的，不会形成阶梯状，自动人行道的两旁各装有与自动扶梯相同的扶手装置，如图 11-51 所示。

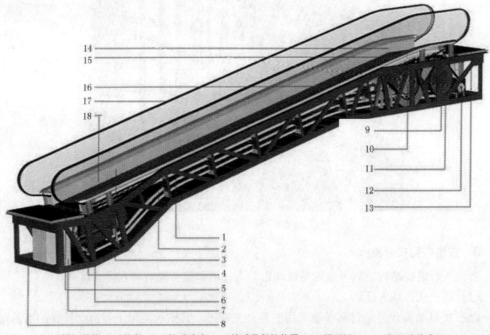

　　1. 梯级导轨；2. 桁架；3. 扶手玻璃；4. 扶手带保护装置；5. 楼层板；6. 下部驱动总成；
7. 控制箱；8. 排水装置；9. 自动润滑系统；10. 扶手带驱动轮；11. 上部驱动总成；
12. 主驱主机；13. 楼层板；14. 停止按钮；15. 梳齿板；16. 梯级；17. 扶手带；18. 围裙板

图 11-51　自动人行道的整体结构

　　与自动扶梯的组成类似，常见的自动人行道也由金属桁架、踏板、扶手装置、护壁板、驱动系统、导轨及运载系统、电气控制系统、自动润滑系统和安全保护装置等几大部分组成。

1. 金属桁架

自动人行道的金属桁架承载了自动人行道各部件的重量及乘客和货物的重量，其结构与自动扶梯的桁架结构基本相同，但由于踏板小车没有主轮与辅轮之分，因而踏板在驱动端与张紧端转向时不需要使用作为辅轮转向轨道的转向壁，使结构大为简化，自动人行道的结构高度也降低了。

2. 踏板

自动人行道的踏板是自动人行道供乘客站立的板状构件，它一般采用铝合金压铸而成，是一种平板式小车结构。自动人行道的踏板与踏板链的连接方式比自动扶梯更简单，结构也比自动扶梯更简洁。自动人行道的踏板如图 11-52 所示。

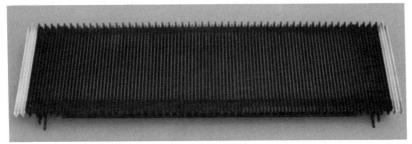

图 11-52　自动人行道的踏板

由于自动人行道的踏板中间可以放置手推车、行李箱等物品，故自动人行道的踏板一般比自动扶梯的梯级要宽，踏板的宽度一般有 0.80m、1.0m、1.2m、1.4m 和 1.6m 等。

3. 扶手装置

自动人行道的扶手装置主要由扶手带、扶手带驱动装置、扶手带导轨及张紧装置等组成。其作用与自动扶梯的扶手装置一样，是为乘客提供与踏板同步运动的安全扶手，扶手带的运行方向和速度与踏板同步。

4. 护壁板

与自动扶梯一样，自动人行道的护壁板有全透明、不透明、半透明 3 种，其材料和结构与自动扶梯的基本相同。有所不同的是自动人行道的护壁板通常要比自动扶梯的高一些，自动人行道多采用高度为 1000mm 左右的护壁板，而自动扶梯通常采用高度为 900mm 左右的护壁板。

5. 其他

自动人行道的驱动系统、电气控制系统、自动润滑系统和安全保护装置等的结构和原理与自动扶梯的类似，详细可以参看本章自动扶梯的相关内容。

11.4　自动扶梯和自动人行道的专业术语

在 GB 16899—2011《自动扶梯和自动人行道的制造与安装安全规范》中，有关术语和定义如下。

● 倾斜角：梯级、踏板或胶带运行方向与水平面构成的最大角度。

- 扶手装置：在自动扶梯或自动人行道两侧，对乘客起安全防护作用，也便于乘客站立扶握的部件。
- 扶手盖板：扶手装置中、与扶手带导轨相接并形成扶手装置顶部覆盖面的横向部件。
- 制动载荷：梯级、踏板或胶带上的载荷，并以此载荷设计制动系统制停自动扶梯或自动人行道。
- 梳齿板：位于运行的梯级或踏板出入口，为方便乘客上下过渡，与梯级或踏板相啮合的部件。
- 梳齿支撑板：在每个出入口用于安装梳齿板的平台。
- 电气安全系统：由安全回路和监测装置构成的，电气控制系统中与安全相关的部分。
- 电气安全装置：由安全开关和（或）安全电路组成的部分安全回路。
- 自动扶梯：带有循环运行梯级，用于向上或向下倾斜运输乘客的固定电力驱动设备。
  注：自动扶梯是机器，即使在非运行状态下，也不能当作固定楼梯使用。
- 外装饰板：从外侧盖板起，将自动扶梯或自动人行道桁架封闭起来的装饰板。
- 安全电路：具有确定失效模式的电气和（或）电子安全相关系统。
- 扶手带：供人员使用自动扶梯或自动人行道时握住的，动力驱动的运动扶手。
- 护壁板：位于围裙板（或内盖板）与扶手盖板（或扶手导轨）之间的板。
- 内盖板：当围裙板和护壁板不相交时，连接围裙板和护壁板的部件。
- 外盖板：连接外装饰板和护壁板的部件。
- 机器设备：自动扶梯或自动人行道的机器装置及其相关设备。
- 机房：在桁架内或外，放置整个或部分机器设备的空间。
- 最大输送能力：在运行条件下，可达到的最大人员流量。
- 自动人行道：带有循环运行（板式或带式）走道，用于水平或倾斜角不大于 12° 运输乘客的固定电力驱动设备。
  注：自动人行道是机器，即使在非运行状态下，也不能当作固定通道使用。
- 扶手转向端：扶手装置端部。
- 名义速度：由制造商设计确定的，自动扶梯或自动人行道的梯级、踏板或胶带在空载（例如：无人）情况下的运行速度。
  注：额定速度是自动扶梯和自动人行道在额定载荷时的运行速度。
- 用于自动扶梯和自动人行道的可编程电子安全相关系统（PESSRAE）：用于表 6 所列安全应用的，基于可编程电子装置的用于控制、防护、监测的系统，包括系统中所有元素（例如：电源、传感器和其他输入装置，数据高速公路和其他通信途径，以及执行器和其他输出装置）。
- 额定载荷：设备的设计输送载荷。
- 提升高度：自动扶梯或自动人行道出入口两楼层板之间的垂直距离。
- 安全回路：由电气安全装置组成的部分电气安全系统。
- 安全完整性等级：一种离散的等级，用于规定分配给 PESSRAE 系统的安全功能的安全完整性要求。
- 围裙板：与梯级、踏板或胶带相邻的扶手装置的垂直部分。
- 围裙板防夹装置：降低梯级和围裙板之间挤夹风险的装置。
- 待机运行：自动扶梯和自动人行道在无负载的情况下停止或以低于名义速度运行的一种模式。

【任务总结与梳理】

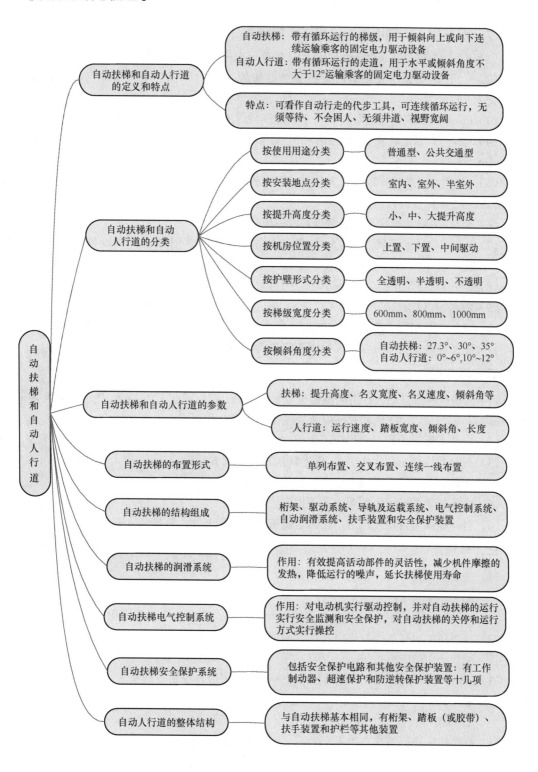

自动扶梯和自动人行道
- 自动扶梯和自动人行道的定义和特点
  - 自动扶梯：带有循环运行的梯级，用于倾斜向上或向下连续运输乘客的固定电力驱动设备
  - 自动人行道：带有循环运行的走道，用于水平或倾斜角度不大于12°运输乘客的固定电力驱动设备
  - 特点：可看作自动行走的代步工具，可连续循环运行，无须等待、不会困人、无须井道、视野宽阔
- 自动扶梯和自动人行道的分类
  - 按使用用途分类：普通型、公共交通型
  - 按安装地点分类：室内、室外、半室外
  - 按提升高度分类：小、中、大提升高度
  - 按机房位置分类：上置、下置、中间驱动
  - 按护壁形式分类：全透明、半透明、不透明
  - 按梯级宽度分类：600mm、800mm、1000mm
  - 按倾斜角度分类：自动扶梯：27.3°、30°、35° 自动人行道：0°~6°,10°~12°
- 自动扶梯和自动人行道的参数
  - 扶梯：提升高度、名义宽度、名义速度、倾斜角等
  - 人行道：运行速度、踏板宽度、倾斜角、长度
- 自动扶梯的布置形式：单列布置、交叉布置、连续一线布置
- 自动扶梯的结构组成：桁架、驱动系统、导轨及运载系统、电气控制系统、自动润滑系统、扶手装置和安全保护装置
- 自动扶梯的润滑系统：作用：有效提高活动部件的灵活性，减少机件摩擦的发热，降低运行的噪声，延长扶梯使用寿命
- 自动扶梯电气控制系统：作用：对电动机实行驱动控制，并对自动扶梯的运行实行安全监测和安全保护，对自动扶梯的关停和运行方式实行操控
- 自动扶梯安全保护系统：包括安全保护电路和其他安全保护装置：有工作制动器、超速保护和防逆转保护装置等十几项
- 自动人行道的整体结构：与自动扶梯基本相同，有桁架、踏板（或胶带）、扶手装置和护栏等其他装置

【思考与练习】

一、判断题（正确的填√，错误的填 X ）

（1）（　　）梯级宽 600mm 的自动扶梯，一般每个梯级站 2 人。

（2）（　　）当扶手带断裂时，扶手带断带保护装置能使自动扶梯或自动人行道停止运行。

（3）（　　）梯级、牵引链轮和扶手带驱动轮，不由同一驱动主轴驱动。

（4）（　　）额定速度为 0.5m/s 的自动扶梯或自动人行道工作制动器的制停距离为 0.2～1m。

（5）（　　）自动扶梯或自动人行道的工作制动器，能使自动扶梯或自动人行道在接近匀减速的状态下制停，并保持停止状态。

（6）（　　）自动扶梯有牵引装置，没有驱动装置。

（7）（　　）额定速度为 0.75m/s 的自动扶梯或自动人行道工作制动器的制停距离为 0.40～1.5m。

（8）（　　）自动扶梯端部驱动装置，一般采用链传动。

（9）（　　）自动扶梯或自动人行道的主开关，不能切断插座或照明电路。

（10）（　　）根据 GB 16899—2011《自动扶梯和自动人行道的制造与安装安全规范》可知，名义速度是自动扶梯与自动人行道在空载荷时的运行速度。

二、填空题

（1）自动扶梯或自动人行道的围裙板设置在梯级、踏板或胶带的两侧，任何一侧的水平间隙不应大于（　　　），在两侧对称位置处测得的间隙总和不应大于（　　　）。

（2）自动人行道的倾斜角度应不大于（　　　）。

（3）在自动扶梯超速（　　　）倍之前，附加制动器制动。

（4）一台自动扶梯上的两个急停按钮的距离应在（　　　）之内。

（5）一条自动人行道上的两个急停按钮的距离应在（　　　）之内。

（6）自动扶梯与自动人行道，在额定载荷时的运行速度，就是（　　　　）。

三、单选题

（1）扶手带运行方向，应与梯级、踏板（　　）。

    A. 方向相同　　　　　　　　　　　　B. 方向相反

    C. 方向同、速度不同　　　　　　　　D. 方向相反、速度相反

（2）扶手带的运行速度与梯级、踏板的速度偏差，允许在（　　）。

    A. 0～2%　　　　B. ±2%　　　　C. 1%～2%　　　　D. 0～+2%

（3）GB 16899—2011《自动扶梯和自动人行道的制造与安装安全规范》中规定：当自动扶梯的倾斜角大于 30°但不大于 35°时，名义速度不应大于（　　）m/s。

    A. 0.50　　　　B. 0.65　　　　C. 0.75　　　　D. 0.9

（4）自动扶梯和倾斜式自动人行道的"附加制动器"应为（　　）式的。

    A. 机-电　　　　B. 机械　　　　C. 气动　　　　D. 液压

（5）自动扶梯的扶手装置不包括（　　）

    A. 驱动系统　　　　B. 扶手胶带　　　　C. 栏杆　　　　D. 制动器

（6）自动扶梯的附加制动器在（　　）起作用。

　　A．速度超过额定速度的 1.8 倍之前

　　B．扶梯不是匀速运行时

　　C．梯级、踏板或胶带改变它们的规定运行方向时

　　D．扶梯载荷发生变化时

（7）GB 16899—2011《自动扶梯和自动人行道的制造与安装安全规范》中规定：当自动扶梯的倾斜角不大于 30°时，其最大名义速度为（　　）m/s。

　　A．0.5　　　　　　B．0.75　　　　　　C．0.9　　　　　　D．1.1

（8）GB 16899—2011《自动扶梯和自动人行道的制造与安装安全规范》中规定：自动扶梯的提升高度大于（　　）m 时，应设置附加制动器。

　　A．6　　　　　　B．8　　　　　　C．10　　　　　　D．12

（9）自动扶梯两端出入口处，方便乘客过渡并与梯级啮合的部件称为（　　）。

　　A．裙板盖板　　　B．裙板　　　　　C．梳齿板　　　　　D．护壁板

四、多选题

（1）扶梯牵引链张紧和断裂保护装置在（　　）时起作用。

　　A．梯级卡住　　B．牵引链条阻塞　　C．牵引链过分伸长　　D．牵引链条断裂

（2）自动扶梯的梯级宽度，一般有（　　）m 几种。

　　A．0.6　　　　　B．0.8　　　　　　C．1.0　　　　　　D．1.2

（3）自动扶梯的提升高度，一般分为（　　）。

　　A．大提升高度　　B．中提升高度　　C．小提升高度　　D．无提升高度

（4）自动扶梯速度监控装置主要作用是监控（　　）。

　　A．梯级或电机的超速　　　　　　B．梯级或电机的欠速

　　C．梯级上是否有人　　　　　　　D．卫生

（5）自动扶梯必备的安全装置，包含（　　）。

　　A．工作制动器　　　　　　　　　B．紧急制动器

　　C．速度监控装置　　　　　　　　D．断链保护装置

（6）运行中，扶梯驱动链拉长或断裂时，可将扶梯制停的主要部件有（　　）。

　　A．主接触器　　　　　　　　　　B．附加制动器

　　C．驱动链断断保护装置　　　　　D．急停开关

五、简答题

（1）简述自动扶梯与自动人行道的定义。

（2）自动扶梯与自动人行道有哪些主要参数？

（3）简述自动扶梯的工作原理。

（4）简述扶手装置的结构和组成。

（5）什么是工作制动器？自动扶梯的制停距离有什么要求？

（6）什么是附加制动器？在什么情况下必须配备附加制动器？

第 *12* 章

液压电梯与杂物电梯

【学习任务与目标】

- 了解液压电梯的特点与应用场合。
- 掌握液压电梯的工作原理和驱动方式。
- 了解杂物电梯的用途和主参数。
- 了解杂物电梯的基本结构和控制方式。

【导论】

液压电梯是以液体压力作为动力源,通过电力驱动液压泵把液体压入缸体使柱塞运动,直接或通过钢丝绳间接地使轿厢运动的电梯。

早期的液压电梯的传动介质是水,利用水的不可压缩特性通过加压将带有一定压力的水接入缸体内,推动缸体内的柱塞顶升轿厢,使轿厢向上运行;下降时则通过开启泄流阀泄流,使轿厢在自身重量的作用下下降。但由于水中含有气泡会产生波动以及缸体生锈问题难以解决,之后就改用油作为传动介质驱动柱塞做直线运动。液压油通过油泵加压经各种阀流入油缸,由柱塞驱动轿厢上升,当油缸内的液压油返回油箱时轿厢便下降。

液压电梯适合用于提升高度小、载重量大、速度低且要求机房下置的场合。

12.1 液压电梯概述

关于液压电梯的名称术语如下。

液压电梯:是靠电力驱动液压泵输送液压油到液压缸,直接或间接驱动轿厢的电梯(可以使用多个电动机、液压泵和/或液压缸)。

直接作用式液压电梯:是柱塞或缸筒直接作用在轿厢或轿厢架上的液压电梯。

间接作用式液压电梯:是借助悬挂装置(绳、链)将柱塞或缸筒连接到轿厢或轿厢架上的液压电梯。

液压电梯驱动主机:是由液压泵、液压泵电动机和控制阀组成的用于驱动和停止液压电梯的装置。

单作用液压缸:是一个方向由液压油的作用产生位移,另一个方向由重力的作用产生位移的液压缸。

平衡重:是为节能而设置的平衡部分轿厢自重的质量。

12.1.1 液压电梯的特点与应用场合

液压驱动是较早出现的一种电梯驱动方式。液压电梯是用电力驱动,依靠液压传动来使轿厢运动的一种电梯。

1. 液压电梯的优点

- 提升功率大、载重能力强,可以运载大吨位的载荷,必要时采用多个油缸同时工作,可以有效提升超大载重的轿厢。
- 运行平稳、噪声低,机房可以通过安装油管远离井道,同时只需要改变油压阀门的大小就可以实现无级调速。
- 结构紧凑,可以提供较高的机械效率且能耗较低。因为液压电梯不必在楼顶设置机房,减小了井道竖向尺寸,对底坑的要求低,可以有效地利用建筑物的空间。
- 直顶式液压电梯由于不受曳引电梯对重的影响,也没有侧置(后置)驱动设备,视线良好,可以用于大角度范围的观光电梯,可获得很好的全景视觉效果。
- 安全性好、救援方便。因惯性力小,当突然停电时,不会受到太大的冲击。在停电或出现故障时只需要打开泄压阀,依靠轿厢自身的重量下行就可以实现救援工作。
- 由于采用液压油作为传动介质,相应运动的元件能自行润滑,磨损小、寿命长。
- 结构简单、故障率低、可靠性高;容易实现过载保护。

2. 液压电梯的缺点

- 制造工艺复杂、精度要求高,而且时间长会产生漏油并且比较难以控制。
- 行程短、运行效率较低,不适合大行程的传动。
- 油温敏感影响工作稳定性,不适合在温度太高或者太低的地方工作,一般工作温度在−15~60℃范围内。
- 速度较低,液压电梯的速度通常小于 1.0m/s。

因此,液压电梯一般适用于短行程、重载荷、对速度要求不高的场合。如今的液压电梯被广泛应用于停车场、工厂、仓库、私人别墅以及低层的建筑物中。

液压电梯仍是电梯中的一个重要梯种,在整个电梯市场上,尤其是在欧美等发达地区仍然占有较高的市场份额。对于负载大、速度慢及行程短的场合,选用液压电梯比曳引电梯更经济、更适宜。

12.1.2 液压电梯的结构与工作原理

一、液压电梯的结构

液压电梯主要由动力元件(电动液压泵)、执行元件(油缸、柱塞)、控制元件(阀门、管道)、工作介质(液压油)和其他辅助元件等组成。

液压电梯的轿厢提升方式有直接式驱动提升和间接式驱动提升两种。直接式驱动(也叫直顶式)通过油缸柱塞直接作用于轿厢底部来提升电梯轿厢;间接式驱动将油缸柱塞设置在轿厢侧面,通过钢丝绳间接地提升轿厢。

1. 直顶式液压电梯的结构

直顶式液压电梯由液压系统油箱(液压泵)、管道、导轨、轿厢、柱塞、轿厢缓冲器和相应的液压控制系统等组成。这种液压电梯没有安装安全钳和限速器装置，其结构如图 12-1 所示，图 12-2 所示是其外观结构示意。

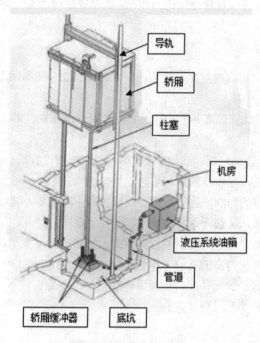

图 12-1　液压电梯结构

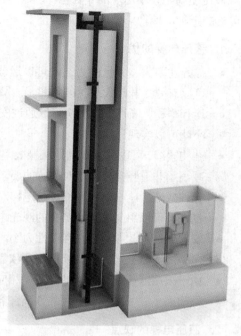

图 12-2　液压电梯外观结构示意

2. 间接式驱动液压电梯的结构

直顶式液压电梯由于柱塞直接安装在轿厢底部，在应用上有一定的局限，它需要有一定的底坑深度，安装和维护都有一定的困难。因此，部分的液压电梯就采用了间接式驱动的形式。

间接式驱动液压电梯包括安装在轿厢旁边或后边的底坑地面上的一个柱塞和一个缸体组成的液压装置，以及一个安装在液压缸柱塞（千斤顶）顶端的导向轮。轿厢通过导向轮用悬挂钢丝绳驱动，使轿厢得到间接提升和下降。这种液压电梯有一个安全钳装置和一个限速器。

间接式驱动液压电梯的外观和结构如图 12-3 所示。

采用间接式驱动的液压电梯几乎不需要底坑，在地平面就可以安装，占用空间小，适合作为家用别墅梯和简易货梯使用，如图 12-4 和图 12-5 所示。

间接式驱动液压电梯可分为两种：一种是千斤顶后置式液压电梯，液压千斤顶安装在轿厢的后边，悬挂钢丝绳直接悬吊着轿厢；另一种是千斤顶侧置式液压电梯，液压千斤顶安装在轿厢的旁边，而悬挂钢丝绳通过置于轿厢下的导向轮悬吊着轿厢。

图 12-3　间接式驱动液压电梯的外观和结构

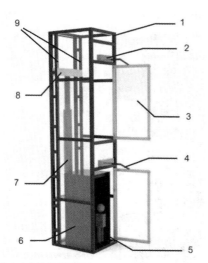

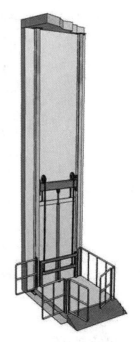

1. 钢结构或合金结构的井道框架；2. 闭门器，可根据电梯上下
到站自动开关；3. 电梯门，用闭门器控制开关；4. 闭门器连接杆；
5. 轿厢；6. 井道封闭钢化玻璃；7. 液压缸柱塞（千斤顶）；
8. 提升钢架；9. 导轨

图 12-4　间接式驱动的家用别墅梯　　　　图 12-5　间接式驱动的简易货梯

二、液压电梯的工作原理

以直顶式液压电梯为例，液压电梯的工作原理如图 12-6、图 12-7 所示。

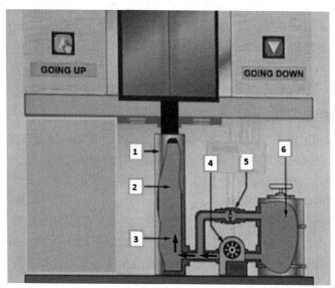

1. 油缸；2. 活塞；3. 液体池；4. 液压泵；5. 阀门；6. 液压驱动装置
图 12-6　液压电梯上升驱动示意

在图 12-6 所示的液压电梯上升驱动示意中可看到，电梯上升（GOING UP）时，液压驱动装置通过液压泵向油缸内输入液压油（参看图 12-6 中箭头的方向），油缸内的压力增大使活塞推动轿厢上升，电梯做上行运动。

在图 12-7 所示液压电梯下降运动示意中可看到，电梯下降（GOING DOWN）时，阀门打开，轿厢自身的重量和运载的物体重量使活塞下降，液体通过阀门回流到液压驱动装置（参看

图 12-7 中箭头的方向）使轿厢下降，实现电梯的下行运动。

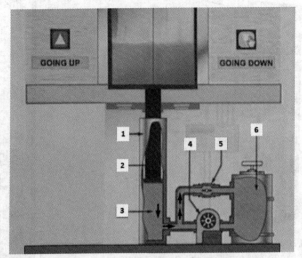

1. 油缸；2. 活塞；3. 液体池；4. 液压泵；5. 阀门；6. 液压驱动装置

图 12-7　液压电梯下降运动示意

通过改变液压泵的流量大小和调节阀门的大小可以实现电梯上升和下降的速度控制。

12.1.3　液压电梯的驱动方式

如上所述，液压电梯的驱动方式有直接式驱动和间接式驱动两种。其中：直接式驱动又有中心直顶式驱动、单缸侧置（后置）直顶式驱动、双缸侧置直顶式驱动几种；间接式驱动又分为侧置（后置）背包式驱动、后置四导轨驱动、双缸侧置驱动、侧置倒拉式驱动、中心倒拉式驱动、单缸侧置驱动等多种不同的方式。

下面对常见的几种采用不同驱动方式的电梯做简单介绍。

1. 中心直顶式驱动液压电梯

中心直顶式驱动液压电梯如图 12-8 所示，图 12-1 中介绍的液压电梯也属于中心直顶式驱动。它的油缸设置在轿厢底部中心的底坑内，直接作用于轿厢底部。

中心直顶式驱动液压电梯需要在井道下面预留埋设油缸的底坑，在土建中受到底坑深度的限制，提升高度也受到相应的限制。

中心直顶式驱动液压电梯虽然存在以上的不足，但也有它独特的优点，它不受曳引电梯对重的影响，也不受侧置（后置）驱动设备的影响，可以实现 270° 大角度范围的观光，获得很好的"全景视觉"效果。采用中心直顶式驱动方式的观光电梯如图 12-9 所示。

2. 双缸侧置直顶式驱动液压电梯

双缸侧置直顶式驱动液压电梯的结构型式如图 12-10 所示。

双缸侧置直顶式驱动液压电梯在轿厢的两侧各设置有一个油缸，两个油缸的柱塞顶部直接作用于轿厢架上，通过两侧轿厢导轨使轿厢跟随油缸的柱塞运动。其井道立面图、井道平面图、机房平面图如图 12-10 所示。

双缸侧置直顶式驱动液压电梯的主要特点是结构简单、安装方便、轿厢平衡性能好、运行平稳。

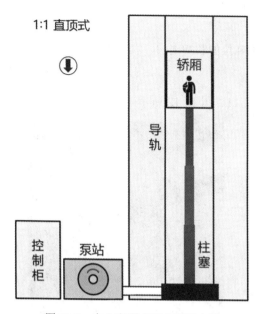

图 12-8 中心直顶式驱动液压电梯

图 12-9 采用中心直顶式驱动方式的观光电梯

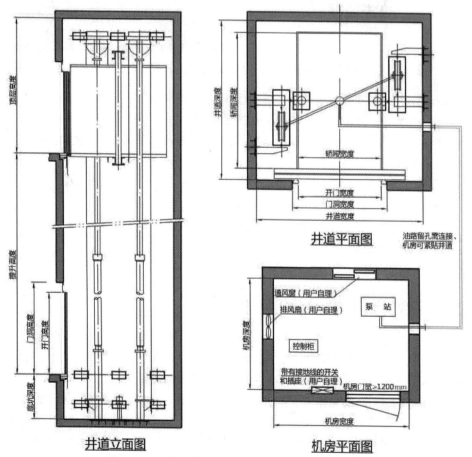

图 12-10 双缸侧置直顶式驱动液压电梯的结构型式

对于双缸及多缸驱动的液压电梯,要考虑油缸的制造误差、安装误差和多缸同步平衡的问题，使两个油缸的油压流量均衡，保证两个油缸在运行过程处于同步状态，以免造成轿厢的倾斜与扭曲。

双缸侧置直顶式驱动液压电梯主要用作较大吨位的载货电梯、汽车电梯和医用电梯等。

3. 后置背包式驱动液压电梯

后置背包式驱动液压电梯的结构型式如图 12-11、图 12-12 所示。

图 12-11　后置背包式驱动液压电梯的结构型式 1　图 12-12　后置背包式驱动液压电梯的结构型式 2

后置背包式驱动液压电梯的结构简单、紧凑，占用空间小，不需要专门的井道和底坑，安装、维护都十分简单、方便，是一种常用的液压电梯。

但这种液压电梯由于是背包式驱动结构，导轨在垂直和水平两个方向受力，受力不平衡，安装时要求导轨支架的密度较高，通常 1m 一个支架。

后置背包式驱动液压电梯适合作为载重量在 1250kg 以下的各类液压电梯。

12.2　杂物电梯

12.2.1　杂物电梯的定义和用途

杂物电梯（dumbwaiter lift；service lift）又称传菜电梯、餐梯或多用杂物电梯。

杂物电梯的定义：服务于规定楼层的固定式升降设备，具有一个轿厢，轿厢的尺寸和结构型式不允许人员进入。轿厢运行于两列垂直的或与垂直方向倾斜角小于 15°的刚性导轨之间。

杂物电梯的用途：杂物电梯由于体积较小、价格低廉，被广泛用于图书馆、办公大楼、餐厅饭店等运送一些轻便的图书、文件、食品等杂物，不允许人员进入轿厢，由门外按钮控制。

杂物电梯主要遵循的标准有：GB 25194—2010《杂物电梯制造与安装安全规范》、GB/T 7025.1—2008《电梯主参数及轿厢、井道、机房的型式与尺寸　第 1 部分：Ⅰ、Ⅱ、Ⅲ、Ⅵ类电梯》、GB/T 7025.3—1997《电梯主参数及轿厢、井道、机房的形式与尺寸　第三部分：Ⅴ类电梯》、JG 135—2000《杂物电梯》。

12.2.2 杂物电梯的基本结构

杂物电梯的基本结构如图 12-13 所示。

杂物电梯的工作原理和基本构造与一般垂直电梯的基本相同。按井道结构型式划分，杂物电梯可分为框架结构式和土建结构式两种。按装载方式划分，杂物电梯可分为落地式和窗台式两种。

落地式杂物电梯可以进入手推车，如图 12-14 所示。

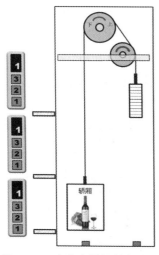

图 12-13 杂物电梯的基本结构

图 12-14 可以进入手推车的落地式杂物电梯

窗台式杂物电梯通常把电梯门开设在窗口位置，手动拉门，方便人员提取物品，如图 12-15、图 12-16 所示。

图 12-15 窗台式杂物电梯

图 12-16 窗台式杂物电梯的手拉门结构

杂物电梯的结构简单，采用按钮控制，操纵按钮设置在层门外侧。

杂物电梯每层呼梯厅设置有一个操纵呼梯盒，电梯一旦接收到某层指令，只为该层服务。在完成本次指令前，不再接收其他层指令，也无截梯功能。

12.2.3　杂物电梯的主参数及轿厢、井道的型式与尺寸

1. 杂物电梯的主参数

根据 GB/T 7025.3—1997《电梯主参数及轿厢、井道、机房的形式与尺寸　第三部分：Ⅴ类电梯》中的规定，杂物电梯属于Ⅴ类电梯，其主参数如下。

额定载重量：40kg、100kg、250kg。

额定速度：0.25m/s、0.40m/s。

根据 GB 25194—2010《杂物电梯制造与安装安全规范》中的规定：杂物电梯的额定载重量不大于 300kg，且不允许运送人员；额定速度不大于 1.0m/s；超过上述速度的杂物电梯，应采取适当的附加措施以便获得同等的安全性。

2. 杂物电梯的轿厢和井道

根据电梯主参数所确定的Ⅴ类电梯轿厢和井道的尺寸应符合表 12-1 中的规定。

表 12-1　Ⅴ类电梯轿厢和井道的尺寸

额定载重量/kg		40	100	250
轿厢	宽度/mm	600	800	1000
	深度/mm	600	800	1000
	高度/mm	800	800	1200
井道	宽度/mm	900	1100	1500
	深度/mm	800	1000	1200

为使人员不能进入轿厢，则轿厢的尺寸应符合：底面积不得超过 $1.0m^2$；深度不得超过 1.0m；高度不得超过 1.2m。

如果轿厢由几个固定间隔组成，而每一间隔都满足上述要求，则轿厢总高度允许超过 1.2m。

规定的井道水平尺寸是用铅锤测定的最小净空尺寸，高度≤30m 的井道的允许偏差值为 0～+25mm。

作为运送货物的升降设备，如果轿厢尺寸不满足以上任何一项要求，则不属于杂物电梯的范畴。

12.2.4　杂物电梯的系统组成

杂物电梯的系统由电气和机械两部分组成。电气部分由曳引电动机、电气控制箱、呼梯盒、平层感应器、极限开关等组成；机械部分由曳引机、井道框架、导轨与支撑架、对重装置、轿厢、层门等部件组成。

杂物电梯与一般的垂直电梯组成基本相同，结构和要求相对有所简化。在 GB 25194—2010《杂物电梯制造与安装安全规范》中，对杂物电梯的系统结构、设计、制造、安装和安全规范等方面都做了具体的要求，下面对部分内容做简单介绍。

一、杂物电梯的驱动主机及制动装置

每部杂物电梯应至少有一台专用的驱动主机。

轿厢、对重（或平衡重）的驱动允许采用下列两种驱动方式：曳引式（使用曳引轮与曳引绳）驱动或强制式驱动，即使用卷筒和钢丝绳或使用链轮和链条驱动。

对强制式杂物电梯，额定速度不应大于 0.63m/s，不应使用对重，但可使用平衡重。

在设计传动部件时，应考虑对重或轿厢压在缓冲器或限位挡块上的可能性。可采用皮带将电动机连接到机-电式制动器所作用的零件上，皮带不应少于 2 根。

杂物电梯应设置制动系统，并在出现下述情况时能自动动作：动力电源失电；控制电路电源失电。

制动系统应具有机-电式制动器（摩擦型），此外，还可设置其他制动装置（如电气制动器）。

当轿厢载有 125%额定载重量并以额定速度向下运行时，制动器应能使驱动主机停止运转。

杂物电梯对制停轿厢的减速度未做规定。

曳引式杂物电梯应设有电动机运转时间限制器。

该限制器可在下述情况下使驱动主机停止运转并保持在停止状态。

- 当启动杂物电梯时，曳引机不转。
- 当轿厢或对重向下运动时由于障碍物而停住，导致曳引绳在曳引轮上打滑。
- 电动机运转时间限制器应在不大于下列两个时间值的较小值时起作用：45s 或杂物电梯运行全程的时间再加 10s。若运行全程的时间小于 10s，则最小值为 20s。

电动机运转时间限制器动作后，恢复正常运行只能通过手动复位。恢复断开的电源后，曳引机无须保持在停止位置。

二、杂物电梯的悬挂装置

轿厢和对重（或平衡重）应采用钢丝绳或平行链节的钢质链条或滚子链条悬挂。

钢丝绳（或链条）应符合下列规定。

（1）载有额定载重量的轿厢位于最低层站时，一根钢丝绳（或链条）最小破断拉力（N）与该绳（或链条）所承受的最大拉力（N）的比值不应小于 8。

（2）对于钢丝绳，钢丝的抗拉强度要求如下。

- 对于单强度钢丝绳，抗拉强度宜为 1570MPa 或 1770MPa。
- 对于双强度钢丝绳，外层钢丝抗拉强度宜为 1370MPa，内层钢丝抗拉强度宜为 1770MPa。

钢丝绳的其他特性（结构、延伸率、圆度、柔性、试验等）宜符合 GB/T 8903—2018 的规定。

钢丝绳或链条应至少有 2 根，每根钢丝绳或链条应是相互独立的。

强制式杂物电梯可使用单根钢丝绳或链条，但应满足下列规定。

- 安全钳符合 GB 25194—2010 中 9.7 和 9.8 中的保护措施和安全钳的使用要求。
- 层门入口的极限尺寸：宽不大于 0.40m 和高不大于 0.60m。
- 额定载重量不大于 50kg。
- 轿厢的有效面积不大于 0.25m²。
- 轿厢深度不大于 0.40m。
- 层门地坎距层站地面以上的垂直高度不小于 0.70m。

12.2.5　杂物电梯的运行控制与安全保护装置

杂物电梯的运行控制系统一般采用 PLC 控制或微机控制系统。操作上采用按钮控制，操纵按钮设置在层门外侧，只有外呼盒，没有轿厢内呼。

杂物电梯由于禁止人员进入轿厢，因此，杂物电梯的安全保护装置相对于一般的乘客电梯来得简单，简要介绍如下。

1. 为防止轿厢自由坠落、超速下行、沉降及防止对重或平衡重自由坠落的保护措施

（1）若杂物电梯井道下方有人员可进入的空间，或在采用一根钢丝绳（链条）悬挂的情况下，电力驱动的杂物电梯或间接作用式液压杂物电梯的轿厢应配置安全钳。

安全钳应由下列任一装置触发：由限速器触发；仅对于装有破裂阀或节流阀或单向节流阀的间接作用式液压杂物电梯，则由安全绳或悬挂装置断裂触发。

（2）若在杂物电梯井道下方的对重或平衡重区域内有人员可进入的空间，则对重或平衡重应配置安全钳。安全钳应由下列任一装置触发：由限速器、安全绳触发；在液压驱动的情况下，由悬挂装置的断裂触发。

2. 限速器和安全钳

当限速器的动作速度达到规定的速度时，甚至在悬挂装置断裂情况下，安全钳（如果有）应能夹紧导轨使下行的载有额定载重量的轿厢或对重（或平衡重）制停并保持静止状态。

安全钳应与导轨匹配使用，并由限速器触发。

当轿厢速度大于等于轿厢下行额定速度的 115% 时，操纵轿厢安全钳的限速器应动作，但最大动作速度应小于下列规定值。

- 额定速度不大于 0.63m/s 时，为 0.8m/s。
- 额定速度大于 0.63m/s 时，为额定速度的 125%。

对重（或平衡重）安全钳的限速器动作速度应大于上面规定的轿厢安全钳的限速器的动作速度，但不应超过 10%。

限速器上应标明与安全钳动作相应的旋转方向。

3. 电力驱动杂物电梯的极限开关

电力驱动杂物电梯应设置极限开关，极限开关应设置在尽可能接近端站时起作用而无误动作危险的位置上。

极限开关应在轿厢或对重（如果有）接触缓冲器或限位挡块之前起作用，并在缓冲器被压缩期间或轿厢与限位挡块接触期间保持动作状态。

4. 缓冲器

轿厢和对重缓冲器或限位挡块应设置在轿厢和对重的行程底部极限位置。缓冲器或限位挡块应能承受满载轿厢或对重以 115% 额定速度的撞击，并且撞击后应无永久性变形。

若在杂物电梯的轿厢、对重或平衡重之下有人员能够到达的空间，杂物电梯应在轿厢和对重的行程底部极限位置设置缓冲器。

对于液压杂物电梯，当缓冲器完全压缩或当轿厢停在限位挡块上时，柱塞不应触及缸筒的底座。

杂物电梯轿厢和对重缓冲器可选用额定速度不大于 1.0m/s 的聚氨酯缓冲器，也可以选择其他类型的缓冲器。若采用耗能型缓冲器，则仅在缓冲器动作并恢复至其正常伸长位置后，杂物电梯才能正常运行。监测缓冲器的正常复位所用的装置应是符合规定的电气安全装置。

GB 相关国家标准对接

◆GB 25194—2010《杂物电梯制造与安装安全规范》中的相关规定如下。

9.4 强制式杂物电梯钢丝绳的卷绕

9.4.1 在 12.2.1.1b）条件下使用的卷筒，应加工出螺旋槽，该槽应与所用的钢丝绳相适应。

9.4.2 当轿厢停在完全压缩的缓冲器或限位挡块上时，卷筒的绳槽中应至少保留一圈半的钢丝绳。

9.4.3 卷筒上只能绕一层钢丝绳。

9.4.4 钢丝绳相对于绳槽的偏角（放绳角）不应大于 4°。

14.2.1 杂物电梯运行控制

此控制应是电气控制。

14.2.1.1 正常运行控制

这种控制应借助于按钮或类似装置，如触摸控制、磁卡控制等。这些装置应置于盒中，以防止使用人员触及带电零件。

控制装置不应安装在轿厢内。

14.2.1.3 液压杂物电梯电气防沉降系统

若按 7.7.3.1.1 规定的条件未能满足，则液压杂物电梯应配置满足下列条件的电气防沉降系统：

a）当轿厢所在的区域处于平层位置以下最多 0.05m 至开锁区域下端范围内时，无论轿门处于任何位置，都应按上行方向给驱动主机通电。

b）杂物电梯在上次正常运行后停止使用 15min 内，轿厢应自动运行到最低层站停靠。

c）应设置符合 15.2.4、15.2.5 和 15.4.5 规定的标识。

14.2.3 优先权控制

对于手动门杂物电梯应有一种装置,在电梯停止后不小于 3s 内,防止轿厢离开停靠层站。

【任务总结与梳理】

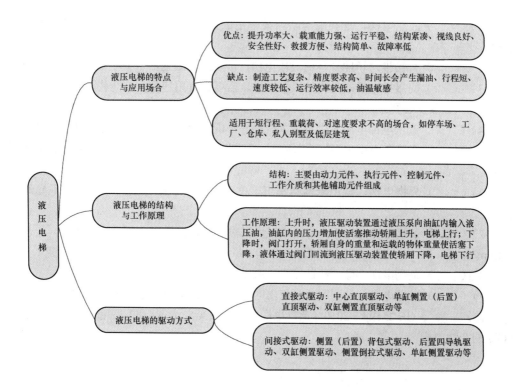

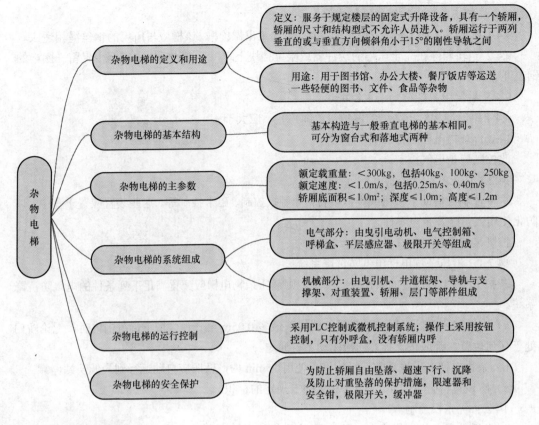

【思考与练习】

一、判断题（正确的填√，错误的填 X ）

（1）（　　）液压电梯，是利用电动油泵输出的压力油，推动油缸柱塞，使轿厢升降的电梯。

（2）（　　）直接推送轿厢升降的液压电梯，需要配置限速器、安全钳。

（3）（　　）间接推送轿厢升降的液压电梯，需要配置限速器、安全钳、缓冲器、安全保护电路和门锁保护装置。

（4）（　　）液压电梯电源发生故障困人时，不能用手动泄油阀操纵电梯下降放人。

（5）（　　）在液压电梯电源发生故障时，可以通过手动泄油阀，操纵电梯下降到就近层站放人。

（6）（　　）杂物电梯，常用于运送图书、文件、食品等小件物品，轿厢内不允许人员进入。

（7）（　　）杂物电梯因为不允许载人，所以额定载荷比较小，额定速度也低，一般不大于 1.0m/s。

（8）（　　）杂物电梯，额定载荷较小，所以速度可以达 4.0m/s。

（9）（　　）液压电梯，是利用油泵打出的压力油进入油缸推送轿厢运动的电梯。

（10）（　　）GB 25194—2010《杂物电梯制造与安装安全规范》，适用于额定载荷不大于 300kg 的杂物电梯。

二、单选题

（1）电梯型号中，表达拖动方式的字母"Y"，表示的意思是（　　）。

　　A．液压电梯　　　　B．只有一站　　　　C．药房电梯　　　　D．曳引电梯

（2）液压电梯的运行速度最高为（　　）m/s。

　　A．0.63　　　　　　B．0.8　　　　　　C．0.85　　　　　　D．1

（3）液压系统中，（　　）属于动力元件。

　　A．油压泵　　　　　B．换向阀　　　　　C．节流阀　　　　　D．油缸

（4）液压系统中，（　　）属于执行元件。

　　A．油压泵　　　　　B．方向阀　　　　　C．节流阀　　　　　D．油缸

（5）液压电梯的速度控制实际上是液压系统的（　　）控制。

　　A．电流　　　　　　B．压力　　　　　　C．电压　　　　　　D．流量

（6）进行液压电梯沉降试验时，应当将载有额定载荷的轿厢停在＿＿端站、＿＿主电源，10min内的下沉距离不超过10mm。（　　）

　　A．上，接通　　　　B．下，接通　　　　C．上，切断　　　　D．下，切断

三、简答题

（1）简述液压电梯的优缺点。

（2）简述液压电梯的工作原理。

（3）液压电梯常见的驱动方式有哪些？

（4）杂物电梯有什么主参数？它主要用于什么场合？

（5）为使人员不能进入轿厢，对杂物电梯轿厢的尺寸有什么要求？

附录

相关标准、规范、法律与法规

电梯行业相关的国家标准见附表1。

附表 1　国家标准

编号	名称
GB/T 7025.1—2008	《电梯主参数及轿厢、井道、机房的型式与尺寸　第1部分：Ⅰ、Ⅱ、Ⅲ、Ⅵ类电梯》
GB/T 7025.2—2008	《电梯主参数及轿厢、井道、机房的型式与尺寸　第2部分：Ⅳ类电梯》
GB/T 7024—2008	《电梯、自动扶梯、自动人行道术语》
GB/T 18775—2009	《电梯、自动扶梯和自动人行道维修规范》
GB/T 10058—2009	《电梯技术条件》
GB/T 10059—2009	《电梯试验方法》
GB/T 10060—2011	《电梯安装验收规范》
GB/T 8903—2018	《电梯用钢丝绳》
GB/T 24478—2009	《电梯曳引机》
GB/T 22562—2008	《电梯T型导轨》
GB/T 30977—2014	《电梯对重和平衡重用空心导轨》
GB/T 30560—2014	《电梯操作装置、信号及附件》
GB/T 7588.1—2020	《电梯制造与安装安全规范　第1部分：乘客电梯和载货电梯》
GB/T 7588.2—2020	《电梯制造与安装安全规范　第2部分：电梯部件的设计原则、计算和检验》
GB 16899—2011	《自动扶梯和自动人行道的制造与安装安全规范》
GB/T 31200—2014	《电梯、自动扶梯和自动人行道乘用图形标志及其使用导则》
GB 25194—2010	《杂物电梯制造与安装安全规范》
GB/T 26465—2021	《消防员电梯制造与安装安全规范》
GB/T 25856—2010	《仅载货电梯制造与安装安全规范》
GB/T 21739—2008	《家用电梯制造与安装规范》
GB/T 18775—2009	《电梯、自动扶梯和自动人行道维修规范》
GB/T 27903—2011	《电梯层门耐火试验　完整性、隔热性和热通量测定法》
GB/T 19001—2016	《质量管理体系　要求》
GB/T 24475—2009	《电梯远程报警系统》
GB/T 24476—2017	《电梯、自动扶梯和自动人行道物联网的技术规范》
GB/T 12974—2012	《交流电梯电动机通用技术条件》
GB/T 24803.1—2009	《电梯安全要求　第1部分：电梯基本安全要求》

续表

编号	名称
GB/T 24803.2—2013	《电梯安全要求 第2部分：满足电梯基本安全要求的安全参数》
GB/T 24803.3—2013	《电梯安全要求 第3部分：电梯、电梯部件和电梯功能符合性评价的前提条件》
GB/T 24803.4—2013	《电梯安全要求 第4部分：评价要求》
GB/T 24804—2009	《提高在用电梯安全性的规范》
GB/T 24807—2021	《电梯、自动扶梯和自动人行道的电磁兼容发射》
GB/T 4728.1—2022	《电气简图用图形符号 第1部分：一般要求》
GB/T 4728.2—2022	《电气简图用图形符号 第2部分：符号要素、限定符号和其他常用符号》
GB/T 4728.7—2022	《电气简图用图形符号 第7部分：开关控制和保护》
GB/T 4728.8—2022	《电气简图用图形符号 第8部分：测量仪表、灯和信号器件》

电梯行业相关的特种设备安全技术规范见附表2。

附表2 特种设备安全技术规范

编号	名称
TSG Z0004—2007	《特种设备制造、安装、改造、维修质量保证体系基本要求》
TSG T7001—2009	《电梯监督检验和定期检验规则——曳引与强制驱动电梯》
TSG T7002—2011	《电梯监督检验和定期检验规则——消防员电梯》
TSG T7003—2011	《电梯监督检验和定期检验规则——防爆电梯》
TSG T7004—2012	《电梯监督检验和定期检验规则——液压电梯》
TSG T7005—2012	《电梯监督检验和定期检验规则——自动扶梯与自动人行道》
TSG T7006—2012	《电梯监督检验和定期检验规则——杂物电梯》
TSG T7007—2022	《电梯型式试验规则》
TSG Z6001—2019	《特种设备作业人员考核规则》
TSG Z0005—2007	《特种设备制造、安装、改造、维修许可鉴定评审细则》
TSG T5002—2017	《电梯维护保养规则》
TSG 08—2017	《特种设备使用管理规则》
TSG Z8002—2013	《特种设备检验人员考核规则》

电梯行业相关的法律、法规主要有以下几种。

1. 《中华人民共和国特种设备安全法》。
2. 《特种设备安全监察现行法规文件汇编》。
3. 《特种设备质量监督与安全监察规定》。
4. 《特种设备作业人员监督管理办法》。
5. 《特种设备行政许可鉴定评审管理与监督规则》。
6. 《特种设备注册登记与使用管理规则》。

附图所示为GB/T 7588.1—2020《电梯制造与安装安全规范 第1部分：乘客电梯和载货电梯》的首页。

ICS 91.140.90
Q 78

GB

中华人民共和国国家标准

GB/T 7588.1—2020
部分代替 GB 7588—2003，GB 21240—2007

电梯制造与安装安全规范
第 1 部分：乘客电梯和载货电梯

Safety rules for the construction and installation of lifts—
Part 1：Passenger and goods passenger lifts

(ISO 8100-1：2019，Lifts for the transport of persons and goods—
Part 1：Passenger and goods passenger lifts，MOD)

2020-12-14 发布　　　　　　　　　　2022-07-01 实施

国家市场监督管理总局
　　　　　　　　　　　　　　发布
国家标准化管理委员会

附图　GB/T 7588.1—2020《电梯制造与安装安全规范 第 1 部分：乘客电梯和载货电梯》的首页

参考文献

[1] 中国质检出版社. 国家电梯质量监督检验中心(广东). 电梯标准汇编(第二版)(上)[S]. 北京: 中国质检出版社, 中国标准出版社, 2015.

[2] 中国质检出版社. 国家电梯质量监督检验中心(广东). 电梯标准汇编(第二版)(下)[S]. 北京: 中国质检出版社, 中国标准出版社, 2015.

[3] 全国电梯标准化委员会. 电梯制造与安装安全规范 第 1 部分: 乘客电梯和载货电梯: GB/T 7588.1—2020[S]. 北京: 中国标准出版社, 2020.

[4] 全国电梯标准化委员会. 自动扶梯和自动人行道的制造与安装安全规范: GB 16899—2011[S]. 北京: 中国标准出版社, 2011.

[5] 中华人民共和国国家质量监督检验检疫总局. 电梯监督检验和定期检验规则——自动扶梯和自动人行道: TSG T7005—2012[S]. 北京: 中国标准出版社, 2012.

[6] 陈润联, 黄赫余. 物联网技术在电梯远程监控系统中的应用研究[J]. 中国电梯, 2021, 32(16): 65-66.

[7] 朱霞. 电梯结构及原理[M]. 北京: 机械工业出版社, 2021.

[8] 李乃夫. 电梯结构与原理[M]. 2 版. 北京: 机械工业出版社, 2021.

[9] 苏州汇川技术有限公司. NICE1000^{NEW} 电梯一体化控制器用户手册 V1.0.

[10] 苏州汇川技术有限公司. NE320LN^{NEW} 电梯专用变频器用户手册 A01.

[11] 苏州汇川技术有限公司. NICE3000^{NEW} 电梯一体化控制器快速调试手册 A02.

[12] 史信芳, 蒋庆东, 李春雷, 等. 自动扶梯[M]. 北京: 机械工业出版社, 2014.